本书受上海交通大学设计学院著作出版资助

栓皮栎种群地理分布和生态适应机制

Oriental Oak（*Quercus variabilis* Bl.）: Geographical Distributions and Ecological Adaptation Strategies

康宏樟　刘春江　杜宝明　等　著

内容简介

本书是作者多年从事栓皮栎研究工作成果的总结，是在国家自然科学基金项目和国家重点研发计划项目支持下完成的。全书共分六章，分别对东亚地区栓皮栎的生物学特性和分布、种群亲缘地理关系、叶片性状、元素化学计量特点、种子-昆虫食物链营养元素传递、环境适应机制等方面进行了讨论。本书可供从事生态学理论研究、森林培育和经营、气候变化和林业应对策略等领域的科研、教学和工程技术人员阅读，也是适合林学、生态学、环境科学等专业本科生和研究生作为学习和研究的参考资料。

图书在版编目(CIP)数据

栓皮栎种群地理分布和生态适应机制/ 康宏樟等著
. —上海: 上海交通大学出版社，2023.4
ISBN 978-7-313-27660-5

Ⅰ. ①栓… Ⅱ. ①康… Ⅲ. ①栓皮栎—种群—地理分布—研究②栓皮栎—种群生态—生态特性—研究 Ⅳ. ①S792.189

中国版本图书馆 CIP 数据核字(2022)第 203177 号

栓皮栎种群地理分布和生态适应机制
SHUANPILI ZHONGQUN DILI FENBU HE SHENGTAI SHIYING JIZHI

著　　者: 康宏樟　刘春江　杜宝明 等
出版发行: 上海交通大学出版社
地　　址: 上海市番禺路 951 号
邮政编码: 200030
电　　话: 021-64071208
印　　制: 江苏凤凰数码印务有限公司
经　　销: 全国新华书店
开　　本: 710mm×1000mm　1/16
印　　张: 18
字　　数: 310 千字
版　　次: 2023 年 4 月第 1 版
印　　次: 2023 年 4 月第 1 次印刷
书　　号: ISBN 978-7-313-27660-5
定　　价: 78.00 元

参著人（按姓氏汉语拼音排序）

陈冬梅　杜宝明　康宏樟　刘春江

孙　逍　王　婧　喻文娟　朱燕华

资助项目：国家自然科学基金项目（32271846、31770746、31670626、31270491、31270640、31070532、30800138、30671674）和国家重点研发计划（2016YFD0600206）

前言 | Preface

栓皮栎(*Quercus variabilis* Bl.),为壳斗科(Fagaceae)栎属(*Quercus*)落叶乔木,是东亚地区分布最广、最重要的天然森林建群树种之一,天然分布于中国辽宁、河北、北京、天津、山西、陕西、甘肃、山东、江苏、安徽、浙江、江西、福建、台湾、河南、湖北、湖南、广东、广西、四川、重庆、贵州、云南等省(区、市)。栓皮栎具有重要生态(生物多样性保护、水土保持、碳汇等)、经济(木材、软木、栲胶、食品、生物乙醇等)和文化(文学艺术、游憩景观等)价值。栓皮栎林分提供各种服务,正在获得更广泛的认可,其生态系统特点、生理生态特性、对气候变化的响应、育林措施、经营技术也正在受到越来越多的重视。

栓皮栎分布范围包括了温带的干旱、半干旱地区和湿热的亚热带地区,适应多种类型土壤,在干旱山地立地和季节性水淹立地均能生长,也适应盐碱地立地条件。栓皮栎林分对人为和天然干扰都表现出了强大的抗干扰能力,并具有较强的恢复能力。研究栓皮栎的广泛分布和生态适应策略,可以加深理解第四纪冰期以来气候变化与植物分布的关系。同时,探讨跨气候带植物种群亲缘地理关系、环境适应策略及其对未来气候变化的响应,也是全球变化背景下制订林业经营措施的重要研究内容。植物叶功能性状,如形态、大小、比叶面积、表皮毛和气孔密度、化学计量特点等,既是植物适应环境的结果,也是响应环境变化的重要方式。在不同空间尺度上,这些生物性状的特点、变异格局及其在适应环境中的作用,仍是亟待研究的生态学问题,而栓皮栎为跨气候带植物功能性状变异的研究提供了良好样本。

自 2007 年以来,在东亚区域范围内,我们围绕栓皮栎种群亲缘地理关系、植物功能性状与环境、植物和寄生昆虫化学计量关系等方面开展了系统的调查和研究。这些研究连续获得国家自然科学基金项目的支持,包括“区域尺度上栓皮栎营养元素含量变化及其与气候因子关系的研究”(2007—2009,刘春江主持),“中国栓皮栎叶片^{15}N自然丰度变异格局与环境因素的关系”(2009—2011,康宏樟主持),“区域尺度上栓皮栎叶气孔特性变异格局及其与气候因子关系研究”(2011—2013,刘春江主持),“区域环境要素对栓皮栎次生林生态系统土壤有机质稳定性的影响机制”(2013—2016,康宏樟主持),“暖温带—北亚热带交错区主要树种叶和种子生态化学计量学特点及其耦合关系的研究”(2013—2016,刘春江主持),“亚热带富磷地区壳斗科植物及其寄生昆虫栗实象甲生态化学计量学研究”(2017—2018,刘春江主持),“上海城乡梯度森林土壤碳固持机制”(2018—2021,康宏樟主持)。在多项研究的基础上,我们综合分析了栓皮栎的生物学特性和分布特征,探讨了种群之间的亲缘地理关系,阐明了基于叶性状、元素化学计量特点的环境适应机制。重点将植物亲缘地理关系、遗传多样性、功能性状、代谢机制和环境变异结合,创新性地推进了植物对多变环境适应理论的认识,主要研究结果如下:

第一,明确了东亚地区栓皮栎种群高遗传多样性特点、亲缘地理关系格局及其在第四纪冰期以来大陆—海岛的扩散路线。针对科学家一直争论的第四纪冰期如何影响东亚植被及其潜在避难所的问题,我们在东亚栓皮栎分布区采集了50个种群的528份个体样品,利用叶绿体DNA非编码区序列变异分析,获得了26种单倍型,显示鄂豫皖接壤地区种群遗传多样性较高;第四纪冰期栓皮栎有多个避难所,冰期后气候反复曾使栓皮栎避难所向西高海拔、向北高纬度地区扩散和收缩;朝鲜和中国山东半岛种群亲缘关系较近,日本与中国台湾、浙闽沿海种群亲缘关系较近,形成了基于陆桥的中国大陆—中国台湾—日本的扩散模式。研究结果促进了对“东亚地区植物多样性及其形成机制”这一争论问题的认识。建议对栓皮栎大树、古树进行挂牌,纳入保护范围,对中国中东部地区天然群体实施就地保护的策略。同时,建议对岛屿遗传多样性低的群体和特有群体进行优先保护,保存大陆地区不同小生境下的自然群体,最大限度地保护栓皮栎的遗传多样性。

第二,揭示了基于叶功能和化学计量性状的栓皮栎对多变环境的适应策略。针对“环境变化与植物适应策略”生态学热点问题,在区域(纬度、经度和海拔梯度)和局域尺度上,开展了栓皮栎适应环境变化的水分和养分利用策略研究。栓皮栎叶细脉密度与降水量呈正相关；干旱区栓皮栎种群具有高气孔密度和小气孔开口配置，叶形态性状呈现经向协同性变异格局，显示出对从海岸到内陆水分递减的适应策略。区域尺度上栓皮栎叶元素化学计量特征和养分重吸收率变异格局显示其在养分贫瘠环境中具有提高生态系统养分利用的策略；植物在面对海拔梯度气候变异时可协同调整植物体内的多元素化学计量组成和营养重吸收；落叶植物在生长季节后期可能会对各种营养进行权衡评估，实现体内营养的再平衡，进而储备营养为下一年的生长做准备。研究结果推进了对植物环境适应策略的理解。

第三，阐明了食物链上寄生象甲与寄主对环境变化的协同适应机制。在区域尺度上，通过调查栓皮栎种子和象甲重要元素含量的变异及其影响因素发现：与植物营养器官（叶片和细根）相比，栓皮栎种子的雷德菲尔德（Redfield）比值较低，反映了作为繁殖器官的种子具有较高的 P 需求；与局域尺度上栓皮栎种子和象甲幼虫化学计量组成的变异相比，区域尺度上栓皮栎种子和象甲幼虫的变异较高，并且象甲幼虫化学计量组成偏离了严格内稳态；此外，在局域尺度上，象甲幼虫化学计量组成的变异低于种子，但是，在海拔梯度或者区域尺度上结果相反，说明了象甲对气候因子的变异具有较高的敏感性。这种差异主要是由能量代谢和结构功能的需求导致的。由于栗实象甲前期只能生长在单一环境中，体内元素含量对种子依赖性非常高，因此，相比于种子也就展现出了较弱的内稳态管理，但是对于与能量代谢、生产和毒性有关的元素又会出现强的内稳态控制。栗实象甲作为寄生昆虫，其弱内稳态特征有助于保持同种子化学计量的一致性，这样它们可协同进化，共同适应年间气候的改变。该结果与“异养生物具有较高内稳态”认识不同，表明了寄生昆虫和植物偏利共生的化学计量策略。

本书由康宏樟主持编写，具体分工如下：第 1 章由康宏樟、王婧、刘春江负责撰写；第 2 章由陈冬梅、刘春江、康宏樟负责撰写；第 3 章由朱燕华、杜宝明、康宏樟负责撰写；第 4 章由孙道、杜宝明、康宏樟负责撰写；第 5 章由杜宝明、孙道、康宏樟负责撰写；第 6 章由刘春江负责撰写。最后由康宏樟、刘春江统稿，杜宝明对全书的文字、图、表进行了处理，喻文娟、王凯对全书的文字进行了编辑。

在本书的编写过程中，主要引用了本书作者的研究成果，王婧、辛在军、肖春波、陈冬梅、吴丽丽、朱燕华、孙道、庄红蕾、王哲、杜宝明、周旋、姬华伟、温家豪、袁俊、顾盛俊、黄天颖、宁沐蕾、高唤唤、王姣娇、苗泉昕等研究生以及课题组老师参与了相关研究工作；在研究过程中得到了国内同行的大力支持和帮助，在此深表谢意！同时，参考了相关领域的国内外文献，在此，向文献作者们致以真诚的谢意！

本书受国家自然科学基金项目、国家重点研发计划和上海交通大学设计学院学术著作出版基金等联合资助；同时，得到了科技部和教育部“上海长三角区域生态环境变化与综合治理国家野外科学观测研究站”与国家林业和草原局“上海城市森林生态系统国家定位观测研究站”的支持。

由于作者水平有限，本书虽经仔细核对，难免有不详和疏漏之处，恳请读者批评指正。

著　者

2022 年 10 月

目录 | Contents

1 栓皮栎生物学特性和天然分布

1.1 引言

栓皮栎(*Quercus variabilis* Bl.)是东亚地区分布最广、最重要的天然森林建群树种之一,具有重要生态(生物多样性保护、水土保持、碳汇等)、经济(木材、软木、栲胶、食品、生物乙醇等)和文化(文学艺术、游憩景观等)价值。在不同地区,栓皮栎林分对人为和天然因素的影响都表现出了强大的抗干扰和恢复能力。对栓皮栎的广泛分布和生态适应策略进行研究,可以加深理解第四纪冰期以来气候变化与植物分布的关系。本章重点对栓皮栎的生物学特性、地理分布、分布区的气候和土壤等进行介绍,研究目的有两个方面:一是根据文献资料和实地调查,探讨当前气候条件下栓皮栎天然分布格局和人为干扰对栓皮栎分布的影响;二是构建栓皮栎分布区气候数据库,探讨在纬度、经度和海拔梯度上,限制栓皮栎分布的极限气候因子的特点。通过本章研究,可加深了解栓皮栎分布区气候特点、栓皮栎分布区对气候变化的响应,从而为未来栓皮栎林的合理经营提供理论支撑。

1.2 生物学特性

栓皮栎属于壳斗科栎属落叶乔木。栓皮栎的叶互生,呈叶卵状披针形或长椭圆状披针形,老叶下面密生灰白色星状毛[见图 1-1(a)]。栓皮栎的壳斗杯形,包裹着果实的 2/3 部分,壳斗苞片钻形反卷,有短毛;每壳斗具有 1 粒坚果,坚果近球形[见图 1-1(a)];花期 2—4 月,果翌年 9—10 月成熟(《中国森林》编辑委员会，1997b)。栓皮栎的树皮木栓层发达，厚可达 10 cm[见图 1-1(b)]，其采剥下来的树皮(栓皮)，是一种天然的高分子材料，具有绝缘、隔热、隔音等优良特性，是我国重要的工业原料，可生产高端的软木地板、墙板等相关产品，已经成为人们生产生活中不可或缺的自然资源。

(a) 叶、果实　　(b) 树皮

图 1-1　栓皮栎叶、果实和树皮

栓皮栎喜光，幼苗能忍受一定程度的庇荫，对温度的适应性较广，适宜生长的年平均气温为 7.2～23 ℃，生长的绝对最低温度可达 −25 ℃；主根发达，具有深根性；萌芽性强，而且抗旱、抗火、抗风，适应性强；对土壤要求不严，在湿润亚热带的红壤、黄壤和黄棕壤，暖温带的棕壤，石灰质的褐土、黄褐土以及紫色土等条件下均能生长，对土壤的酸碱度和质地也要求不严，能耐轻度盐碱(《中国森林》编辑委员会，1997b)。在向阳的山麓缓坡和山凹，土层深厚、肥沃、排水良好的中性至微酸性壤土和沙壤土中生长最佳。栓皮栎生长速度中等，造林后 2～3 年生长慢，4～5 年后生长加快，5～15 年间是高生长和径向生长的旺盛期。

栓皮栎对气候适应性广，具有根系发达、抗性好、萌生力强等特点，是我国暖温带落叶阔叶林和亚热带常绿落叶阔叶混交林的重要建群树种，也是我国重要的造林树种之一。栓皮栎既可用于营造用材林和薪炭林，又可以作为经济林和防护林进行经营。作为不怕剥皮的树种，栓皮栎的木材、树皮、果实和树叶都有重要的经济价值(吴云汉和姚占芳，1990；曾新德，2001；杜国兴等，2001)。在生态系统服务方面，作为生态系统中的建群种，栓皮栎在森林生态系统中扮演着水土保持、涵养水源、维护生物多样性等重要角色，对发展地区经济、提升生态功能、建立生态平衡等均具有重要作用(李土生和姜志林，1995；叶荣启等，1995；宋轩等，2001)。

1.3 天然分布

在全球或区域尺度上，气候因素是影响植物天然分布的重要限制性因子(Woodward，1987；Woodward and Williams，1987)。在长期的进化过程中，每一种植物存在于一个适于生长和发育的地理区域内，形成了与气候因素(如温度、降水、光照等)相适应的格局。但是，随着人类社会的发展，人类活动已经在地方、区域和全球尺度上影响甚至决定一个物种的分布范围。在历史上，人类活动对植被分布的影响主要表现在两个方面：第一，人类活动导致一个物种的消亡，或直接破坏植物的生境，从而影响其分布；第二，人类活动通过影响生物地球化学循环(大气二氧化碳浓度升高，氮、硫沉降等)，导致大气温度、土壤理化性质改变，从而间接影响植物生长和分布区域。因而，在全球气候变化的形势下，加深了解不同种植物分布及其与气候因子的关系具有重要的理论意义和应用价值。

栓皮栎是一种天然地理分布最为广泛的树种之一(罗伟祥等，2009；魏林，1960；《中国森林》编辑委员会，1997a，b；张文辉和卢志军，2002；张文辉等，2002)，其分布区域包括中国大陆，中国台湾、舟山群岛等大陆周边岛屿，日本以及朝鲜半岛(Chung and Chung，2002；Choung et al.，2004；Lee et al.，2004)。在其分布区内，气候梯度横跨温带和亚热带，通常以纯林或混交林的森林群落存在；土壤类型包括暗棕壤、褐土、黄壤、红壤等主要的地带性土壤类型。因而，栓皮栎是研究大区域尺度上植物分布与气候、土壤因子关系格局以及植物对环境变化响应的理想树种之一(王婧，2009；王婧等，2009)。

人类活动对栓皮栎分布的影响包括两个方面：一方面，由于累年的过度开发利用和人为干扰，大面积原始天然栓皮栎林已不存在，多为次生林分，分布范围有所改变；另一方面，由于栓皮栎既是重要的用材树种和工业原料，也是一种重要的水土保持、城镇绿化树种，所以被广泛栽培，在不同地区已经营造形成了大量人工林(刘春江，1987)。可见，人类活动对栓皮栎分布，既有直接的影响

(如分布区域和分布面积),也有长期遗传的影响(如引种)。因而,探讨人类活动对栓皮栎分布的作用方式和结果,对未来栓皮栎的保护和开发利用具有重要指导意义。

栓皮栎在中国大陆地区的地理分布虽已有研究,但是其分布边界尤其是西南地区的分布边界仍较为模糊。气候是植物生命活动中至关重要的因子之一,对植物的地理分布、生理活动均具有重要影响。在局域尺度上,栓皮栎的生物生态学特性、种群动态、群落特征、群落物种多样性、生态位等方面已有报道(程瑞梅和肖文发,1998;吴明作等,1999a;吴明作等,1999b;吴明作等,1999c;吴明作等,2000)。但是,在大区域尺度上,有关栓皮栎天然地理分布的详细边界,以及与分布区气候因子的关系等研究还很缺乏。根据文献资料和实地调查研究,我们绘制了当前气候条件下,栓皮栎的天然分布区轮廓图,分析了物种分布与环境因子的关系,以及人为干扰对其分布区域的影响,总结了影响栓皮栎空间分布的作用机制。

1.3.1 天然分布区确定方法

我们通过三种方法对栓皮栎分布区进行界定:第一,通过查阅已有介绍栓皮栎分布的文献,确定栓皮栎在中国的分布地区和范围;第二,通过查阅各地标本馆的标本,包括中国科学院植物研究所植物标本馆(http://pe.ibcas.ac.cn/sptest/syninvok4.aspx)、中国科学院昆明植物研究所标本馆、中国科学院华南植物园标本馆、广西植物研究所标本馆以及台湾大学植物标本馆(http://tai2.ntu.edu.tw/webtaiprog/webquery.aspx),确定栓皮栎的天然分区;第三,通过野外实地调查,在中国栓皮栎分布的16个省(区、市)进行了实地核查,核对文献记载和现实分布。在每一个采样点,记载所在的行政县乡村(或自然保护区)名称,用GPS(MobileMapper,Thales)确定其分布的经纬度及海拔信息(王婧,2009;王婧等,2009)。

1.3.2 水平分布

栓皮栎在东亚地区分布极为广泛,在中国大陆和台湾地区、朝鲜半岛、日本列岛均有大量分布。栓皮栎在中国大陆地区主要分布在北纬22°~42°、东经98°~122°之间。在地理分布上,北自辽宁南部、河北山海关、抚宁、青龙,山西陵川-临汾-乡宁一线以南;南至云南的文山、蒙自、屏边、西双版纳,广西的西北各县,如隆林、天峨、凌云、田林、百色、都安等,广东的阳山、连州、韶关一带;东从辽东半岛，经山东的崂山至江苏、浙江、福建的沿海低山丘陵以及台湾；西从太行山起，延至山西的吕梁山、中条山，陕西黄龙东南部的大岭和月亮山，到甘肃的小陇山、麦积山，经甘肃南部到四川西部山地和高山峪谷地区，再达云南贡山地区。

从台湾大学植物标本馆的栓皮栎标本资料数据可以看出，栓皮栎在中国台湾岛的天然分布主要集中在台湾北部台北至中部阿里山地区，如台北、新竹，中北部大霸尖山、南湖大山，中部南投、阿里山、大塔山，台湾南部恒春地区也有采集到的标本。此外，据文献记载，海南也有栓皮栎分布(刘慎谔，1986)，我们从中国科学院华南植物园标本馆的栓皮栎标本资料中也发现了在海南霸王岭自然保护区(北纬 18°53′～19°20′，东经 108°53′～109°12′)采集到的栓皮栎标本，这为栓皮栎在我国天然分布的南界确定提供了确凿的证据。

1.3.3 垂直分布

栓皮栎在我国的垂直分布总体趋势是由北向南，自东向西，分布区内的海拔不断升高(见表 1-1)。根据现有文献记载(张文辉等，2002)，辽东半岛和华北地区的太行山一带，栓皮栎垂直分布在海拔 50～500 m 处。依据中国科学院植物研究所植物标本馆数据库(http://pe.ibcas.ac.cn/)可知，河北省分布最高海拔可达 1 000 m(河北省内丘县神头村太子岩，1950 年采集)；西北地区秦岭一带，分布海拔在 400～1 500 m 之间；西南地区一般分布海拔多在 2 000 m 以上，四川西部分布海拔可达 2 800 m(四川金阳，1959 年采集)，云南西北部贡山地区可达 3 400 m(云南德钦，1935 年采集)，贵州威宁地区分布海拔在 1 100～2 800 m。台湾地区垂直分布海拔为 90 m(台湾新竹新丰乡，1997 年采集)至 2 500 m(台湾南投县，1997 年采集)。随着人类活动范围逐渐扩大，栓皮栎的垂直分布范围也有所变化，分布海拔下限逐渐升高。

表 1-1 不同纬度带栓皮栎垂直分布海拔上限及其温度估算

地点	分布地气象站				分布上限		参考文献/标本号
	纬度/(°)	经度/(°)	海拔/m	温度/℃	海拔/m	估测温度/℃	
河北内丘	37.3	114.5	78	13.2	1 000	7.6	00406893
山西垣曲	35.2	111.8	485	13.2	1 420	7.6	00406957
陕西周至	34.1	108.2	434	14.2	1 500	7.8	01358744

续　表

地　点	分布地气象站				分布上限		参考文献/标本号
	纬度/(°)	经度/(°)	海拔/m	温度/℃	海拔/m	估测温度/℃	
河南汝阳	34.2	112..5	307	13.2	1 335	7.0	00406990
云南德钦	28.5	98.9	3 488	7.2	3 400	7.7	00407348
四川金阳	27.7	103.3	1 452	15.2	2 800	7.1	00407158
贵州威宁	26.9	104.3	2 236	11.2	2 800	7.8	张文辉等，2002b

根据估算，各个地区栓皮栎分布的最高海拔上限温度，与全国栓皮栎水平分布的年平均温度最小值 7.2 ℃相接近(见表 1-1)。

1.3.4　分布区的变化

在实地调查中，我们发现栓皮栎天然分布的边界有所变化。在栓皮栎分布北界辽宁省南部地区，根据文献记载，在锦州盘锦一线以南应有栓皮栎分布。根据我们两年来的实地调查，现只有在瓦房店以南的大连地区、葫芦岛沿海地区还有少量分布，以北地区几乎没有。在栓皮栎分布的东南边界，福建省中部南北线以西有少量天然分布，林下未发现幼苗，几乎不能进行自然更新。在广东省，原本文献中记载有栓皮栎分布的韶关地区的乐昌、连州、阳山等地除剩余少量幼小林分外，成片的栓皮栎林分几乎没有。广西西北部各县现只剩下较高海拔的山脊一带有少量天然分布的栓皮栎林分。连续多年的考察发现分布区在持续减少，分布下限海拔逐渐升高。

在栓皮栎分布较为中心的区域，栓皮栎的分布情况也有所变化。例如，在湖南城步，据当地居民描述栓皮栎曾经在当地十分常见，路边即有，然而在考察中发现，交通方便的地方很少能看到栓皮栎，仅在海拔 800 m 以上人迹罕至的地方还残存栓皮栎的天然林分，天然分布的海拔下限呈逐渐上升的趋势。

关于栓皮栎的分布格局，令人感兴趣的问题之一是它的分布中心位于何处，这也是一个争论甚多的问题。根据文献可知，虽有许多争论，但是，一般认为，大别山、伏牛山等地是栓皮栎的现代分布中心(傅焕光和于光明，1978)。然而，由栓皮栎在历史时期的迁移过程可知，现代分布中心并不意味着是起源中心。在东亚地区的栓皮栎很有可能是在冰期时代(第三纪末至第四纪初)随着气候变化，从欧洲而来并逐渐向南迁移(刘慎谔，1986)，后来随着气候变暖又向北迁移。如此这样的往返迁移，成就了现在的分布格局。栓皮栎最早到达中国大陆地区的时间和具体位置也尚未确定，但是新生代的老第三纪已出现大量壳斗科树木，新第三纪时期，吉林敦化、云南牟定均已出现古栓皮栎分布(《中国森林》编辑委员会，1997a)。

栓皮栎分布具有大陆和岛屿分布并存现象，这也令人关注。关于岛屿栓皮栎和大陆栓皮栎之间的关系，即栓皮栎是如何到达岛屿的，到现在为止，还没有一个确定的结论。其中一种观点是在冰期(地质年代新生代的第四纪前，即距今100万年前后)，台湾岛曾与大陆相连，台湾高山植物向下移动，同时大陆上的植物向台湾移动(刘慎谔，1986)。在其后的历史时期内，台湾海峡还曾几次发生陆地-海洋的变迁，导致大陆地区和台湾地区栓皮栎和其他植物相互迁移，发生基因交换。

栓皮栎的现代分布格局是历史时期地质、气候和人类活动等各种因子共同作用的结果。与历史时期相比，现在人类活动干扰和气候变化的形式更为多样，程度更为剧烈。因而可知包括栓皮栎在内的不同种植物生长和分布处在一个敏感的响应时期。研究植物现在的分布格局，与气候因子的关系及其对气候变化的响应，以及其在区域尺度上的遗传多样性应是我们的一个紧迫任务。

1.4 分布区气候和土壤

1.4.1 分布区气候因子数据收集和分析方法

在中国大陆分布区，气候因子数据的收集采取统一方法，利用 Stations 软件获得全国 2 513 个气象台站的经纬度坐标，根据确定的栓皮栎分布范围，筛选出大陆地区栓皮栎分布区域的气象台站 1 477 个，并在台湾大学植物标本馆里收集到 44 个标本采集点的经纬度坐标，利用 ESRI ArcGIS 9.3 软件从 World Climate 数据库获取，得到中国大陆范围内 1 477 个点、台湾地区 44 个点的年平均温度、多年平均降水量、最冷/最热季平均温度以及≥0 ℃有效积温(王婧，2009；王婧等，2009)。

在本书中，根据数据库和气候因子特点，结合分析需要，我们使用年平均温度、最热季均温、最冷季均温、≥0 ℃有效积温、年降水量等气候因子，分别以上述各个分布区为单位，统计分析各个分布区内各个气象因子的平均值、标准差和区间等。

为了确定不同地区气候带栓皮栎垂直分布的上限温度，首先从中国科学院植物研究所植物标本馆数据库中查找不同省份栓皮栎分布海拔最高地点，查找距当地最近气象站的海拔高度和温度数据；然后根据海拔每升高 100 m，温度降低 0.6 ℃的原则，估算该地栓皮栎垂直分布上限温度（王婧，2009；王婧等，2009）。

1.4.2 大陆分布区气候特征

在中国大陆分布区，栓皮栎水平分布区域年平均温度为 15.3 ℃，最低年平均温度为 7.2 ℃（河北涞源、蔚县，云南德钦），最高年平均温度为 23.2 ℃（广西百色，见表 1－2）；年降水量为 1 011 mm，最高值为 2 000 mm（安徽黄山），最低值为 411 mm（河北深泽）。在分布区内，≥0 ℃有效积温平均值为 5 554.8 ℃，最小值为 2 733.7 ℃（山东泰山），最大值为 8 699.4 ℃（云南元江）。

表 1－2　中国大陆栓皮栎分布区域内气候特征（1 477 个站点）

数　值	年平均温度/℃	最热季均温/℃	最冷季均温/℃	≥0 ℃有效积温/℃	年降水量/mm
平均值	15.3	25.6	4.0	5 554.8	1 011
最大值	23.2	29.2	18.0	8 699.4	2 000
最小值	7.2	13.2	−9.8	2 733.7	411
标准差	2.8	2.2	4.6		

根据≥0 ℃有效积温、最冷月平均气温和年极端最低气温等指标，我国可划分为从北温带至南热带 9 个气候带和 1 个高原气候区域。栓皮栎的分布范围由北至南跨越了中温带、南温带、北亚热带、中亚热带、南亚热带，到达热带的北缘。

1.4.3 岛屿分布区气候特征

在中国台湾地区（http://tai2.ntu.edu.tw/webtaiprog/webquery.aspx），从现有的 44 个标本采集地点的气象数据来看（见表 1－3），年平均温度为 14.7 ℃，最大值为 24.9 ℃（恒春，北纬 21°54.5′，东经 120°50.6′，1 915 m），最小值为 4.4 ℃（南湖大山，北纬 24°21.7′，东经 121°26.6′，1 928 m）；最热季温度的平均值为 18.5 ℃，最大值为 27.8 ℃（恒春），最小值为 7.8 ℃（南湖大山）；最冷季温度的平均值为 10.0 ℃，最大值为 21.2 ℃（恒春），最小值为−0.2 ℃（南湖大山)；年降水量平均值为 2 803.2 mm，最大值为 4 320.0 mm(梦幻湖-阳明山，北纬 25 °9.8′，东经 121 °32.9′，1 982 m)，最小值为 2 096.0 mm(丹大林道，北纬 23 °45.2′，东经 121 °3.5′，1 992 m)；≥0 ℃有效积温平均值为 8 185.5 ℃，最大值为 8 595.2 ℃(恒春)，最小值为 8 013.5 ℃(鹿场，北纬 24 °31.9′，东经 121 °1.2′，1 932 m)。目前所知道的海南分布点霸王岭保护区(东经 108 °53′～109 °12′，北纬 18 °53′～19 °20′)的多年平均气温为 23.6 ℃，平均年总降水量为 1 751.1 mm(李希娟等，2008)。

表 1-3　台湾地区栓皮栎分布区气候特点(44 个站点)

数　值	年平均温度/℃	最热季均温/℃	最冷季均温/℃	≥0 ℃有效积温/℃	年降水量/mm
平均值	14.7	18.5	10.0	8 185.5	2 803.2
最大值	24.9	27.8	21.2	8 595.2	4 320.0
最小值	4.4	7.8	−0.2	8 013.5	2 096.0
标准差	4.35	4.66	4.19		

由大陆和岛屿地区的气候因子数据可知，岛屿地区和大陆地区的气候特点差异很大。栓皮栎分布区年平均温度和年降水量，在大陆地区分别为 15.3 ℃和 1 011 mm，在台湾地区分别为 14.7 ℃和 2 803.2 mm，而在日本分布区分别为 13.1 ℃和 1 788 mm。也就是说，在大陆地区温度较高，降水量较低；而在岛屿分布区，温度较低，降水量较高。特别是，栓皮栎分布区降水量的差异十分显著，例如，在大陆地区的河北深泽，年降水量仅有 411 mm，仅约为台湾梦幻湖-阳明山地区的(4 320 mm)的 1/10。在历史上，栓皮栎在太行山地区广泛分布，和油松形成天然混交林分。由于历史原因，栓皮栎天然林分已被破坏殆尽，仅在一些深山地区还可见残余天然次生林分存在(刘春江，1987)。在中国的北方干旱石质山地地区，年降水量约为 600 mm，水分亏缺是制约森林自然演替和人工造林成功的关键因子。而栓皮栎是耐干旱的阔叶树种，在最为干旱瘠薄的阳坡上进行栓皮栎人工造林，往往容易取得成功。栓皮栎分布区降水量的差异表明，栓皮栎是一种罕见的对水分波动具有巨大适应特性的乔木树种。据此，也可推测，不同地区的栓皮栎存在着较大遗传变异，已形成了与当地气候条件相适应的不同生态型。

根据我们的统计分析可知，栓皮栎在大陆水平分布区的最低年平均温约为

7 ℃,在其分布区内不同气候带海拔上限分布的最低温度基本与此一致。这些数据验证了我们提出的假说,即在栓皮栎分布区内,海拔垂直分布上限温度应与水平分布区的最低温度相似。

1.4.4 分布区土壤特征

在温带和暖温带栓皮栎分布区的土壤主要是棕壤、山褐土和淋溶褐土,pH值为6.0～7.5。在亚热带栓皮栎分布区的土壤主要是黄棕壤、山地黄壤、红黄壤、赤红壤以及山地黄褐土。不同地区的土层厚度和结构差异较大。在暖温带地区,土层厚度多为30～60 cm,土壤结构多为砾质壤土和壤土,含砾量30 %以上,疏松,通气性良好,较为干旱贫瘠。在亚热带地区,土层厚度多在50～100 cm之间,土壤结构多为沙壤土、壤土和部分黏土,含钙量较高(《中国森林》编辑委员会, 1997b)。

2 东亚地区栓皮栎种群亲缘地理关系

2.1 引言

第四纪冰期以来，全球气候的反复变化如何影响全球植物遗传结构和分布格局，已成为全球气候变化研究的热点问题。由于复杂的地貌格局和海陆分布特点，与其他内陆地区相比，东亚地区植物分布与第四纪冰期以来气候关系呈现明显的特殊性。栓皮栎在东亚地区广泛分布，在中国大陆暖温带和亚热带地区以及周边岛屿上均可见，为我们研究第四纪冰期对东亚植被分布的影响提供了很好的范式。分布在大陆与岛屿的栓皮栎群体之间的遗传结构如何？是什么原因造成它们如今的地理分布格局？它们在第四纪冰期的避难所在哪里？这些成为悬而未决的科学问题。

在本研究中，我们在东亚栓皮栎分布区采集其叶片样品，通过叶绿体 DNA（cpDNA）序列测定，分析不同种源的遗传多样性，构建亲缘地理关系格局，探讨来自大陆分布区（中国大陆）和岛屿分布区（中国台湾岛、舟山群岛、日本列岛、朝鲜半岛）等不同种群间的亲缘关系，追溯形成目前分布格局的历史地理原因，包括第四纪冰期避难所和冰期后迁移路线，诠释全球气候变迁对植物群体遗传变异的影响，进一步厘清环境变化条件下物种传播和迁徙的路线格局。

2.1.1 亲缘地理学相关概念及理论

三十多年前，科学家开始用线粒体 DNA（mtDNA）探讨同种生物种个体间和共同祖先形成的谱系联系；然后，不同物种的遗传研究发现，mtDNA 基因世系具有显著的空间格局，即认为谱系和地理有联系（Avise，2009）。1987 年，Avise 等提出“phylogeography”的概念，被译为亲缘地理学、谱系地理学或系统地理学，用于研究近缘物种间或同一物种内种群间基因谱系的地理分布格局及其历史成因，主要探讨物种的演化与地质历史之间的相关性（Avise，2000）。作为生物地理学的学科分支，亲缘地理学偏重近缘物种或种内种群间的研究，结合群体遗传和物种形成，在种群遗传学和系统分类学之间建立了概念性和过程性的联系（Avise，2000）。

亲缘地理学从时间（进化关系）和空间（地理分布）两方面描述物种的群体历史，物种经历的地质历史过程对其遗传多样性程度和遗传结构有至关重要的影响。在地球历史上，出现过三次大规模的冰川作用时期，对现代生物影响较大的一次是距今三百万年前的第四纪冰期。第四纪冰期大致有四次冰期，末次冰期（盛冰期）发生在距今约两万年前。生物逃避冰期恶劣气候相对集中的地点和冰期后重新分布的起点称为冰期避难所。避难所之间若没有基因交流，则互相隔离，这样加速了物种不同群体间的分化，为新种或亚种的形成提供了条件（Holder et al.，1999）。冰期退却，温度回升后，物种重新扩展到适宜的栖息地，在迁移过程中受到基因流事件和遗传漂变的影响而改变遗传多样性。

基因流是群体间以及群体内个体基因信息的传播和交流，它可以通过花粉、种子以及克隆体的传播得以实现，其程度受到传播方式、传播机制以及群体间地理距离的影响。基因交流的强度影响群体间的分化程度和决定基因型是否匀质化（Krauss，1994）。描述植物种群基因流的理论模型最常见的有岛屿模型、垫脚石（stepping-stone）模型及距离隔离模型。在一个相对孤立的小群体中，任何一个等位基因传播到下一代都是偶然的，等位基因的频率也是随机波动的，这一作用被称为遗传漂变。基因交流倾向于使两个群体均一化，而遗传漂变则起到相反的作用。由于遗传漂变的作用，那些片段化的孤立小群体最后将拥有各自固定的等位基因，群体内的遗传多样性程度会降低（Hewitt，2000）。奠基者效应是遗传漂变的另一种形式，是指由携带亲代群体中部分等位基因的少数个体在一个新的栖息地建立新的群体，这个群体后代的数量虽然会增加，但是只保留了少数祖先基因型，而且未与其他生物群体交配繁殖，彼此之间基因的差异性甚小，遗传多样性很低。如果一个群体的个体数量突然急剧减小，由剩下的极少数个体扩展形成新的群体，仅保留祖先群体的部分基因型，这就是瓶颈效应。奠基者效应和瓶颈效应都会降低一个群体的遗传多样性程度（Petit et al.，2002b）。

群体遗传学溯祖理论（coalescent theory）是1982年英国数学家Kingman提出的一种基于基因谱系的回推理论，是基因漂变的反向理论。该理论认为，在一个特定的群体中，所有的等位基因都是从一个共同祖先遗传而来的。由于这些遗传关系可以通过基因谱系表现出来，所以利用数学方法可以描述这些谱系连接的历史过程，从而回推找到共同祖先。溯祖理论是探讨种内或是近缘种基因谱系的数学和统计学理论(Felsenstein，1985；Hudson，1990；Griffiths and Tavaré，1994)，成为进一步探讨种群的迁移、基因流和地理隔离，以及推测不同的谱系分化时间和计算最近共同祖先时间的理论基础。

分子生物学中的分子进化中性学说(neutral theory of molecular evolution)是1968年由日本学者木村资生(Motoo Kimura)提出的，该学说认为分子水平上的大多数突变是中性或近中性的，这些中性突变不会发生自然选择与适者生存的情况(Kimura，1983；Hughes，1999)。生物的分子进化主要是中性突变在自然群体中进行随机的“遗传漂变”的结果，而与选择无关。

分子钟(molecular clock)假说认为，尽管替代速率的观察受到随机误差的影响，但氨基酸或核苷酸替代速率在进化过程中是近似地保持恒定的(吕宝忠等，2002)。分子进化的特点之一是每一种生物大分子不论在何种生物中都有一个大致恒定的进化速率，核苷酸的置换率表示，若只受突变率的影响，演化较快的基因在种内及种间将具有更多的遗传变异。

2.1.2　亲缘地理学探讨的问题

亲缘地理学可以用于探讨物种遗传多样性分布格局，推测物种的冰期避难所和重建冰期后群体历史，估算近缘种间的分歧时间和栽培群体的起源时间，以及确定保护单元等问题。

2.1.2.1　探讨物种遗传多样性分布格局

遗传多样性和遗传学过程对物种的生存和发展起着决定性作用(邹喻苹等，2001)，而物种遗传多样性分布格局是物种形成、演化和迁移过程中的历史地理事件与现有种群间基因交流的共同结果。亲缘地理学研究通过合适的分子标记检测种群内部及种群间的遗传多样性分布格局。

2.1.2.2　推测物种的冰期避难所和重建冰期后群体历史

生物避难所由于其独特的地理条件特别适合物种的生存，即使是处在间冰期，这里仍然具有丰富的生物多样性(沈浪等，2002)。因此，最初根据动植物区系的特点推测冰期避难所，后来，孢粉化石分析结合古气候学、古地理、古植被变迁等证据也成为冰期避难所推测的证据(Sommer and Nadachowski，2006)。由于化石证据的不全，对某些物种冰期避难所的推测造成困难，于是有学者将分子数据同化石等资料相结合来推测物种冰期避难所和群体重建历史(Sommer and

Benecke, 2004)。单亲遗传特点的分子标记,由于具有较低的突变率,仅靠种子的传播进行基因交流,所以可以保留植物经过长时期变迁而形成的遗传结构。将这种分子数据同孢粉化石记录结合起来,有助于推断植物的群体遗传结构、群体间基因流、冰期避难所及冰期后群体重建的历史(陈冬梅等, 2011)。

2.1.2.3 估算近缘种间的分歧时间和栽培群体的起源时间

亲缘地理学的研究利用等位酶或 DNA 序列数据和孢粉化石记录证据等,结合溯祖理论和分子钟假说,可以计算群体间的分歧时间,推测物种的驯化过程及栽培群体的起源等。利用叶绿体 DNA 限制性位点数,Sewell 等估计出北美东部鹅掌楸(*Liriodendron tulipifera*)的北部区系和南部区系的分歧时间大约在 150 万年前(Sewell et al., 1996);利用叶绿体 DNA 和核 DNA 序列,Londo 等推测了栽培水稻(*Oriyza rufipogo*)两次独立的驯化过程和起源(Londo et al., 2006)。

2.1.2.4 保护单元的确定

在保护遗传学研究中,1986 年 Ryder 提出进化显著单元的概念(邹喻苹等, 2001)。该理论的基本原理是,根据遗传上的独特性来确定保护类群主要是基于类群的分类学地位和种间关系,即利用分类学和系统发育方面的资料来确定优先保护的类群(邹喻苹等, 2001)。通过研究物种遗传多样性的地理分布格局,估计不同地理区域的遗传多样性水平,可以确定该物种的遗传多样性保护中心。同时,生物避难所的确定可以为生物多样性保护重点区域的划分提供依据。

2.1.3 东亚地区植物亲缘地理关系研究

在过去三十多年里,植物亲缘地理学研究热点集中在欧洲和北美的一些类群上,如欧洲的栎属植物(*Quercus* ssp.)(Ferris et al., 1993; Dumolin-Lapègue et al., 1997; Lumaret et al., 2002; Jimenez et al., 2004; Lumaret et al., 2005),挪威云杉(*Picea abies*)(Lagercrantz and Ryman, 1990; Collignon and Favre, 2000; Vendramin et al., 2000; Jeandroz et al., 2002; Meloni et al., 2007),欧洲山毛榉(*Fagus sylvatica*)(Demesure et al., 1996; Taberlet et al., 1998; Vettori et al., 2004; Papageorgiou et al., 2008; Hatziskakis et al., 2009),欧洲冷杉(*Abies alba*)(Konnert and Bergmann, 1995; Jeandroz et al., 2002; Liepelt et al., 2002)等,北美的虎耳草科(Soltis et al., 1989; Soltis et al., 1991; Soltis et al., 1992; Soltis and Soltis, 1997)、木兰科植物,如鹅掌楸(*Liriodndron tulipifera*)(Sewell et al., 1996)等。这些研究与动物的亲缘

地理学研究，证实了欧洲南部的伊比利亚、巴尔干半岛，以及高加索地区是欧洲陆生动植物在冰期中非常重要的几个避难所。欧洲现代动植物区系组成主要是冰期后由这几个避难所向外扩散、迁移形成的(Hewitt，2000)。白令海峡地区、北极高纬地区、阿巴拉契亚山脉南部和洛基山脉南部等冰原周围地区对于北美动植物而言是比较重要的避难所(Sewell et al.，1996；Soltis and Soltis，1997；Broyles，1998；Tremblay and Schoen，1999；Abbott et al.，2000；Gonzales et al.，2008)。此外，关于栽培物种野生近缘种亲缘地理学的研究，揭示了部分栽培种的起源问题，如 Caicedo 和 Schaal 研究了番茄野生近缘种 *Solanum pimpinellifolium* 的亲缘地理结构，并推测了野生番茄的起源中心在秘鲁的北部(Caicedo and Schaal，2004)；Xu 等对中国的栽培植物茭白(*Zizania latifolia*)及其野生种群的亲缘地理学进行了研究，认为其起源地位于太湖北部地区(Xu et al.，2008)。

在东亚地区植物亲缘地理学研究方面，以日本和中国台湾地区开始较早，中国大陆的亲缘地理学研究起步较晚，但发展迅速，尤其在近几年发表的研究成果较多。我国地形复杂，高原盆地相间，四大高原(青藏高原、云贵高原、内蒙古高原、黄土高原)构成我国西高东低的地势；山脉纵横交错，东西走向有昆仑山脉、天山山脉、秦岭山脉、大巴山脉等，南北走向有大兴安岭、长白山、太行山、横断山脉等。这些山川影响了物种的迁移扩散，使现代植物区系的地理分布及种类遗传组成复杂化。青藏高原、横断山脉等是我国亲缘地理学研究的几个热点地区。Zhang 等研究了分布于青藏高原的高山植物祁连圆柏(*Juniperus przewalskii*)，发现种群分化显著，东南边缘单倍型多样性较高，是可能的冰期避难所，其他种群是由此扩散的(Zhang et al.，2005)。同时通过使用叶绿体 DNA 和线粒体 DNA，Meng 等研究了青藏高原及邻近地区的青海云杉(*Picea crassifolia*)，结果显示种群间种子介导的基因流较低，现今的种群格局是异域片段化造成的，两个地区存在独立的冰期避难所，而叶绿体基因显示了种群间遗传分化较小，存在较强的花粉介导的基因流(Meng et al.，2007)。陈生云等对条纹狭蕊龙胆(*Metagentiana striata*)进行了亲缘地理学研究，发现青藏高原东北、东部及邻近地区的种群与高原东南部横断山区的单倍型分布有着显著的亲缘地理结构，于是推测东南部的横断山区是该植物第四纪冰期可能的避难所，现今种群的分布格局是冰期后异域片段化和片段化后扩张的结果(陈生云等，2008)。Wang 等和 Yang 等分别对同样分布于中国喜马拉雅—横断山区的钟花报春(*Primula sikkimensis*)和长花马先蒿(*Pedicularis longiflora*)进行了研究，推测了各自的避难所或起源中心(Wang et al.，2008；Yang et al.，2008)。

亲缘地理学起初以濒危珍稀物种为研究对象较多，如 Wang 和 Ge 对濒危物种银杉(*Cathaya argyrophylla*)，Gong 等对分布于我国西南地区、中部以及东部的活化石银杏(*Ginkgo biloba*)分别进行了亲缘地理学研究，重建了它们的进化历史，推测了可能的冰期避难所(Wang and Ge，2006；Gong et al.，2008)。最近几年亲缘地理学的研究范围逐渐扩展，并以广布种或常见种为研究对象。例如，Chen 等对广泛分布于中国大部分地区的野慈姑(*Sagittaria trifolia*)进行了研究，认为长距离扩散模糊了冰期避难所的位置，对现有物种的分布格局起到了关键作用(Chen et al.，2008)。Tian 等以分布于我国北方的桦木科物种虎榛子(*Ostryopsis davidiana*)为研究对象，认为该物种在冰川最盛时期在秦岭以北地区也存在避难所，而不是仅在秦岭以南，然后向北扩张而来，并且这些片段化种群经历了严重的瓶颈效应或奠基者效应(Tian et al.，2009)。Qiu 等发现，在温带落叶林中的常见种八角莲(*Dysosma versipellis*)存在西部和中东部两个世系和各自的避难所，其西部世系长时间生存于青藏高原东部的避难所而没有经历显著的种群扩张，而中东部长江中下游地区避难所的种群发生显著的扩张，在冰期和间冰期循环中出现种群地理隔离和歧化；他们认为气候变化和地理隔离等历史事件导致温带落叶森林栖息地迁移，促使八角莲在不同时空尺度下发生世系和种群的分歧(Qiu et al.，2009a)。结合 PCR - RFLP 和 cpDNA 序列的结果，Wang 等发现东亚地区的七筋菇(*Clintonia udensis*)具有高遗传多样性和明显的遗传分化，说明存在无性繁殖和基因交流受到限制，并认为七筋菇至少有 3 个起源地，有显著的亲缘地理格局，没有发生种群扩张但有经历长距离迁移和受到山带构造事件的影响(Wang et al.，2010)。

2.1.4 栓皮栎种群遗传学研究

在栓皮栎种群遗传学方面，已有对一些分布地区种群的研究报道。例如，周建云等对陕西境内的 3 个栓皮栎天然群体的同工酶遗传多样性进行了研究，结果表明陕西栓皮栎天然群体遗传变异性绝大部分发生于群体内，群体间变异只占很小的比例(周建云等，2003)。徐小林等利用 SSR 标记对我国 4 个省内的 5 个栓皮栎天然群体的遗传多样性进行了研究，也认为变异主要来源于群体内，群体间遗传分化系数仅为 0.045 5，同时发现栓皮栎群体间的遗传距离与地理距离之间存在显著的正相关关系(徐小林等，2004)。

近几年，南京林业大学徐立安实验室对不同地区栓皮栎天然群体进行了遗传变异分析。例如，刘宇采用 cpSSR 标记方法对安徽、陕西、广西、山东 4 个地区的 24 个天然群体进行遗传分析，发现有 14 种单倍型，其中大别山安徽区域的单倍型类型最丰富，有 10 种单倍型，地理分布边缘的群体中所具有的单倍型在中心地区基本有体现，并认为大别山区及川东、鄂西一带是栓皮栎的冰期避难所及冰期后分化的策源地（刘宇，2007）。根据 4 个 cpDNA 片段 P 的 PCR - RFLP，王世春在陕西、安徽、湖北、河南、江西、广西、福建、云南、江苏 9 个地区 19 个群体发现 9 种单倍型，其中安徽、湖北、陕西南部等区域内单倍型较为丰富，江苏、江西、福建、云南和广西总共仅有 2 种单倍型，而且这 2 种单倍型在中心区域都有分布，因而认为栓皮栎的分布中心又是遗传多样性的中心，栓皮栎的现有分布格局可能是第四纪冰期后，以秦岭以南的川西到大别山区一带为中心，不同的适应类型向四周逐步扩散的结果（王世春，2008）。利用 cpDNA 进行 PCR - RFLP 和 SSR 分析，陈劼发现 4 个 cpDNA 区间在 15 个种源的群体中存在 17 种单倍型，以及 34 个天然群体在 5 对多态引物 13 个位点上表现出 10 种单倍型的多态性，推测在第四纪冰期时，受陕西太白山冰川的影响，秦岭以北高纬度地区的栓皮栎不能适应寒冷的环境，逐渐灭绝，秦岭以南的川东至大别山区域为其避难所，冰期过后，栓皮栎重新向北扩张，一直进入现今辽宁地区；而华南、西南低纬度地区几乎不受冰川气候的影响，在整个第四纪冰期，栓皮栎都广泛生存于这些地区，分布没有出现过较大的波动，与分布中心秦岭以南的川东至大别山区域的群体存在着少量交流（陈劼，2009）。他们的研究结果都显示，基于 cpDNA 的栓皮栎遗传变异几乎存在于群体间，群体内的变异很小，栓皮栎第四纪冰期避难所可能存在于川鄂皖地区。

2.1.5 分子标记在亲缘地理学研究中的应用

在遗传学上，分子标记指的是基因组的 DNA 序列片段，它是以个体间遗传物质内核苷酸序列变异为基础的遗传标记，是 DNA 水平遗传多态性的直接反映。分子标记与其他遗传标记相比具有许多优点：一是方便，由于是直接反映 DNA 分子水平上的变异，因而能对各发育时期个体的各个组织、器官甚至细胞做检测，不受环境的影响，也不受基因表达与否的限制，为研究工作提供了极大的便利；二是多态性高，分子标记的等位位点变异水平比表型标记丰富得多，无须专门创造特殊的遗传材料；三是数量大，标记几乎是无限制的，遍及整个基因组；四是共显性，多数分子标记表现为共显性，能分辨所有的基因型；五是对生物体表现中性，分子标记对生物体通常没有不良影响，也不影响生物性状的表现。因而，分子标记应用广泛。目前常用于亲缘地理学研究的分子标记技术主要有 DNA 序列分析和 SSR、ISSR、RFLP、RAPD、AFLP 等 DNA 指纹技术。

2.1.5.1 DNA 序列分析

植物 DNA 序列根据其在细胞中的位置分为三种类型：核 DNA(nDNA)，叶绿体 DNA(cpDNA)和线粒体 DNA(mtDNA)。根据基因表达的情况分为编码基因和非编码基因，或者分为外显子和内含子。不同的序列在进化速率上存在很大的差异，一般情况下，基因组内非编码区序列因其功能上的限制较少，比编码区表现出更快的进化速率(Clegg et al.，1994)。进化速率上形成的差异适用于不同分类阶元的系统发育研究，因此，选择合适的分子片段是分子系统学研究中最为关键的一步(田欣和李德铢，2002)。

nDNA 结构复杂，大部分核基因存在种源(来源于物种形成)和基源(来源于基因重复)的拷贝(田欣和李德铢，2002)。在亲缘地理学研究中，对核基因组序列的应用较多的是核糖体内转录间隔区序列(ITS)、编码核糖体 RNA 小亚基的 18S 基因和编码 1,5-二磷酸核酮糖羧化酶小亚基(*rbc*S)、乙醇脱氢酶(*Adh*)和查尔酮合成酶(*Chs*)等的单拷贝基因序列。ITS 序列在系统学研究中已得到广泛应用，Álvarez 和 Wendel 曾做了统计，发现所有有关系统进化的假说中，有 34 %的假说基于 ITS 数据而建立(Álvarez and Wendel，2003)。虽然核基因组等位基因间的重组以及杂合度和同源性的干扰提高了难度，但还是很有应用前景(龚维，2007)。

cpDNA 占植物总基因组 DNA 的 10 %～20 %，为双链闭环结构，一般为 120～220 kb①(多在 120～160 kb 之间)，被 2 个长 22～25 kb 的反向重复序列(IR)分成一个大单拷贝区(LSC)和一个小单拷贝区(SSC)(田欣和李德铢，2002)。cpDNA 由于具有下列特性使其成为亲缘地理学研究中应用最多的方法：① 基因组小但包含大量的 DNA 成分；② 在分子水平上能提供有效的信息支持；③ 不同区域进化速率不一致，可分别适用于不同分类阶元的系统发育研究；④ 单亲遗传，细胞分裂时不发生重组，可用于追溯起源和迁移，适合于亲缘地理学的研究(Schaal et al.，1998)。但由于是单亲遗传，不能解决杂交、渐渗现象或网状进化等问题(汪小全和洪德元，1997)。目前常用的片段有两种类型，即 cpDNA 的编码区和非编码区。通常编码区序列适用于科属间较高分类阶元的研究，而非编码区则常用于较低分类阶元的研究。应用较多的编码区序

① kb 表示千碱基对。

列有 *rbc*L、*mat*K、*atp*B、*nah*F、*rpl*16 等，非编码区包括 *trn*L-*trn*F、*atp*B-*rbc*L、*trn*H-*psb*A、*trn*S-*trn*G、*trn*T-*trn*F 等。随着 cpDNA 通用引物的发展，越来越多的研究通过扩增植物 cpDNA 非编码区序列进行亲缘地理学分析。

mtDNA 最早用于动物的亲缘地理学研究，植物 mtDNA 进化速率比 nDNA 还低，基因组在大小和结构上都十分不稳定，存在高频率重排、重复和缺失，以及外源 DNA 如核基因组 DNA 的转移等问题，从而制约了 mtDNA 在植物系统发育以及群体遗传学研究中的应用(Schaal et al.，1998)。但是，mtDNA 也有一些进化速率快、相对较稳定的序列，如 *cox*1、*nad*1、*nad*2、*nad*4 和 *nad*5 等，可以用于植物系统发育重建、群体遗传学和亲缘地理学的研究，如 mtDNA 广泛用于许多松科植物的亲缘地理学研究中(Álvarez and Wendel，2003)。对植物 mtDNA 的研究，可利用 DNA 指纹图谱的方法进行分析，而不是对某一片段进行测序(李恩香，2006)。

当选择不同基因组的 DNA 序列进行亲缘地理学研究时，需要考虑到它们各自的特点。不同基因组具有不同的遗传方式。母系遗传的信息只能由种子进行传播，通常由种子进行传播所带来的基因流较小。在大部分被子植物中，叶绿体采取母系遗传的方式，而在裸子植物中，大部分线粒体具有母系遗传方式，叶绿体具有父系遗传方式。遗传漂变对叶绿体基因组的作用大于对核基因组的作用。因此，叶绿体基因组的信息更容易反映种群分化的模式，但是核基因组能更多地反映祖先多态性的情况。

2.1.5.2 DNA 指纹分析

最早基于 DNA 的遗传标记是限制性长度多态性分析(RFLP)，通过对总基因组的限制性内切酶消化，产生许多长度不同的片段，电泳分离后转移到尼龙膜或硝酸纤维膜上，然后以特异的 DNA 片段为探针进行膜杂交。20 世纪 90 年代以后，由于 PCR 技术的发展，基于 PCR 的 RAPD、SSR、ISSR、AFLP、PCR-RFLP 等 DNA 指纹技术迅速发展起来，并得到广泛应用。

随机扩增多态性 DNA(RAPD)于 1990 年发展起来(Williams et al.，1990)，是迄今在群体生物学中使用最早和最广泛的分子标记。RAPD 是用随机选择的约 10 bp① 的寡核苷酸序列，对基因组 DNA 扩增出不同长度的 DNA 片段。基因组 DNA 上与 RAPD 引物结合位点的核苷酸序列的改变，将会产生不同的 RAPD 指纹图谱，可通过琼脂糖凝胶电泳进行分离和检测。RAPD 是一种

① bp 表示碱基对。

显性标记，在对某一物种进行 RAPD 分析之前，不需要了解这个物种的基因组信息。简单重复序列(SSR)是一类由 1～6 bp 核苷酸为重复单位串联而成的 DNA 序列，是共显性的分子标记，具有多态性好、重复性高的特点。根据 SSR 两端的高度保守的序列可以设计引物，进行 PCR 扩增，然后经电泳分离后检测。由于重复次数的不同，在凝胶电泳中呈现出一定的长度多态性。SSR 位点存在于真核生物的细胞核、叶绿体以及线粒体三种基因组中。尽管微卫星标记在引物的开发和设计上需要耗费大量的人力和物力，但是由于微卫星标记的各种优点，它也越来越多地应用到了群体遗传学和亲缘地理学的研究中。

扩增长度多态性(AFLP)是一项新的迅速发展的分子标记技术，是 RFLP 与 PCR 相结合的产物。基因组 DNA 经限制性内切酶消化产生不同大小的 DNA 片段后，再连上双链人工接头，根据接头的核苷酸序列和酶切位点设计引物，从而进行选择性扩增，扩增产物在凝胶电泳上进行分离和检测。AFLP 也是一种显性标记，产生的条带数目多，多态性高，在亲缘地理学的研究中得到了越来越多的应用。

选择合适的分子标记进行亲缘地理学研究时，需要考虑以下几个方面：① 可获得的位点数目；② 可提供的多态性程度；③ 是否共显性标记，显性分子标记(如 RAPD 和 AFLP)在进行亲缘地理学研究时不如共显性的分子标记(如 SSR 和 RFLP)；④ 实验的可重复性；⑤ 可转移性；⑥ 可操作性及成本(龚维，2007)。

亲缘地理学的研究可以结合不同的分子标记来进行。根据单亲遗传的 cpDNA 数据可以推测冰期避难所、冰期后群体迁移和重建的历史，但它常常表现出多态位点的不够丰富，因此，可以结合双亲遗传核糖体 DNA(nrDNA)的信息，如单拷贝的 nrDNA 序列，或者 DNA 指纹分析，如 AFLP、SSR、RAPD 等来进行，以便更准确地揭示过去的群体历史过程。

2.2 种群遗传多样性和结构特征

2.2.1 试验设计与分析方法

2.2.1.1 样品的采集

在前期对栓皮栎分布地区进行资料收集和野外调查的基础上(王婧等，2009)，本研究在东亚栓皮栎分布区采集了 50 个栓皮栎天然种群的 528 份个体样本(陈冬梅，2011；Chen et al.，2012)。这些样本主要分布在中国大陆，包括辽宁、北京、河北、山东、陕西、甘肃、湖北、湖南、安徽、江西、江苏、浙江、福建、云南、广西等15个地区34个样点，以及中国台湾省新竹、谷关、南投、桃山4个样点，舟山群岛3个样点；还有韩国的江原道、忠北、全南3个样点；日本的广岛、山口、京都、长野、岐阜、鸟取6个样点(见表2-1)。在所选的每一个采样点中，相隔至少100 m选择一棵样树，采集5片健康新鲜叶片。然后按取样的先后顺序，把擦净的叶片装入已做好编号且装有适量变色硅胶的自封袋内，并在硅胶全部变色前换成新的硅胶。测试前所有样品存放于－80 ℃条件下。

表2-1 栓皮栎采样点地理位置信息

编　号	采集地点	北纬/(°)	东经/(°)	海拔/m
GX	广西田林	24.434	105.934	696
GD	广东韶关	24.924	113.083	500
YA	云南安宁	24.985	102.445	1 826
YB	云南保山	25.122	99.146	1 821
FD	福建德化	25.752	118.310	484
YL	云南丽江	26.870	99.866	112
HH	湖南怀化	27.511	110.107	455
DX	福建党溪	28.032	118.682	704
JX	江西云山	29.087	115.623	360
CW	安徽查湾	29.608	117.544	459
HZ	浙江杭州	30.194	120.005	349
HY	湖北宜昌	30.431	111.206	276
BMH	湖北白庙河	31.011	115.775	312
MS	安徽茅山	31.354	116.084	659
FJY	湖北房家垭	31.750	111.931	237
XY	河南信阳	32.120	114.007	131
NJ	江苏句容	32.130	119.202	160
AF	安徽凤阳	32.645	117.559	28
AK	陕西安康	32.665	109.030	370
TGB	陕西土官堡	33.105	106.703	715
NY	河南南阳	33.502	111.920	1 112
AX	安徽萧县	34.025	117.057	117

续　表

编　号	采集地点	北纬/(°)	东经/(°)	海拔/m
LGT	陕西楼观台	34.054	108.273	701
TB	陕西太白山	34.089	107.706	2 007
SMX	河南三门峡	34.492	111.221	1 121
BMT	陕西白马滩	35.530	110.274	960
GT	甘肃天水	34.379	106.665	789
HX	河北邢台	37.086	113.827	801
SY	山东烟台	37.294	121.751	223
TL	河北驼梁	38.686	113.812	1 145
LD	辽宁大连	39.107	121.801	180
HYS	河北洪崖山	39.475	115.482	516
LZ	辽宁庄河	39.986	122.959	250
PG	北京平谷	40.254	117.125	260
TN	台湾南投	24.091	121.029	756
TK	台湾谷关	24.193	120.992	750
TT	台湾桃山	24.397	121.308	1 910
TH	台湾新竹	24.878	120.968	100
DM	舟山大猫岛	29.960	122.042	92
ZP	舟山盘峙	29.982	122.073	84
ZY	舟山盐仓	30.030	122.081	42
CN	韩国全南	35.071	127.597	482
KC	韩国忠北	36.857	128.069	335
KK	韩国江原道	37.935	128.700	487
JY	日本山口	33.928	131.964	99
JT	日本鸟取	34.722	133.905	200
JH	日本广岛	34.932	132.937	511
JK	日本京都	35.190	135.906	193
JG	日本岐阜	35.415	137.190	208
JN	日本长野	35.588	137.927	473

2.2.1.2　植物总DNA提取

1. 实验试剂及配制

洗脱缓冲液：100 mmol · L^{-1} Tris－HCl，pH 值 8.0；20 mmol · L^{-1}

EDTA,pH 值 8.0;1.4 mol·L^{-1} NaCl,2 % PVP,0.3 %β-巯基乙醇。

2×CTAB 提取缓冲液：洗脱缓冲液中加入 2 %的 CTAB(十六烷基三甲基溴化铵)

TE 缓冲液：10 mmol·L^{-1} Tris-HCl,pH 值 8.0;1 mmol·L^{-1} EDTA。

氯仿-异戊醇：氯仿和异戊醇体积比为 24∶1。

2. 主要实验器材

Bertin * Precellys 24 均质器(Bertin Technologies, France)。

5804R 型高速冷冻离心机(Eppendorf, Germany)。

Gel Doc2000TM 凝胶成像系统(BIO-RAD, USA)。

3. 实验方法

采用改良的 CTAB 法(Doyle, 1991)提取叶片基因组总 DNA,步骤如下。

(1) 打开水浴锅,设 65 ℃,取适量的 2×CTAB 提取缓冲液于试剂瓶,按每 10 mL 提取液加 30 μL 巯基乙醇的比例加入巯基乙醇,将试剂瓶放在水浴锅中预热。在洗脱缓冲液中加巯基乙醇,放冰箱预冷。

(2) 用电子天平称量约 0.05 g 的叶片,要求选较嫩叶片,剪取无维管组织的部位,放入 2.0 mL 硬壁管,加入适量磨样珠(根据珠子直径和样品质量而定),放入均质器进行 30 s 磨样,若不够细,可再进行一次。

(3) 加 1 mL 预冷的洗脱液,用手指弹管壁或用牙签搅拌混匀,于 4 ℃下 12 000 r/min 离心 15 min,倒去上清液。重复一次。

(4) 加 750 μL 预热的 2×CTAB 提取缓冲液,混匀,于 65 ℃下水浴 1.5 h,期间每隔 15 min 左右上下摇晃混匀。

(5) 加入同体积的氯仿-异戊醇混匀,于 4 ℃下 12 000 r/min 离心 15 min,取上清液 600～700 μL。

(6) 重复上一步骤,取上清液 500～600 μL。

(7) 加 2 μL RNase A 液使其终浓度至 10 μg·L^{-1},37 ℃水浴 30 min。

(8) 重复(5)步骤,取上清液 400～500 μL。

(9) 加 1/3 体积的 2.5 M NaCl 溶液,混匀,再加 2/3 体积的预冷的异丙醇,混匀后若出现黄色黏稠物(多糖类物质),用牙签挑出,然后在－20 ℃下存放 2 h。

(10) 在 4 ℃下 12 000 r/min 离心 15 min,倒出上清液。

(11) 用 600 μL 的 70 %乙醇清洗沉淀两次。

(12) 打开盖子,倒在纸上吸水后直立,用纸盖着过夜吹干。

(13) 加入 50～100 μL 的 TE 缓冲液，在室温下溶解，1～2 天后通过 1 %琼脂糖电泳检测纯度和亮度。

(14) 存于 4 ℃的冰箱备用。

DNA 提取是进行分子标记实验最为关键的一步，提取高质量和一定数量的 DNA 样品是进行 PCR 扩增的首要步骤。在对栓皮栎干燥成熟叶片提取总 DNA 的过程中，由于叶片含有大量蛋白质、多酚、多糖等杂质，如何提取出纯化的 DNA 是整个实验的关键，影响到 PCR 和测序反应的顺利进行。对于蛋白质的去除，采取 24∶1 体积比的氯仿：异戊醇多次抽提方式，取上清液时采用宽口枪头可减少吸入更多的杂质。对于多糖类物质的去除，在核酸沉淀前用牙签挑出先沉淀的多糖类物质，这个过程会减少 DNA 数量，最后获得的基因组浓度偏低，但基本上能够满足本研究分子标记的需要。建议采集新鲜嫩叶，不过新芽不太适合，提取过程中容易发生褐化现象。在样品采集和转移过程中，也要保持干燥，防止褐化和 DNA 降解。

2.2.1.3 PCR 扩增及序列测定

1. 引物筛选

查阅关于经实验验证在植物研究中具有较大多态性的通用引物(包括栎类植物 cpDNA 通用引物)的文献，选择 12 对适合种以下分类单元的叶绿体通用引物进行 PCR 扩增(陈冬梅，2011；Chen et al.，2012)。预实验内容包括反应体系和反应程序条件摸索以及引物筛选，选择 12 个地理位置较远的栓皮栎种群(中国的辽宁大连、甘肃天水、河北邢台、湖北宜昌、安徽萧县、福建德化、云南保山、舟山盘峙、台湾桃山，以及国外的日本鸟取、韩国忠北)的 DNA 样品。在预实验中，有的引物扩增困难，无法产生单一明亮条带以测序；有的引物扩增产物浓度低而无法测序；有的测序时出现重叠峰或高级结构而无法测通；有的引物测序成功但没有变异位点，或只有 1 个变异位点。

根据预实验结果，从 12 对引物中选取扩增效果好，扩增片段合适、变异位点较多的引物进行测序。正式实验选取 4 对引物进行测序，包括 *trn*L-*trn*F、*trn*S(GCU)-*trn*G(UCC)、*atp*B-*rbc*L、*trn*H-*psb*A，但由 *trn*S(GCU)-*trn*G(UCC)扩增并测定的序列中存在两个较大的 Poly 结构(较长片段的相同碱基重复出现)，导致 Poly 结构中间的序列无法测通，获得序列的数量不足，因此，在此实验结果中还没有分析这个片段。

2. PCR 反应体系和反应程序

PCR 扩增反应在 Mastercycler pro 型铝制梯度 PCR 仪(Eppendorf,

Germany)中完成。引物由上海生工生物工程公司或英骏生物技术公司合成，稀释成 10 μM 使用。Taq DNA 聚合酶、dNTPs、$MgCl_2$、10×PCR 反应缓冲液均购买自宝生物工程(大连)公司(TaKaRa)。

(1) 50 μL 反应体系如下：

$MgCl_2$	1.5 mM
Tris - HCl	10 mM, pH 值 8.3
KCl	50 mM
引物	0.2 μM
dNTPs	200 μM
Taq 酶	1.25 U
DNA 模板	1 μL(10～20 ng)
双蒸水	37.75 μL

(2) 反应程序如下：

预变性	94 ℃	5 min
35 个循环，变性	94 ℃	30 s
退火	56 ℃	30 s
延伸	72 ℃	90 s
总延伸	72 ℃	7 min
保温	10 ℃	

PCR 反应结束后，对其扩增产物进行 1.5 %琼脂糖凝胶电泳，电压 100 V，电泳缓冲液为 1×TAE，电泳时间不到 1 h。电泳结束后在 1.0 %EB 染色数分钟，然后用 BIO - RAD 凝胶成像系统照相记录。如果检测出清晰、明亮的扩增条带，则 PCR 扩增产物可直接用来测序。

3. 序列测定

扩增产物由北京六合华大基因上海分公司测序，仪器为 ABI3730xl DNA 测序仪(Applied Biosystems, USA)。

4. 序列比对

在使用 Lasergene 软件包中的 MegAlign 进行 BLAST 比对后，序列的编辑及拼接使用 Contig 软件和 Lasergene 软件包中的 EditSeq 完成，用 Mega4.0.2 中的 ClustalW(Thompson et al., 1994)进行序列对位排列，并进一步对序列中误读的碱基进行人工校对。考虑到多个个体在不同种群中重复出现而形成种群间差异，且峰图明显，于是将序列中的 Poly 结构后的差异也计入信息位点。

2.2.1.4 数据处理

1. 遗传多样性和遗传结构分析

遗传多样性的本质是生物在遗传物质上的差异，即编码遗传信息的核酸组成和结构上的变异，主要通过遗传突变和重组形成，表现为在个体、细胞、分子等不同水平上的多样性。在分子水平上，DNA多态性的程度可以用多种不同的方式来度量(Nei, 1987)。样品中具有多态位点的序列数目(k)是一种简单的核酸水平的多态性衡量，核酸水平更适宜的度量是基因或单倍型多态性(Nei and Tajima, 1983)。利用DnaSP5.10.00可以进行单倍型多态性和核苷酸多态性的分析以及多态位点和信息位点数目的统计(Librado and Rozas, 2009)。单倍型多样度($H\mathrm{d}$)用于表示单倍型多样性，是衡量一个群体变异程度的重要指标，计算公式(Nei and Tajima, 1981)如下：

$$H\mathrm{d}=\frac{n}{n-1}\sum_{i=0}^{n}x_i^2 \quad \text{(式 2-1)}$$

式中，x_i 为第 i 个单倍型的(相对)频率；n 为样本的大小。

核苷酸多样性(π)用于表示核苷酸多态性，计算公式(Nei and Li, 1979)为

$$\pi=\sum_{ij}x_ix_j\pi_{ij}=\sum_{i=1}^{n}\sum_{j=1}^{i}x_ix_j\pi_{ij} \quad \text{(式 2-2)}$$

式中，x_i 和 x_j 分别是 i 序列和 j 序列的相对频率，π_{ij} 是 i 序列和 j 序列之间的平均核苷酸差异数，n 是序列数。

种群遗传多样性指数包括总的遗传多样性指数(H_{T})、各种群内的遗传多样性(H_{S})和种群间的遗传多样性(D_{ST})，可用公式表示为

$$H_{\mathrm{T}}=H_{\mathrm{S}}+D_{\mathrm{ST}} \quad \text{(式 2-3)}$$

其中 H_{T} 和 H_{S} 数值由程序PERMUT(Pons and Petit, 1996)计算。Wright固定指数是在1978年由Wright提出来的用于测量某一分化群体内基因型Hardy-Weinberg平衡的一组参数(Wright, 1978)。为了检测群体遗传结构，本研究利用Arlequin 3.5软件中的分子方差分析AMOVA(analysis of molecular variance)估测群体间和群体内的差异(Excoffier and Lischer, 2010)，计算所选基因在整个物种和群体水平上的Wright固定指数，其中遗传分化系数(F_{ST})可用于测量群体间的遗传分化程度，计算公式如下：

$$F_{\mathrm{ST}}=\frac{1}{1+4Nm} \quad \text{(式 2-4)}$$

式中，N 为母系有效群体大小，m 为母系迁移率(Slatkin, 1993)，Nm 为每一代迁入个体数量，$Nm>1$ 表示迁入数量大，基因流大。

$$Nm = \frac{1 - F_{ST}}{4F_{ST}} \qquad \text{(式 2-5)}$$

种群间的遗传距离与地理距离(km)之间的相关性由 Arlequin 3.5 软件中的 Mantel test 进行分析(Mantel, 1967)，检验是否存在距离隔离效应(isolation-by-distance, IBD)。不同地理分布区的种群遗传分化系数 G_{ST} 的计算公式是

$$G_{ST} = 1 - \sum_{i=0}^{n} p_i^2 \qquad \text{(式 2-6)}$$

式中，p_i 表示 i 单倍型的频率。

$$Nm = \frac{1 - G_{ST}}{2G_{ST}} \qquad \text{(式 2-7)}$$

式 2-7 也可以用来计算基因流。

种群遗传结构是遗传变异在物种或种群中的一种随机分布，即遗传变异在种群内、种群间的分布格局以及在时间上的变化。影响植物种群的遗传结构的因素十分复杂，而且是联合作用于植物。这些因素包括植物的生活史特性和环境因素(生物因素、非生物因素)，除了遗传繁育系统、自然选择、基因流等对种群的遗传结构有重要影响外，地质历史过程如第四纪冰期、山岳隔离等因素也会影响种群的遗传结构。因此，现在物种的遗传结构是推测其历史事件的重要依据，通过了解物种的遗传结构，我们也可以推测其在冰期的避难所及冰期后的迁移扩散路线。常用的指标有种群分化系数 G_{ST} 和 N_{ST}，前者是根据单倍型频率的差异来计算种群间的平均遗传变异，而后者除了根据单倍型频率差异外，还考虑单倍型之间的变异，如果 N_{ST} 显著大于 G_{ST}($p<0.05$)，则表明存在明显的亲缘地理结构，即关系相近的单倍型比不太相近的单倍型更常出现在同一个地区(Pons and Petit, 1996)。还能通过分子方差分析结果了解物种在不同水平上(种群内和种群间以及不同地理区域之间)遗传变异的分布情况。基于贝叶斯算法的聚类分析软件如 BAPS(Corander et al., 2003)、STRUCTURE(Pritchard et al., 2000)，还可以同时进行遗传结构分析和个体来源的推测。

2. 中性检验和失配分布

中性检验和失配分布都用来检验物种是否经历过种群扩张过程。进行中性

理论检验的前提假设是群体在长期进化过程中处于突变-漂移平衡，所有的核苷酸都是等概率突变的。我们从群体水平上对 cpDNA 片段进行 Tajima's D、Fu & Li's D^* 和 F^* 中性检验，以判断是否符合中性进化模式。Tajima's D 中性检验检测的是分离位点的数目(θ)和核苷酸多态性(p)之间的关系。若核苷酸不受自然选择的影响、随机交配，达到平衡时，$\theta = p$。所使用的统计 D 值在 β 分布的假设下，平均值为 0，方差为 1。D 值和 0 是否有显著相关性是由 Tajima's 的置信区间决定的，D 值为 0 即符合中性假说的预测。一般认为 Tajima's D 值对群体的动态历史比较敏感。Tajima 指出，当群体经历过瓶颈效应时，D 可能为显著的正值或显著的负值，当 D 值为不显著的正负值时，表明所检测的位点为中性进化(Tajima, 1989)。

Fu & Li's D^* 和 F^* 的中性检验(Fu and Li, 1993)检测的是总的多态位点与单碱基突变之间的差异。其假设所有的突变皆为中性，不受自然选择的影响。D^* 检验是以 singlton 的总数和突变的总数之差为基础，F^* 检验是以 singlton 的总数和两两序列之核苷酸差异数平均值之差为基础，在随机取样的群体谱系内，依据谱系的分支，可以分为外部突变和内部突变，在中性假说下，外部突变的期望值与 $\theta = 4N\mu$ 相同，N 为有效群体大小，μ 为每一代每一基因的突变率，此期望值取决于有效群体大小，若是受自然选择的影响，则导致外部突变率数目脱离中性期望值。当这两项检验的 D^* 和 F^* 值处于显著正值或显著负值时，表明种群受到了选择作用。一般认为，当种群受到平衡选择时，D^*、F^* 为显著正值；种群经历过快速扩张，D^*、F^* 为显著负值。

Fu 提出基于变异的无限位点模型的 Fu's 检验，检测观察到一个有许多等位基因的随机中性个体相似或者小于观察值的概率，假设概率为 P，则 $Fs = \ln[P/(1-P)]$。Fs 值对种群的地理扩张非常敏感，根据 Fs 值的大小，可推测种群是否经历过快速扩张、遗传搭车、瓶颈效应或超显性选择等历史事件(Fu, 1997)。

本研究用 DnaSP 软件对每个种群内所有个体进行 Tajima's D 检验和 Fu & Li's D^* 和 F^* 检验，用 Arlequin 软件采用单倍型序列定义种群进行 Fu's Fs 检验。

失配分布指的是单倍型两两之间观察到的差异数目的分布，能够推测种群大小是否发生过变化(Rogers and Harpending, 1992; Slatkin, 1995)。失配分布分析建立在群体稳定模型或群体扩张模型假设的基础上。失配分布曲线描述单倍型序列两两比对的不同，平滑度指数 r 值是与期望曲线相比的偏离程度。通常在动态平衡下，从种群中抽取样本，失配分布表现出多模式（双峰或者多峰），能反映基因树的高度随机性；但是如果种群经历过扩张事件后，这种分布变为单模式分布（钟型曲线分布或泊松分布）。拟合优度的 Raggedness 值数量化了差异分布的平滑度，稳定种群中多模式分布比单模式分布的 Raggedness 值高；扩张种群的 Raggedness 值偏低（Harpending and Rogers, 2000）。本研究利用 DnaSP 5.10.01 软件和 Arlequin 3.5 软件，在群体扩张模型下，对 cpDNA 基因间隔区序列进行失配分布分析，计算失配分布曲线和拟合优度。

3. 构建系统发育树

以单倍型为单位进行系统发育树构建，系统发育树被认为是具有共同祖先的各物种间演化关系的树，是一种亲缘分支分类方法，在树中，每个节点代表其各分支的最近共同祖先，而节点间的线段长度对应演化距离（如估计的演化时间）。构建进化树的方法可分为两类：独立元素法和距离依靠法。独立元素法是指进化树的拓扑形状是由序列上的每个状态决定的，而距离依靠法是指进化树的拓扑形状由两两序列的进化距离决定的。进化树枝条的长度代表着进化距离。独立元素法包括最大简约法和最大似然法；距离依靠法包括除权配对法和邻接法。邻接法是依据距离最近的成对分类单位构建总距离最小的系统树，相邻节点连接后构成相应的拓扑树（Saitou and Nei, 1987）；最大简约法是假定 4 种核苷酸可突变为与自身不同的任何一种，这样对于一给定的拓扑结构，可以推断每个位点的祖先状态。对这一拓扑结构，可以计算出用来解释整个进化过程所需最小替代数的最小拓扑结构，并将其作为最优系统树。

本研究用 MEGA 4.0 软件（Tamura et al., 2007）的邻接法构建邻接树，用 PAUP 4.0 软件进行简约性分析构建简约树。MEGA 的邻接法，空位或缺失设为 Pairwise Deletion，替代模型采用 Kimura-2-parameter 模型。PAUP 的简约法，空位始终作为缺失状态，简约性分析采用如下选项完成，即树二组重新连接、启发式搜索、多重性选择、优化和 100 次随机附加的重复，用自展法检验系统树，自展数据集为 1 000 次。MEGA 软件构建的是无根邻接树，PAUP 软件以北美红栎（*Q. rubra*）和粗齿蒙古栎（*Q. mongolica* var. *grosseserrata*）为外类群，构建简约树。

4. 构建单倍型网络关系图

在种下分类阶元的单倍型系统发育关系中，合适的外类群难以确定，由于古老单倍型以及单倍型之间可能存在多个变异位点，建立单倍型的无根网络关系图往往比建立分支树能更准确地反映种内世系关系（Posada and Crandall, 2001）。单倍型网络关系分析适合于推断大样本且个体间的遗传距离比较近的种内水平的系统发育关系。本研究通过 Network 4.5.1.6 软件（Bandelt et al., 1999）得到单倍型的网络关系图，从单倍型网络关系图中可以了解东亚地区栓皮栎种内单倍型之间的亲缘关系和可能存在的祖先单倍型或可能已消失的单倍型。

2.2.2 单倍型分布和系统发育树分析

2.2.2.1 序列变异位点

由于栓皮栎属于母系遗传植物种，其 cpDNA 不发生重组，故将 3 个叶绿体片段合并成一个片段进行研究。对栓皮栎 50 个自然种群的 528 份个体的 3 个叶绿体非编码区片段 *trn*L-*trn*F、*atp*B-*rbc*L 和 *trn*H-*psb*A 的基因间隔区进行了测序和比对，发现合并 3 个非编码区的序列在比对后总长度为 1 670 bp，有 21 个变异位点（Poly 结构后的 1～2 个碱基差异算在同一个位点内），含 11 处单碱基替换和 10 处插入或缺失，信息位点（同时出现在两个单倍型的变异位点）只有 9 个。*trn*L-*trn*F 片段比对后的长度是 351 bp，存在 4 个变异位点，3 个碱基缺失或插入和 1 个单碱基替换变异；*atp*B-*rbc*L 片段比对后的长度有 719 bp，存在 8 个变异位点，其中有 7 个碱基替换；*trn*H-*psb*A 片段比对后长度是 600 bp，发现 9 个变异位点，存在 22 bp、21 bp 或 42 bp、32 bp 或 24 bp 等 5 个不同长度的片段插入或缺失。根据不同变异位点和片段插入或缺失对东亚地区 50 个种群进行单倍型统计，共得到 26 种单倍型（陈冬梅，2011；Chen et al., 2012）。

2.2.2.2 单倍型分布

有 15 种单倍型是不同种群共享的，其中分布最广的两种单倍型分别为 15 个种群（广东 GD，福建 FD，江西 JX，陕西 LGT，山东 SY，中国台湾 TN、TK、TT、TH，日本 JY、JT、JH、JK、JG、JN）共有的 H11 单倍型和 12 个种群（广西 GX，云南 YA、YB，湖南 HH，福建 DX，浙江 HZ，河南 NY，陕西 BMT，甘肃 GT，河北 HX，中国台湾 TN，韩国 KK）共有的 H5 单倍型，而只在一个种群出现的单倍型有 H13（湖北 FJY），H16、H17（湖北 HY），H18（浙江 HZ），H19（江西 JX），H20（韩国 KK），H22（安徽 MS），H23（河南 NY），H24（北京 PG），H25、H26（河南 XY）等 11 种单倍型。H11 单倍型主要分布于日本列岛和中国台湾，在中国大陆的广东、福建、山东的沿海地区有分布，而陕西 LGT 和江西 JX 是 H11 的内陆分布地区。H5 单倍型是在地理上分布最广的单倍型，在亚洲东北地区的朝鲜半岛、华北地区的河北邢台，华中地区的河南南阳和湖南怀化，中国西部地区的陕西白马滩和甘肃天水，华东地区的浙江杭州和福建党溪，以及中国西南部的云南和广西均有分布。

各个种群拥有的单倍型数量如下：

(1) 湖北 HY 种群拥有 5 种单倍型，河南 XY 和浙江 HZ 各拥有 4 种单倍型，江西 JX、安徽 MS 和云南 YB 种群各拥有 3 种单倍型。

(2) 12 个种群拥有 2 种单倍型，如湖南 HH、湖北(BMH、FJY)、陕西 AK、河南 NY、甘肃 GT、河北 HX、北京 PG、舟山 DM、台湾 TN，韩国(CN 和 KK)。

(3) 32 个种群仅拥有一个单倍型，如广东 GD、福建 FD、陕西 LGT、山东 SY、台湾(TK、TT 和 TH)、日本(JY、JT、JH、JK、JG 和 JN)、广西 GX、云南 YA、福建 DX、陕西 BMT、安徽 CW、江苏 NJ、辽宁 LD、安徽(AF 和 AX)、云南 YL、陕西 TB、河南 SMX、河北 TL、辽宁 LZ、韩国 KC、舟山(ZP 和 ZY)、陕西 TGB、河北 HYS 等。

拥有最多单倍型的湖北 HY 种群没有存在分布最广的 H5、H11 单倍型，而是分别与 JX、AK、GT、YL、TB 种群共享 H2 单倍型，与 BMH、XY、AK、SMX、TL、PG 种群共享 H3 单倍型，以及与 FJY、TGB 种群共享 H12 单倍型，不仅拥有西北和中部两个地区的所有共有的单倍型，还和华北、华东以及西南地区共享单倍型。浙江 HZ 种群分别和云南 YB、湖北 BMH 种群共享单倍型 H4，和舟山群岛 DM 种群共享 H10，还拥有分布较广的 H5 单倍型和独有的 H18 单倍型。河南 XY 种群也拥有 4 种单倍型，但同浙江 HZ 种群情况不一样的是，其特有单倍型占一半，也和北部、中部的种群共享 H3 单倍型，还拥有只存在华北的 H15 单倍型。

H1 单倍型只存在于安徽的 AF 和 AX 种群中，分布频率为 0.044；H6、H7 两种单倍型只存在于中国东北地区的辽宁与韩国的全南和忠北，其分布频率分别为 0.044 和 0.028；分布频率为 0.053 的 H8 单倍型存在于安徽、江苏和辽宁；H9 单倍型为舟山群岛特有，而 H10 单倍型为浙江地区特有，后者分布频率很低；H14、H21 单倍型为湖南 HH、云南 YB 分别与安徽 MS 共享。所有单倍型中分布频率最高的是 H11(0.254)，其次是 H5(0.129)。

2.2.2.3　系统发育树分析

基于 MEGA 4.0 软件采用邻接法构建栓皮栎绿叶体单倍型邻接树，如图 2-1

所示，支持率偏低。邻接树分为两个主支，定义为纵向支和横向支，分支上下标注出高于 50 %的支持率，单倍型 H3 和 H10 支持率达到 97 %，未标出的支持率都低于 50 %（见图 2 - 1）。将在地理上分布相对较广的单倍型 H5、H11 和 H2 除外，纵向支的单倍型（H14、H26、H4、H18、H23、H21、H7、H9、H19、H16、H20、H8、H24）只存在于以太行山—巫山一线为纵轴以东的种群中，南至云南保山（H4 和 H21），而没有出现在中国西北部的种群中；横向支的单倍型（H1、H22、H25、H6、H17、H12、H13、H15、H3、H10）只存在于以秦岭—大别山一线为横轴以北的种群中，包括秦岭以南和大巴山地区，可见单倍型大部分存在于中

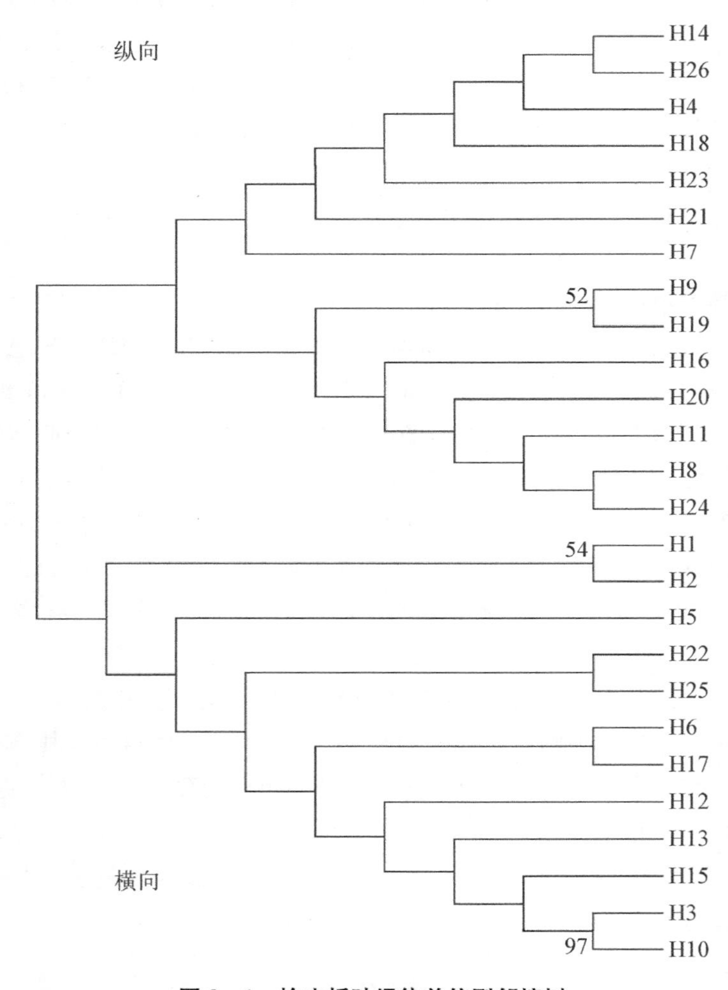

图 2 - 1　栓皮栎叶绿体单倍型邻接树

国中部地区，而没有出现在中国南方地区的种群中。邻接树将东亚地区的种群根据中国山脉纵横向划成两个分支。朝鲜半岛、日本列岛、中国台湾岛以及舟山群岛的种群中出现的单倍型均分布在同一支（纵向支）中，中国内陆中部地区的种群大多集中在横向支上。

利用 PAUP 软件启发式搜索获得最简约树，用 Treeview 软件将树以 Chronogram 形式输出，外类群以下的分支和邻接树整体一致，如图 2－2 所示。树枝的长度表示时间，H3 和 H5 单倍型是相对最古老的单倍型。从分支可以比较亲缘关系的远近，H1 和 H2 单倍型亲缘关系最近，H9 和 H19 单倍型与 H3、H5 亲缘关系最远。相对于日本列岛、中国台湾岛的 H11 单倍型和舟山群岛的

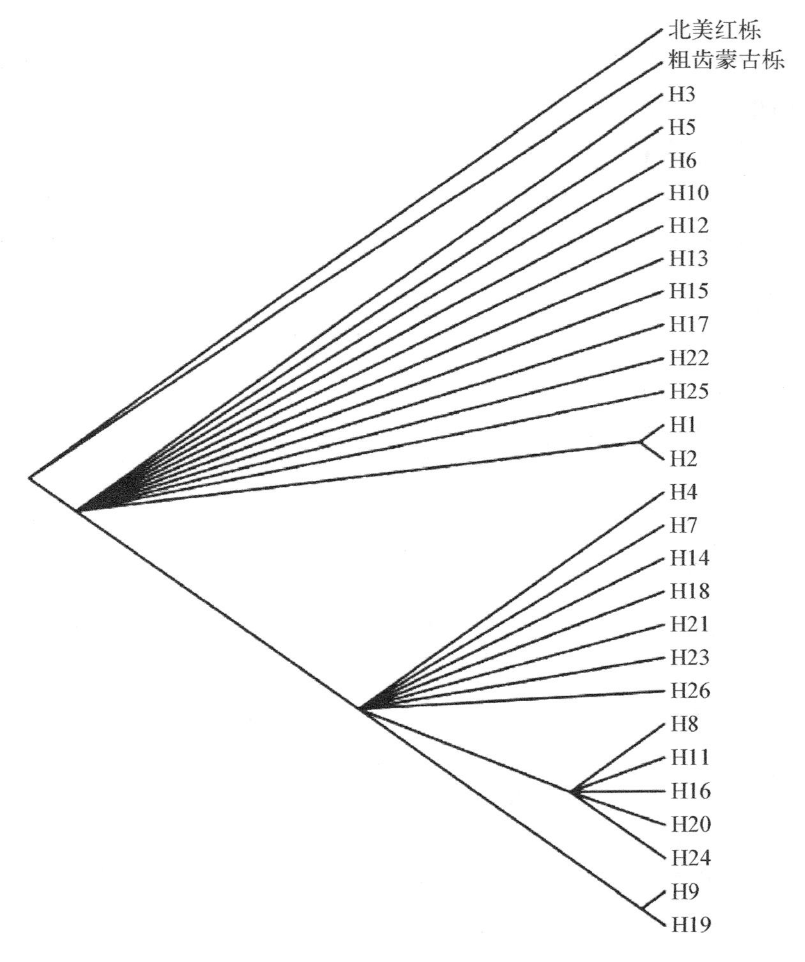

图 2－2 栓皮栎叶绿体单倍型简约树

H9 单倍型，朝鲜半岛拥有的单倍型 H6、H7 与中国大陆的单倍型亲缘关系最近，而 H9 单倍型（浙江舟山）和 H19 单倍型（江西云山）关系相近。从分支程度来看，形成的与邻接树对应的两大支上各自拥有的单倍型之间亲缘关系很相近。

2.2.2.4　单倍型网络关系

在 Network 软件用 median-joining（MJ）法构建栓皮栎叶绿体单倍型无根网络关系图，如图 2－3 所示。由图可知，26 种单倍型的网络关系复杂，和系统发育树结果一致，不存在很明显的分支，单倍型之间的关系在网络关系图中比在系统发育树中更细化。在网络关系图中，存在三处增加的顶点，分别为单倍型 2、16、19、21 之间的 *mv*1，单倍型 9、19、21 之间的 *mv*2，单倍型 3、10、17 之间的 *mv*3，这三个中间向量可以解释为可能存在而没有采样的单倍型或者已经灭绝的祖先基因型。单倍型 4 和 7、14 之间，单倍型 18 和 21、23 之间，单倍型 5 和 22 之间，存在大量的变异点（≥20），说明这些单倍型之间进化关系的形成经历较长的时间，中间可能相隔一定数量的单倍型。单倍型 9 与中间向量 2 之间，单倍型 17 与中间向量 3 之间，分别可能存在 4 或 7 种单倍型，而这

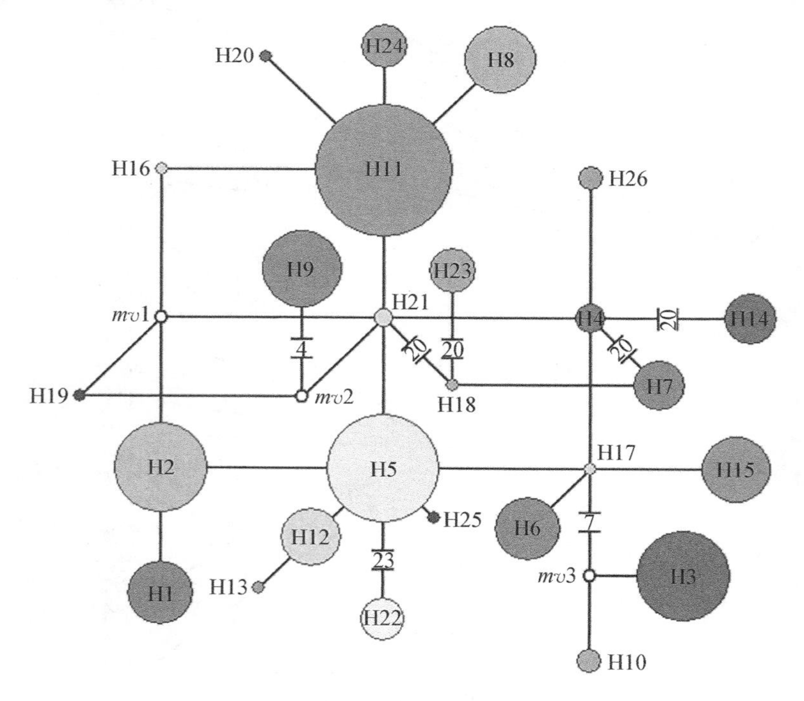

图 2－3　栓皮栎叶绿体单倍型无根网络关系

些单倍型或已消失。

在岛屿(日本列岛和中国台湾岛)和中国沿海地区分布最多的单倍型 H11 和东部的 H8(辽东半岛、江苏、安徽)、H24(北京种群特有)、H20(朝鲜半岛特有),中部的 H16(HY 种群特有),西南部的 H21(YB 种群特有)等单倍型之间只有一个突变差异。分布在中国西北、西南和中部的 H2,陕西和湖北地区(秦岭山区)共享的 H12,HY、XY、YB 种群特有的 H17、H25、H21 单倍型与地理分布最广的共同祖先单倍型 H5 只存在一个突变位点的不同,而安徽 MS 种群特有的 H22 单倍型从单倍型 H5 演化出来则发生长片段的碱基插入/缺失。朝鲜半岛特有单倍型 H7 和舟山群岛特有单倍型 H9 由中国大陆的单倍型进化形成,均经历基因片段的插入/缺失。

从单倍型网络关系图可以发现,26 种单倍型网络关系复杂,不是明显的两个分支,存在多个不同的祖先单倍型,单倍型进化关系相近,演化关系呈多个星状辐射,显示出东亚地区栓皮栎种群在历史上发生局部扩张。

2.2.2.5 单倍型地理分布格局

植物种群的现代地理分布格局是以物种自身生物特性为基础,并受地质、气候和人类活动等干扰因素的长期影响而形成的。植物物种在进化史上经历的历史事件(如地质事件)对 cpDNA 的分化存在着深远的影响,许多亲缘地理学研究表明,植物种的叶绿体单倍型的分布能够反映其地理分布格局的特征(Soltis et al., 1997; Comes and Kadereit, 1998; Taberlet et al., 1998; Hewitt, 2000; Petit et al., 2002a)。地理分布格局和分布中心也是广布种栓皮栎研究的重点,在良种选育、植树育林以及遗传多样性保护等方面具有重要意义。国内学者对中国大陆栓皮栎地理分布中心提出各自观点,傅焕光认为在陕西的秦岭,河南的伏牛山、桐柏山,安徽的大别山,鄂西和川东一带(傅焕光和于光明,1978);吴征镒认为在安徽大别山、河南桐柏山和陕西的秦岭(吴征镒, 1980);郑万钧认为在秦岭、鄂西和大别山区(郑万均, 1985)。尽管以上观点略有不同,实质上所指地区在中国中部处于同一片区域,秦岭向东延伸与伏牛山和桐柏山相连,伏牛山再向东南继续延伸,最终与大别山相连,而秦岭向南与大巴山相连,大巴山延伸到鄂西和川东。

作者从 2007 年开始在数据收集的基础上进行了野外调查,构建了东亚地区栓皮栎的现代地理分布格局(王婧, 2009; 王婧等, 2009),根据气候特点,将栓皮栎分布划分为大陆分布区(中国大陆)和岛屿分布区(中国辽东半岛、山东半岛、舟山群岛、台湾岛和海南岛,日本列岛以及朝鲜半岛)。从王婧等(2009)的调查分析中可以发现，在大别山—桐柏山一线以及陕西南部秦岭到大巴山一片栓皮栎分布密集，日本列岛也是栓皮栎数量集中的地区。因此，秦岭—大别山一线和秦岭—大巴山之间这一片区构成了一个栓皮栎地理分布中心。本章研究结果表明，东亚地区栓皮栎叶绿体单倍型分布具有明显的地理分布格局，表现为分布中心区和外围区，大陆分布区和岛屿分布区的地理分布格局。

第一，大陆分布中心区及内陆地区具有丰富的单倍型，从分布中心向外延伸到单倍型种类单一的沿海地区以及岛屿分布区。大别山区北麓 XY 种群到东段 MS、BMH 种群共有 8 种单倍型（H3、H4、H14、H15、H21、H22、H25、H26），鄂西 FJY、HY 种群共有 6 种单倍型（H2、H3、H12、H13、H16、H17），秦岭中段到东段与桐柏山连线一带也有 6 种单倍型（H2、H3、H5、H11、H12、H23）。内陆向南北方向延伸，同一种群只有一种单倍型，东部沿海地区和岛屿分布区具有单一且共同的单倍型。山东半岛、日本列岛、东南沿海福建广东一带和台湾岛的种群都只有 H11 单倍型。

第二，不同种单倍型具有明显的分布地区特点。H2 单倍型分布在西部和中部地区，H3 单倍型分布在华北、西北和中部地区，H12 单倍型只分布在秦岭大巴山，H15 单倍型只分布在华北和大别山北麓。

第三，大陆和岛屿分布区拥有共享单倍型且各自存在特有单倍型。安徽中部和北部 AF 和 AX 种群共有 H1 单倍型，H6 单倍型是辽东半岛和朝鲜半岛共同的单倍型，H10 是浙江 HZ 和舟山群岛共有的单倍型。大陆地区有一些特有单倍型，如华北 PG 种群的 H24、桐柏山 NY 种群的 H23 和大别山 MS 种群的 H22，H7、H9 分别是朝鲜半岛和舟山群岛的特有单倍型。

第四，不同种群相同单倍型在地域上分布不连续。地理分布最广的单倍型 H5 在秦岭中段、鄂西地区和安徽大别山区及其周围都不见有分布，相同现象在 H11 单倍型上也可见，H11 只出现在岛屿和沿海地区，在大陆中部以及华北地区都没有出现，在秦岭太白山西部却发现存在这个单倍型。和 H11 关系相近的 H8 单倍型的分布范围在地理上也相隔较远。

第五，存在同一个地区不同种群单倍型关系较远的现象。如秦岭中段太白山东侧和西侧存在关系较远的 H2 和 H11 单倍型，辽东半岛南部、安徽中部同纬度地区以及福建武夷山脉南北侧也存在这种现象。栓皮栎单倍型的分布格局是在长期以来的气候变化、地质历史以及人类活动等综合因素的共同作用下形成的，如山体隔离使种群受到不同选择压力，形成物种异域破碎化（allopatric fragmentation）。

中国大陆栓皮栎在大别山分布中心单倍型丰富，而在分布边缘区单倍型单一的分布格局与徐立安实验室在2007—2009年通过cpSSR和PCR-RFLP分子标记方法对中国大陆地区栓皮栎种群进行遗传分析和地理分化研究的结果一致(刘宇，2007；王世春，2008；陈劼，2009)。刘宇在陕西、安徽、广西和山东4个省的24个种群中有21个种群具有相同单倍型，地理分布边缘的群体中所具有的单倍型在大别山安徽区域的中心地区基本有体现(刘宇，2007)；王世春发现在非中心分布区的江苏、江西、福建、云南和广西总共仅有2种单倍型，而且这2种单倍型在安徽、湖北、陕西南部等中心区域都有分布(王世春，2008)；陈劼的研究结果也表明在分布中心秦岭到大别山区一带的单倍型种类较为丰富，边缘地区的单倍型都能在分布中心区找到(陈劼，2009)。这些结果和本书所发现的单倍型格局不完全一致，作者团队研究发现分布边缘区的一些特有单倍型或某一地区共有的单倍型在分布中心没有出现，如北京的特有单倍型H24，辽东半岛和朝鲜半岛的共有单倍型H6，浙江杭州天目山和舟山群岛的共有单倍型H10以及岛屿的特有单倍型等，这些单倍型在分布中心均不能找到。一方面，这可能和研究采用的分子标记方法有关，DNA直接测序分析可以根据单碱基的变异统计单倍型，而cpSSR和PCR-RFLP分子标记只能根据特定位点DNA片段长短进行多态性分析，同样长度的DNA片段内的单碱基变异位点无法检测出来；另一方面，这也与采样点有关，岛屿与大陆分隔后，逐渐演化成新的特有单倍型。

在日本列岛6个种群中只发现一种单倍型，在中国台湾岛4个种群中也只发现2种单倍型，其中共享的H11单倍型不仅在这两个地区大量分布，并且分布在大陆沿海地区以及秦岭中段太白山。这和早前不同学者对日本列岛和中国台湾岛的一些其他植物物种的研究结果差异很大。Gao等对分布在中国大陆南部、台湾岛和越南北部的云南红豆杉(*Taxus wallichiana*)用叶绿体*trn*L-*trn*F片段根据PCR-RFLP分析结果统计单倍型，结果发现台湾1个种群拥有2种独特且数量相当的单倍型(Gao et al.，2007)；Huang等用叶绿体*pet*G-*trn*P和*pet*A-*psb*J片段序列分析发现中国台湾20个种群的常绿小乔木昆栏树(*Trochodendron aralioides*)和日本2个种群没有共同单倍型(Huang et al.，2004)；Ikeda等在日本高山植物常见种栂樱(*Phyllodoce nipponica*)的19个种群中根据*trn*L-*trn*F和*trn*T-*trn*L叶绿体非编码区和*trn*L内含子的变异位点得到15种单倍型(Ikeda and Setoguchi，2007)。但是，在日本壳斗科中，也有发现叶绿体非编码区变异位点少的问题。例如，Ohyama等在青冈栎属6个种群中只发现3种单倍型，在*trn*L内含子和*mat*K非编码区没有发现任何变异

(Ohyama et al., 2001);Kanno 等在 4 种栎树(*Q. serrata*、*Q. mongolica* var. *crispula*、*Q. dentata* 和 *Q. aliena*)的 5 个非编码片段 *trn*D-*trn*T、*trn*T-*trn*L、*rps*14-*psa*B、*trn*S-*trn*T 和 *trn*Q-*trn*S 中只发现 *trn*Q-*trn*S 一个碱基替换的变异,并认为杂交和祖先基因多态性保留导致日本栎属树种很难区分(Kanno et al., 2004);栓皮栎种内叶绿体单倍型在日本分布单一,有可能是因为种群间基因流大且均质化,需要结合更多的分子标记来确认单倍型的多态性。

2.2.3 遗传多样性和遗传结构

2.2.3.1 遗传多样性分析

50 个种群单倍型多样度和核苷酸多样性结果如表 2-2 所示。单倍型多样度(Hd)最高的 2 个种群是河南 XY(0.821)和湖北 HY(0.764),所有种群的单倍型多样度是 0.888。核苷酸多样性(π)最高的种群为 XY(1.11)和北京 PG(1.02)。日本列岛、中国台湾岛和舟山群岛的单倍型多样度和核苷酸多样性均较低,而日本列岛 5 个种群只有单一的单倍型。通过 PERMUT 程序计算得出,东亚地区栓皮栎种群内平均遗传多样性 H_S(se)值、总的遗传多样性 H_T(se)值分别为 0.131(0.031)、0.888(0.028),种群间的遗传多样性 D_{ST}(0.757)明显大于种群内。不同地区的种群遗传多样性也是大部分存在于种群间,而种群内的遗传多样性较低,中国东南(广东、福建)地区总遗传多样性最低(0.667)。

表 2-2 东亚地区栓皮栎单倍型多样度和核苷酸多样性

种群编号	样本数/个	单倍型多样度	核苷酸多样性	单倍型组成(个体数量)
GX	11	0	0	H5(11)
GD	3	0	0	H11(3)
YA	15	0	0	H5(15)
YB	12	0.530	0.31	H4(3), H5(8), H21(1)
FD	12	0	0	H11(12)
YL	8	0	0	H2(8)
HH	14	0.143	0.09	H5(1), H14(13)
DX	7	0	0	H5(7)
JX	13	0.500	0.88	H2(9), H11(3), H19(1)

续 表

种群编号	样本数/个	单倍型多样度	核苷酸多样性	单倍型组成(个体数量)
CW	8	0	0	H8(8)
HZ	10	0.533	0.23	H4(1), H5(7), H10(1), H18(1)
HY	11	0.764	0.69	**H2(5), H3(1), H12(3), H16(1), H17(1)**
BMH	14	0.143	0.18	H3(13), H4(1)
MS	12	0.318	0.38	H14(1), H21(1), H22(10)
FJY	13	0.154	0	H12(12), H13(1)
XY	8	**0.821**	**1.11**	H3(2), H15(2), H25(1), H26(3)
NJ	10	0	0	H8(10)
AF	12	0	0	H1(12)
AK	12	0.409	0.52	H2(3), H3(9)
TGB	4	0	0	H12(4)
NY	13	0.154	0.10	H5(1), H23(12)
AX	11	0	0	H1(11)
LGT	8	0	0	H11(8)
TB	10	0	0	H2(10)
SMX	6	0	0	H3(6)
BMT	7	0	0	H5(7)
GT	13	0.154	0.10	H2(12), H5(1)
HX	12	0.167	0	H5(1), H15(11)
SY	10	0	0	H11(10)
TL	10	0	0	H3(10)
LD	10	0	0	H8(10)
HYS	12	0	0	H15(12)
LZ	17	0	0	H6(17)
PG	16	0.400	1.02	H3(4), H24(12)
DM	11	0.3273	0.42	H9(9), H10(2)
ZP	12	0	0	H9(12)
ZY	12	0	0	H9(12)
TN	6	0.333	0.42	H5(1), H11(5)

续 表

种群编号	样本数/个	单倍型多样度	核苷酸多样性	单倍型组成(个体数量)
TK	9	0	0	H11(9)
TT	11	0	0	H11(11)
TH	14	0	0	H11(14)
CN	9	0.5	0.63	H6(6), H7(3)
KC	12	0	0	H7(12)
KK	9	0.222	0.28	H5(8), H20(1)
JY	7	0	0	H11(7)
JT	11	0	0	H11(11)
JH	12	0	0	H11(12)
JK	12	0	0	H11(12)
JG	8	0	0	H11(8)
JN	9	0	0	H11(9)

2.2.3.2 群体遗传结构分析

基于叶绿体基因变异，利用 PERMUT 程序计算了栓皮栎物种的种群遗传分化系数，结果表明，东亚地区栓皮栎种群遗传分化较高，G_{ST}(se)为 0.852(0.033)，当在计算中考虑包括单倍型的变异时，N_{ST}(se)为 0.855(0.035)；而程序经过 2 000 次置换检验表明，N_{ST} 值大于 G_{ST} 值，但不显著($p>0.1$)，说明不存在显著的亲缘地理结构。将东亚大陆地区栓皮栎种群划分成朝鲜半岛—辽东半岛、华北、西北、华中—华东、东南、西南等区域，进行遗传分化系数计算，结果发现东亚大陆的栓皮栎种群只有在中国中东部地区(湖北 FJY、HY、BMH 种群，安徽 MS、AX、AF、CW 种群，河南 XY 种群，江苏 NJ 种群，江西 JX 种群，浙江 HZ 种群所在地区)有显著的亲缘地理结构，N_{ST}(0.751)$>$ G_{ST}(0.690)，p(0.012)$<$0.05。栓皮栎种群遗传分化程度如表 2-3 所示。

表 2-3 东亚不同区域栓皮栎种群遗传多样性、遗传分化系数和基因流

地 区	种 群	H_T	D_{ST}	H_S	G_{ST}	N_{ST}	p	Nm
朝鲜半岛	KK/KC/CN	0.889	0.648	0.241	0.729	0.719	NS	0.099
辽东半岛	LD/LZ/SY	1.000	1.000	0.000	NC	NC	NC	

续 表

地 区	种 群	H_T	D_{ST}	H_S	G_{ST}	N_{ST}	p	Nm
华北	PG/HYS/HX/TL	0.806	0.664	0.142	0.824	0.799	NS	0.073
西北	BMT/GT/SMX/NY/TB/LGT/TGB/AK	0.917	0.827	0.090	0.902	0.904	0.441^{NS}	0.044
中东部	FJY/HY/XY/BMH/MS/AX/AF/NJ/JX/CW/HZ	0.947	0.653	0.294	0.690	0.751	0.012^{*}	0.107
东南	DX/GD/FD	0.667	0.667	0.000	NC	NC	NC	
西南	HH/GX/YA/YB/YL	0.748	0.613	0.135	0.820	0.839	0.043^{NS}	0.074

注：H_T 为地区内总遗传多样性，D_{ST} 为种群间遗传多样性，H_S 为种群内遗传多样性，遗传分化系数 G_{ST} 表示种群间遗传分化程度，N_{ST} 为包括考虑单倍型之间变异的遗传分化系数，Nm 为用 G_{ST} 计算的基因流。NS 表示不显著，NC 表示无法计算，* 表示显著。

所有不同区域的分子方差分析结果表明(见表 2－4)，79.52 %的遗传变异来自地区组内种群间，只有 2.96 %来自不同地区种群的遗传变异。对朝鲜半岛和辽东半岛种群间的遗传分化程度进行 AMOVA 分析，结果发现，Wright 固定指数 F_{CT} 为负值，而种群间的遗传变异固定指数均较高，地区间和地区内种群间分别为 0.877、0.893，东亚大陆其余不同地区的种群间遗传分化程度也均较高($F_{ST}>0.25$，$p<0.001$)。Arlequin 软件统计的分子方差分析结果和 PERMUT 程序计算的 G_{ST} 结果是一致的。由表 2－3 和表 2－4 可见，不同地区的各种群间遗传分化均大部分存在于种群间，种群内的遗传分化偏低，各种群间的基因流小。由 Wright 固定指数 F_{ST} 算出的基因流 Nm 均低于基于 G_{ST} 计算的基因流 Nm，表明地理种群间基因交流有限，不足以抵挡遗传漂变或其他因素带来的种群遗传分化。

表 2－4 东亚不同区域栓皮栎种群间分子方差分析

地区	变异来源	自由度	卡 方	方差组分	占总方差百分比/%	固定指数
东亚	区间	5	52.076	0.028	2.97	0.030
	种间	31	249.700	0.750	79.52	0.820^{*}

续 表

地区	变异来源	自由度	卡　方	方差组分	占总方差百分比/%	固定指数
	种内	357	58.995	0.165	17.51	0.825*
	总和	527	497.782	0.961		
朝鲜和辽东半岛	区间	2	14.057	−0.108	−13.58	−0.136
	种间	3	26.344	0.805	101.62	0.895*
	种内	61	5.778	0.095	11.96	0.880*
华北	种间	3	25.440	0.664	71.80	0.718*
	种内	46	12.000	0.261	28.20	
西北	种间	7	43.654	0.685	87.52	0.875*
	种内	65	6.346	0.098	12.48	
华东	种间	10	88.134	0.774	75.30	0.753*
	种内	111	28.178	0.254	24.70	
东南	种间	2	12.692	0.821	100.00	1.000*
	种内	23	0.000	0.000	0.000	
西南	种间	4	15.521	0.321	83.090	0.831*
	种内	55	3.595	0.065	16.91	

注：* 表示显著，$p<0.01$。

东亚地区中国大陆与朝鲜半岛、日本列岛、中国舟山群岛和中国台湾岛等岛屿种群间的遗传分化程度差异，可通过地区间种群间变异系数 F_{CT} 的计算进行遗传关系分析，结果如表 2-5 所示。中国大陆与各个岛屿间的遗传分化程度相当高，中国大陆与朝鲜半岛的关系（$F_{CT}=0.817$）相对于其他 3 个岛屿（$F_{CT}=0.821$、0.828、0.832）更接近。日本列岛、中国台湾岛和舟山群岛之间的遗传分化程度低。而这三者与朝鲜半岛相比，具有相对较高的遗传分化水平，其中，舟山群岛与朝鲜半岛遗传关系最近（$F_{CT}=0.343<0.553<0.584$）。通过 Mantel 检验计算结果表明，遗传距离与地理距离相关系数极低，不具有显著相关性（$r=0.020$，$p=0.318$），因此，栓皮栎种群在东亚地区不存在显著的距离隔离（IBD）效应。

表 2-5　东亚地区中国大陆与岛屿间栓皮栎种群间的遗传分化程度

F_{CT}	中国台湾岛	舟山群岛	朝鲜半岛	日本列岛
中国大陆	0.828	0.821	0.817	0.832
中国台湾岛		0.094	0.553	0.084

续 表

F_{CT}	中国台湾岛	舟山群岛	朝鲜半岛	日本列岛
舟山群岛			0.343	0.076
朝鲜半岛				0.584

2.2.3.3 中性检验和失配分布

对东亚地区所有种群基于叶绿体数据在物种水平上进行中性检验，YB、JX、XY、AK、PG、CN 种群的 Tajima's D 和 Fu & Li's D^* & F^* 均为正值，HH、BMH、NY、GT、TN、KK 种群的 Tajima's D 和 Fu & Li's D^* & F^* 均为负值，MS、DM 种群的 Tajima's D 为负值，而 Fu & Li's D^* & F^* 为正值，但都不显著($p>0.05$)，且 Fu's Fs 值不为显著负数，如表 2-6 所示，表明这些位点符合中性进化模式，种群并未经历过瓶颈效应或快速扩张等历史事件。值得一提的是，HZ、HY 种群 Fu's Fs 值却显著小于 0($p<0.05$)，Fs 值在检验种群扩张方面比 Tajima's D 更敏感，而且失配分布曲线偏向扩张种群的单峰曲线，因此，HY、HZ 种群有可能经历过种群扩张。通过 Arlequin 软件将东亚地区所有种群不分组以计算 Fu's Fs 值，得到一个非常显著的负值(Fs=−11.188，p=0.007)。

表 2-6 东亚地区栓皮栎种群中性检验和失配分布

种群编号	中性检验					失配分布			
	Tajima's D	Fu & Li's		Fu's Fs		SSD	p	Raggedness	p
		D^*	F^*	Fs	p				
GX	0.000	0.000	0.000	0.000	N.A	0.000	0.000	0.000	0.000
GD	0.000	0.000	0.000	0.000	N.A	0.000	0.000	0.000	0.000
YA	0.000	0.000	0.000	0.000	N.A	0.000	0.000	0.000	0.000
YB	**1.066**	**0.752**	**0.933**	**−0.668**	**0.102**	**0.019**	**0.220**	**0.236**	**0.250**
FD	0.000	0.000	0.000	0.000	N.A	0.000	0.000	0.000	0.000
YL	0.000	0.000	0.000	0.000	N.A	0.000	0.000	0.000	0.000
HH	**−1.155**	**−1.397**	**−1.514**	**−0.595**	**0.106**	**0.000**	**0.430**	**0.531**	**0.710**
DX	0.000	0.000	0.000	0.000	N.A	0.000	0.000	0.000	0.000
JX	**0.252**	**0.335**	**0.356**	**1.495**	**0.808**	**0.155**	**0.110**	**0.484**	**0.070**

续 表

种群编号	中性检验					失配分布			
	Tajima's *D*	Fu & Li's		Fu's *F*s		SSD	*p*	Raggedness	*p*
		*D**	*F**	*F*s	*p*				
CW	0.000	0.000	0.000	0.000	N. A	0.000	0.000	0.000	0.000
HZ	**0.015**	**0.804**	**0.684**	**−3.159**	**0.000**	**0.004**	**0.440**	**0.210**	**0.460**
HY	**−0.737**	**−1.211**	**−1.231**	**−1.844**	**0.032**	**0.007**	**0.720**	**0.101**	**0.530**
BMH	**−1.481**	**−1.827**	**−1.974**	**0.296**	**0.325**	**0.028**	**0.060**	**0.776**	**0.720**
MS	**−0.248**	**0.973**	**0.753**	**−0.269**	**0.300**	**0.279**	**0.110**	**0.669**	**0.050**
FJY	0.000	0.000	0.000	0.000	1.000	0.000	0.000	0.000	0.000
XY	**0.586**	**0.568**	**0.629**	**−0.114**	**0.440**	**0.020**	**0.440**	**0.111**	**0.610**
NJ	0.000	0.000	0.000	0.000	N. A	0.000	0.000	0.000	0.000
AF	0.000	0.000	0.000	0.000	N. A	0.000	0.000	0.000	0.000
AK	**0.688**	**0.973**	**1.017**	**1.961**	**0.811**	**0.335**	**0.000**	**0.684**	**0.940**
TGB	0.000	0.000	0.000	0.000	N. A	0.000	0.000	0.000	0.000
NY	**−1.149**	**−1.365**	**−1.481**	**−0.537**	**0.121**	**0.028**	**0.200**	**0.503**	**0.450**
AX	0.000	0.000	0.000	0.000	N. A	0.000	0.000	0.000	0.000
LGT	0.000	0.000	0.000	0.000	N. A	0.000	0.000	0.000	0.000
TB	0.000	0.000	0.000	0.000	N. A	0.000	0.000	0.000	0.000
SMX	0.000	0.000	0.000	0.000	N. A	0.000	0.000	0.000	0.000
BMT	0.000	0.000	0.000	0.000	N. A	0.000	0.000	0.000	0.000
GT	**−1.149**	**−1.365**	**−1.481**	**−0.537**	**0.112**	**0.028**	**0.190**	**0.503**	**0.380**
HX	0.000	0.000	0.000	0.000	1.000	0.000	0.000	0.000	0.000
SY	0.000	0.000	0.000	0.000	N. A	0.000	0.000	0.000	0.000
TL	0.000	0.000	0.000	0.000	N. A	0.000	0.000	0.000	0.000
LD	0.000	0.000	0.000	0.000	N. A	0.000	0.000	0.000	0.000
HYS	0.000	0.000	0.000	0.000	N. A	0.000	0.000	0.000	0.000
LZ	0.000	0.000	0.000	0.000	N. A	0.000	0.000	0.000	0.000
PG	**1.024**	**1.141**	**1.271**	**4.091**	**0.938**	**0.213**	**0.000**	**0.680**	**0.360**
DM	**−0.127**	**0.997**	**0.809**	**1.454**	**0.722**	**0.263**	**0.080**	**0.667**	**0.060**
ZP	0.000	0.000	0.000	0.000	N. A	0.000	0.000	0.000	0.000
ZY	0.000	0.000	0.000	0.000	N. A	0.000	0.000	0.000	0.000

续 表

种群编号	中性检验					失配分布			
	Tajima's D	Fu & Li's		Fu's Fs		SSD	p	Raggedness	p
		D^*	F^*	Fs	p				
TN	**−1.132**	**−1.155**	**−1.195**	**0.952**	**0.604**	**0.260**	**0.090**	**0.667**	**0.260**
TK	0.000	0.000	0.000	0.000	N. A	0.000	0.000	0.000	0.000
TT	0.000	0.000	0.000	0.000	N. A	0.000	0.000	0.000	0.000
TH	0.000	0.000	0.000	0.000	N. A	0.000	0.000	0.000	0.000
CN	**1.235**	**1.063**	**1.220**	**2.079**	**0.822**	**0.189**	**0.160**	**0.750**	**0.130**
KC	0.000	0.000	0.000	0.000	N. A	0.000	0.000	0.000	0.000
KK	**−1.362**	**−1.505**	**−1.626**	**0.671**	**0.442**	**0.062**	**0.060**	**0.704**	**0.640**
JY	0.000	0.000	0.000	0.000	N. A	0.000	0.000	0.000	0.000
JT	0.000	0.000	0.000	0.000	N. A	0.000	0.000	0.000	0.000
JH	0.000	0.000	0.000	0.000	N. A	0.000	0.000	0.000	0.000
JK	0.000	0.000	0.000	0.000	N. A	0.000	0.000	0.000	0.000
JG	0.000	0.000	0.000	0.000	N. A	0.000	0.000	0.000	0.000
JN	0.000	0.000	0.000	0.000	N. A	0.000	0.000	0.000	0.000

注：Tajima's D 和 Fu & Li's D^* & F^* 都不显著，$p>0.05$；N. A 表示无法计算。

失配分布分析同样支持这样的结果，东亚栓皮栎种群失配分布呈显著的单峰分布（$r=0.0525$，$p<0.05$），如图 2-4 所示。对不同种群进行失配分布分析，通过计算得到失配分布曲线和平滑指数 Raggedness 值及其显著性水平 p 值，AK、BMH、CN、DM、JX、KK、MS、PG、TN 种群的失配分布曲线为双峰，如图 2-4 所示，这些种群的 Raggedness 值均处于 0.484 到 0.776 之间，如表 2-6 所示。XY、YB、GT、HH、HY、HZ、NY 种群显示单峰失配分布曲线，其中 GT、HH、NY 种群的 Raggedness 值偏大，其余种群的 Raggedness 值均处于 0.101 到 0.236 之间，$p>0.05$。综上，东亚地区栓皮栎种群在近期发生过种群快速扩张事件。

2.2.3.4 遗传多样性和遗传结构

植物叶绿体 DNA 具有母系遗传特点，不经过基因重组，通过细胞器 DNA 水平的变异反映当前的种群遗传多样性和遗传结构，以追溯栓皮栎种群的历史动态。物种的遗传多样性水平和方式体现了其适应环境的能力，遗传多样性越

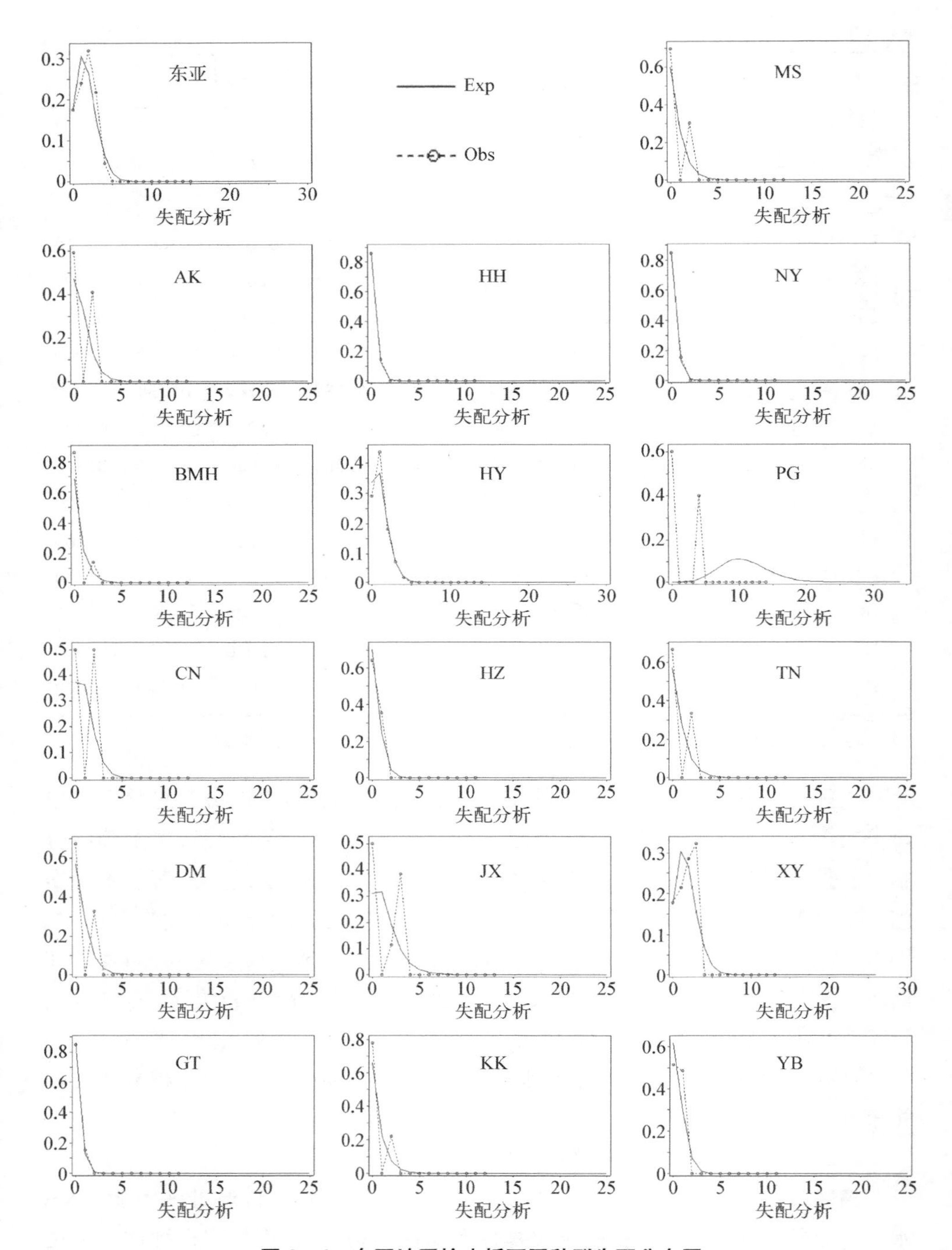

图 2-4　东亚地区栓皮栎不同种群失配分布图

高，对环境条件变化的适应能力越强，也就越容易扩展其分布范围和生存空间。当环境条件发生激烈变化时，有维持群体进行有利突变的潜力，使其始终保持对周围环境的适应状态（Müller-Starck et al.，1992）。植物物种的遗传变异受到繁育系统、分布范围、生活型、分类地位、种子散播机制等因子影响。种群的遗传结构是遗传变异在时间和空间上的一种非随机分布，主要通过物种种群内和种群间的遗传分化来体现，受到物种生活史特性（如繁育系统、花粉种子传播、变异、遗传漂变和基因流等）和环境因素（气候、土壤、火山、冰期和人类干扰等）的综合作用。研究栓皮栎的遗传多样性和遗传结构，对于栓皮栎资源保护和合理利用具有重要意义。

从单倍型分布来看，东亚地区栓皮栎种群遗传多样性主要集中于分布中心区，河南信阳（$Hd=0.821$）和湖北宜昌（$Hd=0.764$）种群单倍型多样度高居前两位，其中信阳种群也拥有最高的核苷酸多样性（$\pi=1.11\times10^{-3}$）。大别山和鄂西地区单倍型丰富，而在分布中心区外围的长江中下游平原和华北地区也有发现核苷酸多样性水平高的 2 个栓皮栎种群，浙江西天目山种群和云南保山种群也维持较高的单倍型多样度。与前面研究结果不同，本研究在北京平谷、浙江杭州、江西云山和云南保山均发现具有较高遗传多样性的栓皮栎种群。在东亚地区不同岛屿栓皮栎种群的遗传多样性水平从高到低依次是朝鲜半岛、中国台湾岛和舟山群岛，在日本列岛没有发现 cpDNA 单倍型多样性。朝鲜半岛和辽东半岛拥有共享单倍型，说明这两个地区的种群存在一定的基因交流。同样，舟山群岛上的古老单倍型也可以在杭州种群中找到，反映出岛屿种群通过与大陆种群联系保持相对较高的遗传多样性水平。而日本列岛上栓皮栎的遗传多样性和其他学者对日本列岛的古老植物银杏的研究结果相反，Yan 等利用 5 对 SSR 引物，对日本东京的部分银杏树进行了多态性检测，发现了较高的遗传多态性（Yan et al.，2010）；龚维在银杏的亲缘地理学研究中，也发现日本列岛上这一群体的遗传多样性较高（$Hd=0.833$）（龚维，2007）。

栓皮栎遗传多样性大部分存在于种群间，分子方差分析检测到大部分遗传变异来自种群间的结果，低水平的基因流与山脉长期阻隔导致不同地理分布区的栓皮栎种群种子远距离传播困难有很大关系。种子基因流受限使得种群间的遗传变异较大，可能归因于栓皮栎种子传播效率低，这与啮齿动物对栓皮栎坚果的取食、扩散与贮藏情况有关。啮齿动物大林姬鼠（*Apodemus peninsulae*）、社鼠（*Niviventor confucianus*）和黑线姬鼠（*A. agrarius*）在次生林中对栓皮栎果实搬运的速度较慢，在灌木丛中对栓皮栎坚果的取食较多（赵雪峰等，2009），加上栓皮栎果实质量大，造成远距离传播困难。此外，栓皮栎雌雄同株，自花授粉以及花粉风媒传播受到高山阻隔也是形成种群间基因流小的原因。东亚地区的栓皮栎种群遗传分化系数 G_{ST} 很高，不同地区的种群间也达到高水平遗传分化，G_{ST} 在 0.690 和 0.902 之间，其中也包括中国大陆与朝鲜半岛、日本列岛、中国台湾岛和舟山群岛栓皮栎种群之间的遗传分化水平。遗传距离和地理距离不相关。$Nm<1$，说明遗传漂变导致种群间显著的遗传分化。因此，基因流的限制和遗传漂变是影响栓皮栎种群现存遗传结构的主要因素。

从整个东亚地区来看，遗传分化系数 G_{ST} 和 N_{ST} 没有显著差异，不存在显著的亲缘地理结构；系统发育分析没有发现形成明显的地理分支，两大分支的单倍型在地理分布上有重叠，单倍型之间关系相近；从单倍型网络关系图可以看出，单倍型之间的关系交错，局部有星状结构，与失配分布曲线一致体现种群扩张模式；方差分析结果表明地区间的遗传分化小，而地区间和地区内种群间遗传分化的水平均显著升高。远距离种群存在相同单倍型，一方面可能是古老单倍型的保留（单倍型 H5 和 H2），另一方面可能是人类活动传播带来的结果（单倍型 H11）。在对两个遗传分化系数 G_{ST} 和 N_{ST} 比较后，发现在中国大陆中东部地区存在显著的亲缘地理结构，在这个地区内存在关系相近的单倍型。同时，在这个地区有发生种群扩张，相邻种群间有一定的基因交流，通过 G_{ST} 计算的基因流 Nm 大于其他地区。受到气候变化或冰期影响，栓皮栎种群在扩张过程中，由于奠基者效应产生遗传多样性降低现象，种群内只存在同一种单倍型。综上可见，东亚地区栓皮栎种群的遗传结构体现了复杂的影响因素共同作用的结果，这些因素包括繁育系统、遗传漂变、基因流、地理隔离、气候变化、冰期和人类干扰等。

2.3　冰期时的避难所和迁移路线

2.3.1　第四纪冰期对东亚地区植物分布的影响

在第四纪冰期，全球气候变化开始出现了明显的冰期和间冰期交替的模式。同时，在第四纪冰期，新生代岩石圈印度板块与欧亚板块的碰撞导致了中国青藏高原的形成，奠定了中国西高东低的阶梯状地貌格局，也影响了全球大气环流的形势，集中表现在亚洲季风环流的形成和发展（威廉斯，1997）。青藏高原的快速隆升不仅使高原出现第四纪以来最大的冰川，形成世界上最大的高寒草原，还引起了全球气候的变化，促使北极圈冰盖的形成（葛肖虹等，2006）。据统计，在第四纪冰期两万年前的末次盛冰期，中国的冰川面积在500 000 km^2 左右，是现代冰川面积的8.4倍，温度比现代低5～11 ℃，降水量是现代的30 %～80 %，雪线比现代低300～1 000 m，海平面比现代低100～150 m，台湾、海南都和大陆相连（施雅风，2006）。这些因素都在影响着东亚地区植物分布和演化。

植物分布与气候关系紧密。气候是植物生长和分布的重要决定因素，植物对气候变化的响应表现为迁移（或改变地理分布区）和适应性进化（或形成新物种）(Hallam，1994；Etterson and Shaw，2001)。亚洲植物在冰期时代有由北南进的现象，如西伯利亚落叶松（*Larix gmelini*）经大兴安岭南进入华北地区后形成了华北落叶松（*L. gmelini* var. *principis-ruprechtii*），而华北油松（*Pinus tabulaeformis*）南迁到华中，再到广东北部和福建西部，逐渐演化成黄山松（*P. hwangshangensis*）（刘慎谔，1986）。多数欧洲植物在冰期经由西伯利亚、中国新疆和喜马拉雅路线迁移到亚洲形成新变种，其中，西伯利亚路线先从东北支线可达华北及朝鲜北部，再从日本支线可达华东，而直接东进则经白令海峡转入北美洲西部（刘慎谔，1986）。植被在很大程度上控制着大气和陆地表面碳、水等物质和能量交换，从而影响地域性的气候系统（Prentice et al.，1992）；而作为植被的主体，植物种的地理分布同样与气候关系密切（Box，1981；Woodward，1987）。因而，通过植物种的化石孢粉记录可以模拟古植被分布和古气候变化，了解第四纪冰期气候变化对东亚植被分布的影响。

根据古植被重建，第四纪冰期对东亚地区温带植物多样性的影响成了争论焦点。Qian和Ricklefs认为由于东亚地区地形的复杂性和气候的波动性，使得海平面升降为异域式物种形成（allopatric speciation）提供了条件（Qian and Ricklefs，2000）。在更新世气候变冷时，中国温带森林向南部低海拔地区扩张，使得原来独立的植被斑块合并；当气候变暖时，温带森林又被迫返回高海拔地区。中国大陆、朝鲜半岛和日本之间的浅海区使得亚洲的温带森林分离独立，而在末次盛冰期（last glacial maximum，LGM；约20 000年前），海平面降低，黄海干涸后露出的陆地为温带森林提供了适宜的气候环境。同样，在更新世之前，中国大陆、朝鲜半岛和日本列岛的植被分布也因海平面的波动而分离合并，因此，海平面波动成为东亚地区植物新物种形成的潜在影响因素（Qian and Ricklefs，2000）。Harrison等虽然提出东亚温带森林在盛冰期限制了分布的不同结论，但指出部分温带落叶林沿着东海扩张的趋势和前面的说法是一致的，孢粉记录也证明了东海近海岸有温带落叶林的冰期避难所(Harrison et al., 2001)。Qian 和 Ricklefs 质疑 Harrison 等的古植被重建的可靠性,认为在盛冰期中国大陆东部、日本列岛或者朝鲜半岛的温带森林是否相连需要更多的证据,而他们重建的盛冰期植被分布图显示,温带森林在盛冰期向南迁移,这可以和亚洲东部以及北美洲东部现代的植被分布联系起来(Qian and Ricklefs, 2001)。

随后,研究者根据对东亚地区不同植物种的生物地理学或亲缘地理学的研究,不断对第四纪冰期如何影响东亚地区植物种群分布提出了各自的看法。不少学者支持冰期种群收缩到南部而冰期后种群向北迅速扩张的观点,例如,Huang 等认为台湾东南部是青冈栎(*Cyclobalanopsis glauca*)在冰期的避难所,从瓶颈效应恢复后种群北移扩张(Huang et al., 2002);Ohi 等对日本桃叶珊瑚(*Aucuba japonica*)在冰期后从避难所扩张形成目前的地理分布进行了讨论(Ohi et al., 2003);Watanabe 等根据研究结果推测第四纪气候波动引起大叶马兜铃(*Aristolochia kaempferi*)的地理分布范围发生多次缩小和扩大,从而影响了遗传多样性格局(Watanabe et al., 2006)。也有学者提出不同看法,认为在冰期时植物种群并非全部南迁,而在北部也存在冰期避难所。Tian 等提出盛冰期虎榛子(*Ostryopsis davidiana*)在其地理分布区域内的南北部均存在避难所,而不是只留在南部再北移(Tian et al., 2009)。Bai 等对温带落叶树种胡桃楸(*Juglans mandshurica*)进行亲缘地理学研究后指出该树种在中国北部可能有两个独立的冰期避难所,和之前"温带森林南移到北纬 25°~30°"的结论相反(Bai et al., 2010)。由于第四纪冰期对东亚地区影响的特殊性,相关研究已成为热点。

东亚地区在第四纪冰期与间冰期的交互作用下,气候冷暖频繁交替,使得森林植被或植物种群经历了重复的迁移和扩张过程,回迁的种群由于受到奠基者效应或在极端生境原地保存的种群由于小种群效应而带来的遗传漂变使得遗传多样性降低;但是位于避难所的种群,则保留有较完整与较高的遗传多样性(Hewitt, 1996);东亚地区大陆和岛屿间因气候变化、海平面升降而存在或消失的陆桥(landbridge),对植物迁移有很大作用,这些因素强烈地影响了植物种群的分布格局和遗传结构。

2.3.2 栓皮栎冰期避难所分布

在地球演化历史中,地球表面经历多次大规模冰川覆盖的冰川时期,其中发生在最近的第四纪冰期对现代生物类群的影响较大。一般认为,在第四纪冰期,北半球有 3 个主要的大陆冰川中心：欧洲的斯堪的纳维亚大陆冰原、北美的劳伦泰德和格陵兰大陆冰原、亚洲的西伯利亚大陆冰原(杨怀仁, 1987)。中国由于地处中低纬地区,受第四纪冰期影响范围有限,在西部高山(如陕西太白山)和青藏高原多次出现过山地冰川,在东部吉林与朝鲜接壤的长白山、台湾的雪山和玉山等有古冰川遗迹(李吉均等, 2004)。地球演化历史上气候的剧烈波动常引起生物大规模的迁移,甚至引发生存灾难(Dansgaard et al., 1993; Van Andel and Tzedakis, 1996)。在第四纪冰期,生物避难所在生物免遭劫难方面发挥了重要作用,同时,也是冰期后物种重新分布的起点,成为亚种和新物种形成的重要机制(Tzedakis et al., 2002; Sommer and Zachos, 2009)。因而冰期避难所常具有丰富的遗传多样性和存在古老植物,现存植物区系特点、孢粉化石的发现和分子生物学技术成了研究冰期避难所的确凿证据。在亲缘地理学研究中,种群具有较高的遗传多样性常被作为判断避难所的一个重要因素,这是由于在避难所的种群往往比重新扩散的种群经历了更长的时间,往往会更容易积累到更多的遗传变异;同时重新扩散的种群由于发生瓶颈效应或奠基者效应,其单倍型多态性或基因多样性往往低于源种群;随着扩散距离增加,单倍型多态性或基因多样性进一步减少,从避难所种群到新定居的种群呈现单倍型多态性和基因多样性梯度(Taberlet et al., 1998; Bandelt et al., 1999; Tzedakis et al., 2002; Schonswetter et al., 2005)。不同避难所种群由于空间隔离,在单倍型类型方面多存在较大差异,因而可以用来区分不同的避难所。而来自不同避难所的种群在交汇处往往出现单倍型多态性或基因多样性的增加,并同时具有不同避难所种群的特有单倍型。根据溯祖理论,处于单倍型网络关系图中间位置的单倍型被认为是祖先基因型,古老的祖先基因型存活的种群位置也是常常作为判断避难所的另一重要因素。植物避难所可能是一个或者多个,在北美北纬 40°左右以南的地区是温带物种的主要避难所;欧洲的伊比利亚半岛、意大利半岛和巴尔干半岛是冰期时最重要的生物避难所;在东亚地区,由于地质结构和气候条件复杂,受冰川影响程度不同,生物避难所可能有多个且分散分布。

本节通过对东亚地区栓皮栎种群 cpDNA 单倍型的地理分布、遗传多样性水平和单倍型网络关系进行分析,推测大别山区和鄂西地区为中部避难所,江西鄱阳湖平原和浙江天目山为东部避难所。大别山位于河南、湖北和安徽的交界处,西接桐柏山,东延为霍山和张八岭,整个山脉呈西北至东南走向,海拔约 300～1 000 m。地质基础是古生代的秦岭大别山褶皱带,山区气候属于北亚热带向暖温带过渡的季风气候区,特殊的地理位置决定了植物资源呈现明显的过渡带特征，东西南北植物交汇，集中了热带、亚热带、温带、暖温带树种，以亚热带为主，暖温带成分次之，加上独特的小气候条件孕育了特有的野生植物资源群带和丰富的木本植物。鄂西（湖北宜昌）处于长江三峡库区，地壳古老而稳定，地形复杂，山高谷深，气候温湿，植被具有从中亚热带常绿阔叶林逐渐过渡到北亚热带落叶阔叶与常绿阔叶混交林的过渡性特点，拥有丰富的中国种子植物特有属和不少第三纪孑遗属（贺昌锐和陈芳清，1999）。第四纪冰期，古生代末期隆起的秦岭大巴山成为阻挡冰期恶劣气候的天然屏障，秦岭大巴以南的鄂西地区和大别山成了栓皮栎第四纪冰期的避难所。这个区域存在很多东西走向山脉，地貌类型复杂，生态环境多样，适宜的气候条件使其成为第四纪冰期以后植物异质分化的策源地。鄱阳湖平原（江西永修）为长江中下游平原的一部分，属于因青藏高原隆起而形成的中国大陆西高东低阶梯状地貌格局的第三阶梯地区，属亚热带湿润气候，自然条件十分优越，有利于生物生长繁衍。浙江西天目山是我国地质最古老的地区之一，原生植被保存完好（向应海等，2000），有典型的森林群落外貌、丰富复杂的植物区系成分和若干植被演替系列。众多的第三纪孑遗树种组成起源古老的森林，如金钱松、柳杉、杉木、榧树、缺萼枫香、香果树等。根据花粉模拟的末次冰期中国植被分布的情况来看，在末次冰期时，中国中东部地区仍为森林所覆盖（Yu et al.，2000；Harrison et al.，2001），因此，这个地区很可能成为栓皮栎第四纪冰期的避难所所在地区。

cpDNA 单倍型分析结果显示，豫南大别山北麓 XY 种群具有最高的单倍型多样度（$Hd=0.821$）和核苷酸多样性（$\pi=1.11\times10^{-3}$），拥有 4 种单倍型，其中 2 种为特有单倍型。另外，其 H15 单倍型和华北地区是共有单倍型，H3 单倍型在简约树位于离外类群最近的位置，为古老单倍型；在大别山东段 MS 种群和 BMH 种群拥有 5 种单倍型，拥有的单倍型在北部和南部都可以找到，H21 单倍型和 H4 单倍型处于网络关系图中央位置；鄂西地区 HY 种群拥有最多的单倍型，且拥有 2 种特有单倍型，所有单倍型在其以北地区的种群中都可以找到，H17 单倍型和辽东半岛、朝鲜半岛共享单倍型 H6 关系最近。浙江天目山种群拥有较高的单倍型多样度，H5 单倍型地理分布广，在网络关系图中处于中央位置；特有单倍型 H18 与朝鲜半岛的 H7 单倍型关系最近，H10 单倍型在舟山群岛可以找到。江西永修种群不仅拥有古老单倍型 H2 与岛屿和南北部沿海仅有的单倍型 H11，还存在 H19 特有单倍型，同时核苷酸多样性也相对较高（$\pi=0.88\times10^{-3}$）。中东部地区存在显著的亲缘地理结构，也表明避难所可能处于这部分地区。

本研究显示，在云南保山种群发现较高的单倍型多样度，也拥有古老单倍型H5，但是没有发现特有单倍型，且H21和H4单倍型在潜在避难所位置都可以找到；在北京种群也发现较高的核苷酸多样性（$\pi = 1.02 \times 10^{-3}$），且拥有特有单倍型H24，不过只存在2种单倍型，H24单倍型处于网络关系图的边缘，和H11关系最近，有可能是从避难所扩散出来后逐渐演化形成的，这需要更多的证据才能确定。同样，桐柏山附近的NY种群也拥有特有单倍型H23，从网络关系图上看，其祖先单倍型可能是存在于东部单倍型的H18。湖南怀化种群拥有的H14单倍型和H5单倍型可能是从不同避难所扩散出来后交汇形成的。因此，大别山区、湖北宜昌、江西永修和浙江天目山是栓皮栎可能的第四纪冰期避难所。

本节研究推测的避难所分布和前面栓皮栎的研究结果比较一致，刘宇通过cpSSR遗传分析认为栓皮栎避难所存在于大别山区及川东、鄂西一带（刘宇，2007），这和陈劼的“秦岭以南的川东至大别山区域为栓皮栎第四纪避难所”观点（陈劼，2009）基本相同；而本研究没有对四川种群进行遗传多样性检测，但发现东部存在两个避难所，东部地区的避难所和东亚地区的日本列岛、朝鲜半岛以及中国的舟山群岛、台湾岛均可能有联系。不少在中国大陆的植物亲缘地理学研究结果也表明，在中国东部浙江存在植物避难所，如台湾杉木（Lu et al.，2001）、西藏红豆杉（Gao et al.，2007）、银杏（龚维，2007；花喆斌，2007）、黄山梅属（宗敏，2008）等。在朝鲜半岛上，本研究发现和中国大陆的中东部地区和辽东半岛有联系的3种单倍型，在网络关系图上，H7单倍型和浙江西天目山的H18关系最近，而H6单倍型和湖北宜昌的H17单倍型关系也仅隔一个变异位点，辽东半岛的H6单倍型有可能是从朝鲜半岛扩散过来而独立存在的。花粉化石模拟植被图显示，朝鲜半岛南部的东海岸在末次盛冰期可能和中国东部温带森林相接（Yu et al.，2000；Harrison et al.，2001），因此，朝鲜半岛南部东海岸也有可能存在冰期避难所。

2.3.3 栓皮栎种群迁移历史推测

第四纪冰期和间冰期交替，当气候变冷时，植物为躲避恶劣气候而迁移到适宜的栖息地，在避难所集中而积累更多的遗传变异；当间冰期气候变暖时，重新从避难所扩散到其他分布地区，在扩散时可能因发生奠基者效应或瓶颈效应和经历的历史时间差而降低遗传多样性，从而形成现有的遗传结构和地理分布格局。例如，在18 000年前的最大冰期时，欧洲落叶栎退缩到了地中海地区的几个避难所；在11 000年时，气候变暖，冰川退缩，这些栎树又开始了向北迁移；

10 500 年时的一个寒冷期又使它们向南退缩，随后(6 000 年前)形成了现在的分布格局(Taberlet and Cheddadi, 2002)。冰期后的迁移一般是由低海拔、低纬度地区向高海拔、高纬度迁移扩散。

东亚地区的植被组成和分布变化不仅和气候变化有关，而且与气候影响下的海平面升降引起陆地面积变化有联系。Qian 和 Ricklefs 认为，冰期时温带森林通过联系中国、韩国和日本之间的大陆架而延伸，间冰期时上升的海平面把这些地区隔开，上升的气温使温带植物类群各自生存在分离的避难所中(Qian and Ricklefs, 2001)。Harrison 等的花粉化石古植被模拟显示，现在中日韩隔离的温带森林在盛冰期时，中国的和日本的是连接的，这两者可能和朝鲜半岛也连在一起(Harrison et al., 2001; Qian and Ricklefs, 2001)；同时，化石证据显示，中国东部、日本南部和朝鲜半岛南端温带森林植物群在晚第三纪或中新世时起源于共同的古老世系，而且日本(尤其是南端)和中国东部的植物地理学关系比日本和韩国之间的近(Qiu et al., 2009b)。

在第四纪冰期，中国台湾岛曾与亚洲大陆相连接，台湾海峡在距今 6 000 年时才形成当今的海峡地形。在更新世冰期，日本列岛常通过陆桥(在北部库页岛和南部对马岛)与欧亚大陆相连。在第四纪冰期，新生代岩石圈印度板块与欧亚板块的碰撞导致了青藏高原的形成，奠定了中国西高东低的阶梯状地貌格局，并历经多次造山运动，形成纵横交错的山脉分布，地形地貌十分复杂。

栓皮栎种群的 Fu's *F*s 检测和失配分布曲线表明，栓皮栎经历过显著的群体快速扩张。从单倍型分布来看，大部分单倍型存在于中国大陆中东部避难所，在避难所分布的地区，南北两个方向均可以发现存在于中东部地区的单倍型，而且由单倍型网络关系图可以看到星状结构，因此，本研究推测栓皮栎种群有发生从避难所向外扩张的过程。在第四纪冰期发生时，气候变冷，加上在秦岭以北的陕西太白山冰川和中国东北部长白山冰川的影响下，北部的栓皮栎由于不能适应寒冷的环境而逐渐灭绝或向南退缩到中东部地区，辽东半岛的种群也有可能朝东南方向退缩到朝鲜半岛东海岸。冰期时，海平面下降，中国大陆东部和朝鲜半岛、日本列岛南部中间的东海浅海区大陆架露出海面，温带森林种群通过大陆桥发生了植被斑块合并，日本列岛和朝鲜半岛之间的对马海峡也有陆地相通，因而中国大陆东部栓皮栎种群和朝鲜半岛、日本列岛之间的栓皮栎种群经历了基因交流事件。在中国大陆华南、西南低纬度地区，受第四纪冰期影响较小，栓皮栎种群各自在不同地区生存繁衍。

在东南和西南地区，有些种群因南岭和武夷山脉等地理隔离没有发生远距离传播的基因流，部分种群有通过台湾海峡的陆桥迁移到中国台湾岛，而在台湾岛雪山冰川的影响下，限制在适宜的地区生长。在中国大陆中东部避难所地区，因近距离传播而产生部分基因交流，积累了遗传变异。冰期结束时，随着温度升高，自然条件恢复，栓皮栎种群从避难所重新向北扩张，中东部种群朝西部方向从低海拔向高海拔扩散，到达秦岭以北太白山区和陕甘地区北部；朝北方向则经过华北平原和山东半岛，一直进入现今辽宁地区。朝鲜半岛的栓皮栎种群也有部分向北迁移。中东部种群也有发生向南扩张现象，在不同地区由于奠基者效应只存在同一栓皮栎种群。于末次盛冰期结束后，在东海浅海区，上升的海平面逐渐淹没了东海陆桥，对马海流的流入同时分离了中日韩栓皮栎种群。朝鲜半岛的种群之后独立形成特有现象；对于日本列岛的栓皮栎种群，由于温带落叶森林种群生存空间的突然减小，导致小种群效应产生，其带来的遗传漂变降低了遗传多样性，同样的现象也发生在中国台湾岛的栓皮栎种群。另外，对于这两个地区栓皮栎种群而言，也有可能因为人类活动（如栽培引种）的影响而减少了栓皮栎的单倍型种类。

在中国大陆中东部地区，栓皮栎种群单倍型种类丰富，HY 和 HZ 种群 Fu's *F*s 检测和失配分布图说明发生了近期种群扩张（陈冬梅，2011；Chen et al.，2012）。在西北地区秦岭中段，其单倍型 H2、H3、H12 可能由鄂西地区的 HY 种群迁移而来，部分种群如 TGB、TB、SMX 受到奠基者效应影响而只留有一种单倍型。东部种群向西北方向扩散时，在秦岭及以北地区建立了 LGT、BMT 种群，AK、GT 种群也拥有来自不同避难所的单倍型，而秦岭以南桐柏山 NY 种群在迁移过程中先达到栖息地，由于地理隔离和遗传漂变形成特有单倍型。华北 PG、HYS、TL、HX 种群拥有中部地区大别山北麓 XY 种群的单倍型 H3、H15，且 XY 种群失配分布图呈现单峰分布，暗示中部栓皮栎种群北迁的可能；山东半岛的 SY 种群可能由华东地区的 JX 种群北迁而来，而由单倍型网络关系图来看，PG 种群的 H24 单倍型可能是在迁移定居后为适应北方气候由 H11 单倍型逐渐演化而成的。东北地区的 LD 种群可能由东部地区迁移而来，而 LZ 种群由朝鲜半岛扩散而来，两个种群因生殖隔离而形成独立的种群，没有发生基因流事件（陈冬梅，2011；Chen et al.，2012）。

在中国南部地区，栓皮栎种群在冰期间受影响较小，没有发生太大变动，但中东部避难所种群在发生北迁的同时，有部分种群也有可能继续南移，YB 种群的 H21 单倍型和 HH 种群的 H14 都有可能从大别山区的避难所扩张后传播到南方，不排除在冰期时存在种群间少量交流（陈冬梅，2011；Chen et al.，

2012）。东南地区的栓皮栎种群有可能在从东部地区传播扩散时因武夷山脉相隔形成不同的奠基者种群。在中东部地区存在显著的亲缘地理结构，一方面，冰期时不同避难所之间并不是完全独立的，有发生部分基因交流，在避难所及其周围地区积累了变异；另一方面，冰期后扩散种群在不同时期存在适应各自生存环境的单倍型，如单倍型 H1 和 H8。舟山群岛的栓皮栎种群在和大陆种群分离后，变异形成适应岛屿环境的 H9 特有单倍型（陈冬梅，2011；Chen et al.，2012）。

在东亚地区的植物亲缘地理学研究方面，在中国大陆已发表的数据开始是集中在青藏高原及周边地区的，之后不同学者对大陆各地区的植物类群也展开讨论；日本列岛和中国台湾岛的植物亲缘地理学研究早于中国大陆，大部分也只是集中在岛内的研究，对大陆的采样量较少（Hwang et al.，2003）。另外，在东亚地区，大陆-岛屿和岛屿-岛屿之间的植物亲缘关系也引发了大家关注，如中国东北地区、朝鲜半岛、日本岛之间（Aizawa et al.，2007），中国东部地区、朝鲜半岛南端及日本列岛南部之间（Qiu et al.，2009b），中国大陆、中国台湾岛、日本列岛之间等（Huang et al.，2002）。

在对东亚地区植物类群亲缘关系研究方面，陆桥对大陆与岛屿间的植物种群交流起到的作用被广泛提及。Aizawa 等研究表明，日本列岛现代植物的祖先在第四纪冰期时通过库页岛、千岛、朝鲜半岛和琉球群岛四个陆桥与亚洲大陆联系而迁移过来，日本的植物类群如第三纪孑遗植物，被认为是在第三纪当白令海峡和北大西洋陆桥使日本列岛在地理上和北美、欧亚大陆以及欧洲相连的时候，从亚洲大陆传播至日本列岛的（Aizawa et al.，2007）。在间冰期，日本列岛从大陆独立后使得植物种群分化，通过地理隔离而形成新物种（Aizawa et al.，2007）。也有学者提出，在东海浅海区，在冰期时大陆架连接着中国大陆东部和朝鲜半岛以及日本列岛南部，这片区域的植被在第四纪冰期因海平面的升降时而合并，时而独立，使得中国大陆东部与朝鲜半岛南部以及日本列岛南部的植物类群有亲缘关系，并使得亚洲地区的温带森林植物种群比北美洲更加多样化（Xie，1997；Qian and Ricklefs，2000；Harrison et al.，2001；Zhang et al.，2007；Qiu et al.，2009b）。

根据细胞器 DNA 标记结果，Aizawa 等认为在北海道和本州岛的不同鱼鳞云杉（*Picea jezoensis*）单倍型各自从库页岛和朝鲜半岛两个不同陆桥传播到日本列岛（Aizawa et al.，2007）。Okaura 等对分布在日本列岛、朝鲜半岛、中国大陆东北部和库页岛的日本栎（*Q. mongolica* var. *crispula*）和 3 个相关树种（*Q.*

serrata，*Q. dentate* 和 *Q. aliena*）进行 6 个 cpDNA 基因片段检测，发现丝鱼川静冈构造线隔开日本南北部不同的单倍型，西南部的单倍型多样度高于西北部，同一个地理位置的 4 种栎树共享相同的单倍型，说明因偶尔杂交产生基因渐渗；而在中日韩 3 个地区拥有各自的单倍型是由第四纪冰期在欧亚大陆形成的多样化引起的；同时，他们的结果也支持在日本列岛南北部的日本栎是通过南北陆桥从大陆迁移过来的这一结论（Okaura et al.，2007）。

通过对东海中日韩地区的黄山梅属（*Kirengeshoma*）植物分子的亲缘地理研究，Qiu 等发现中国东部的种群和日本种群关系要近于韩国与这两个地区的种群之间的亲缘关系，用分子钟估计推测韩国黄山梅（*K. koreana*）种群在上新世与更新世分界时期与日本种群分化，在更新世早中期经过东海盆地（陆桥）迁移至中国大陆，而中国东部种群与日本种群在更新世中期出现地理隔离，日本种群在更新世晚期经历长时期的避难所隔离和片段化（Qiu et al.，2009b）。Hwang 等认为在冰期时，海平面下降，陆桥连接中国台湾岛与大陆，加强了大陆与中国台湾岛很多物种包括台湾香杉（*Cunninghamia konishii*）的基因交流，但在全新世时，两地区香杉的基因流很低甚至没有，独立进化产生稀有 cpDNA 等位基因（Hwang et al.，2003）。本研究在中国台湾岛和日本列岛的大部分栓皮栎种群中没有发现遗传多样性，在这两个岛屿地区出现的单倍型都存在于中国大陆中，因此推测中国大陆的栓皮栎种群有可能通过陆桥迁移至上述岛屿，后因地理隔离、基因流阻隔及种群规模减小等原因降低了遗传多样性。朝鲜半岛和舟山群岛也因地理隔离和异域分化形成新物种。

2.4 研究结果在保护策略中的应用

植物现代分布格局的形成经历了一个漫长的地质历史过程，受到地球板块运动、海陆形势变化、古气候变化等因素的强烈影响。基于植物亲缘地理学理论和方法，通过研究物种现有地理分布格局和种群遗传结构，可以追溯物种分布的历史变迁，探讨历史事件对植物形成现有分布的影响。在本章研究中，通过分析东亚地区 50 个栓皮栎群体 528 个个体和 3 个 cpDNA 非编码区（*trn*L-*trn*F、*atp*B-*rbc*L 和 *trn*H-*psb*A 基因间隔区）序列、单倍型地理分布和系统发育，得到的主要结果如下：

（1）东亚地区种群间的遗传分化很高，中国大陆与朝鲜半岛、舟山群岛、中国台湾岛和日本列岛之间的遗传分化程度大于朝鲜半岛与舟山群岛、中国台湾岛和日本列岛之间的遗传分化程度，而舟山群岛、中国台湾岛和日本列岛之间的遗传分化水平低。

(2) 中国大陆中东部地区的栓皮栎种群存在显著的亲缘地理结构($N_{ST} > G_{ST}$，$p < 0.05$)，Fu's Fs 检验表明中部和东部地区栓皮栎种群发生过显著扩张。

(3) 栓皮栎叶绿体单倍型网络关系复杂，系统发育树分成两支，一支以纵向线山脉隔着东西地区不同种群形成的东部种群，另一支以横向线山脉隔开南北部种群形成的北部种群。

(4) 栓皮栎在东亚地区可能存在多个独立的避难所，中国中部秦岭以南大别山一带以及豫南、鄂西低谷山区为避难所的主要分布点，东部浙江天目山和江西云山为潜在的避难所。东亚地区东北部在朝鲜半岛东海岸也可能存在避难所。

(5) 东亚地区栓皮栎种群失配分析和单倍型网络分析表明种群发生局部扩张，冰期后中东部种群可能发生向北扩散。

由于栓皮栎是经济价值较高的树种，目前栓皮栎天然林受到人为破坏(如滥伐和过度采集树皮等)的现象十分严重，分布面积日益减少，生物多样性资源萎缩严重，因此，对栓皮栎森林资源和遗传资源的保护问题显得日趋突出。根据本研究的栓皮栎遗传多样性和遗传结构结果，大别山北麓、北京平谷和江西云山种群为核苷酸遗传多样性最高的地区，鄂西地区、浙江天目山拥有较多的单倍型种类，在北纬 29 °到 33 °地区为不同种类单倍型集中地区，不同种群遗传分化程度高。在岛屿地区遗传多样性低，且具有特有单倍型。对不同地区的栓皮栎种群建议采用以下保护策略：① 对避难所群体实施就地保护策略，对百年古木进行挂牌保护，纳入国家或省级保护范围；② 对分布中心区以外的栓皮栎应严禁滥砍滥伐，保存不同小生境下的自然群体；③ 对遗传多样性低的地区(如岛屿)，特有单倍型易受到进化因素的影响而濒危，应优先保护；④ 在迁地保护、取样以及育种时，应尽可能在多个群体中取样，最大限度地保护栓皮栎的遗传多样性。

3 栓皮栎叶片形态结构性状与环境适应机制

3.1 引言

植物叶片的诸多性状(如叶形态、叶脉密度、气孔大小和密度、表皮毛类型和密度等)是植物对环境因子长期适应的结果,与植物叶片的蒸腾及光合作用两大生理过程密切相关。对不同植物叶片性状及其特点,已有大量研究报道。但是,在区域尺度上,对植物叶片性状沿气候梯度的变异格局和主要控制因子以及叶片性状对气候变化的响应等,还缺乏系统的研究和综合分析(吴丽丽等, 2010;吴丽丽, 2011;朱燕华, 2013)。表型可塑性是植物应对快速的气候变化和其他全球变化的关键机制之一。为了更好地理解和预测植物对全球变化的响应,我们需要增强对表型可塑性的大尺度驱动因素的理解。然而,目前对于环境条件如何影响植物表型可塑性并没有一致结论。有研究认为气候变暖会选择性增加植物的表型可塑性,因为表型可塑性和温度或降水之间可能存在正相关关系,多变的环境条件允许更广泛的形态和生理变异,进而导致植物表型可塑性增加。但也有证据表明,压力/胁迫会导致植物缩减在表型可塑性上的能量投入,进而降低表型可塑性。为此,需要在更广的空间尺度和更大的分类尺度上研究生态过程,以便更好地揭示关键模式、挖掘普适性规律。

本章重点以横跨温带-亚热带分布的栓皮栎为试验材料,在区域尺度上研究栓皮栎叶片性状的地理变异格局及其与环境因子间的关系;结合同质园试验探讨不同地理起源的栓皮栎叶片性状对环境变化的响应。在全球气候变化的形势下,研究植物叶片形态、气孔、叶脉及表皮毛性状与环境因子的关系及其对气候变化的响应是全球变化生态学的重要内容。在古气候研究领域中,植物气孔性状与气候因子的关系也是利用不同地质历史时期的植物化石或标本重建古气候及探索气候变化趋势的理论基础。在植物对气候变化的响应方面，同种（或生态型）的个体具有相似的解剖、生理和生态特性，可以被看作一个基本单位进行研究。因而，以一个物种为研究对象，在较大空间尺度上探讨环境因子对该植物叶片形态性状的影响，对了解植物进化演变规律以及正确预测植物对全球气候变化的响应具有重要的理论意义，并对气候变化条件下制定农业和林业生产与经营措施具有指导意义。

3.2 叶片形态性状空间变异格局及其对环境变化的响应

叶片是植物的碳同化器官，植物叶形态影响植物的光合面积及对光能的利用效率（陈玮玮等，2010）。植物叶形态性状也是重要的植物分类诊断指标。植物叶形态是由基因决定的，如 *AVP1*，*GRF5*，*JAW*，*BRI1* 和 *GA20OX1* 均可影响拟南芥（*Arabidopsis thaliana*）的叶片大小（Gonzalez et al.，2010）。但同时叶形态性状的表现型也会受环境条件的影响，如光照、温度、水分及土壤养分等均可影响植物叶片的形态建成（McDonald et al.，2003；Price and Enquist，2007），因此，叶形态性状是基因与环境因子综合作用的结果（Gonzalez et al.，2010）。

植物叶形态在不同物种间差异极大（Ackerly and Reich，1999），在不同生境中生长的同一物种的叶形态性状也存在较大变异（Bayramzadeh et al.，2012）。物种间的叶形态差异主要来源于基因型差异，而同一物种内叶形态的变异来源主要为种群内的基因变异，叶形态性状对生长环境的可塑性反应及种群间可塑性反应的差异。King 在多个地区调查了 70 种热带雨林植物叶片形态，结果表明叶形态与叶片着生的高度密切相关（King，1998）。叶面积从植株冠层底部向顶部逐渐变小，而叶片干重与叶面积的比值（LMA）随植株高度逐渐增加，这主要是由于叶片栅栏组织层的厚度随冠层高度改变而发生变化（Coble and Cavaleri，2014；Coble et al.，2016）。Coble 等认为光照是叶形态随冠层高度发生变异的主要影响因素（Coble and Cavaleri，2014；Coble et al.，2016），但也有研究认为植株顶端的水分供应相对缺乏是主要原因（Boyce，2009）。着生于植株同一高度的叶形态受所处微环境的差异影响也会发生变异，油橄榄（*Olea europaea*）的冠层外部与冠层内部叶片形态特征存在明显差异（de Casas et al.，2011）。此外，植物叶形态性状也同叶龄及树龄有关（Ackerly，2004；Testo and Watkins，2012）。

植物叶片形态对环境变化高度敏感，具有较高的可塑性，即植物可根据生长环境而改变叶片大小及其性状（Rozendaal et al.，2006）。叶片大小变化的根本原因是细胞数量或大小的变化（Horiguchi et al.，2006）。对于一种植物而言，叶片大小与水分状况密切相关，一般叶片面积随降水量增加而增大（Gregory-Wodzicki，2000）；叶片长度、宽度及叶面积会受到干旱影响而变小（Cunningham et al.，1999；McDonald et al.，2003；Guo et al.，2013）。叶片大小影响边界层阻力，较小的叶片降低了叶片边界层阻力，有利于在干旱环境中维持适宜的叶片温度和较高的光合速率。不同海拔梯度试验表明，高海拔地区植物叶片相对较小（Tang and Ohsawa，1999；Royer et al.，2008）。Royer 等认为在高海拔地区生长的加州黑栎（*Q. kelloggii*）的叶面积较小，这主要是由于高海拔地区的温度较低（Royer et al.，2008）。Bayramzadeh 等的研究也表明温度影响山毛榉的叶片大小（Bayramzadeh et al.，2012）。但 Hovenden 等对假山毛榉（*Nothofagus cunninghamii*）的研究结果则表明，光照是导致叶面积沿海拔梯度变化的主要因子，而不是温度或者 CO_2 分压（Hovenden and Vander Schoor，2004）。Ackerly 等也发现类似的研究结果，叶片大小随光照强度增加而减小（Ackerly et al.，2002）。植物叶片大小是多种环境因子综合作用的结果，各环境因子间复杂的交互作用可能是目前环境因子对植物叶片大小的影响尚无一致结论的原因之一。

对一种植物而言，叶片形状由基因控制，而且对环境表现出可塑性。生长环境的水分状况、温度及光照条件均可影响植物叶片长宽比值。植物叶片长宽比值与降水量呈显著正相关，但是在极干和极湿的地区两者不相关（Jacobs，1999）。低温和低光照使苜蓿（*Medicago sativa*）的叶片长宽比值增加（陈玮玮等，2010）。不同物种的叶片长宽比值对温度的敏感性存在差异，例如，加州黑栎的叶片长宽比值对温度不敏感（Royer et al.，2008），而美国红枫（*Acer rubrum*）的叶片长宽比值对温度敏感（Royer，2012）。叶片 LMA 与其碳同化能力相关（Takahashi and Miyajima，2008），是物种特异性的性状。一般而言，LMA 越小，叶片的碳同化能力越高（Gratani et al.，2012），因而，较小的叶片及较高的 LMA 有助于提高植物对干旱胁迫及光照不足的耐受性（Guo et al.，2013）。LMA 受光照水平的影响，但不受水分状况的影响（Guo et al.，2013）。

植物叶片 LMA 随光强增加而增大(Ackerly et al., 2002)。高海拔处生长的植物的 LMA 低于低海拔处植物的 LMA(Gratani et al., 2012),这可能是不同海拔地区光照条件的差异导致的(Hovenden and Vander Schoor, 2004)。但 Zhang 的研究结果表明,水分胁迫是影响野外环境中刺槐(*Robinia pseudoacacia*)叶片 LMA 变化的主要因子,而光照对叶片 LMA 的影响仍需试验论证(Zhang et al., 2012b)。

在一个较大地理区域尺度上,植物生长和发育主要受到气候条件的控制。对于一种广泛分布的植物来说,不同地区种群的叶片形态变异,主要受到气候因素的影响。但是,关于在一个植物种的水平上,具有广泛地理分布的植物叶形态的变异格局以及对气候变化的响应程度仍缺乏系统的研究(Bayramzadeh et al., 2012)。栓皮栎在东亚地区分布广泛,横跨温带与亚热带地区。栓皮栎在对不同生态环境的长期适应过程中形成了不同遗传结构的地理种群(Chen et al., 2012)。因而,栓皮栎是在一个种的水平上研究植物叶片性状与环境因子关系的理想树种。本节主要以在东亚地区 44 个样点采集的栓皮栎新鲜成熟叶片为试验材料,通过分析栓皮栎种群叶形态性状与当地环境因子的关系,以揭示东亚地区栓皮栎叶形态性状变异规律及其与环境因子的关系;同时,结合同质园试验,系统探讨栓皮栎叶形态性状对环境变化的响应。

3.2.1 试验设计与分析方法

3.2.1.1 野外种群叶片样品采集

本试验在东亚地区共设置了 44 个野外天然次生栓皮栎林采样点,其中中国大陆 36 个采样点,中国台湾 4 个采样点,日本 1 个采样点,韩国 3 个采样点(见表 3-1)。在 2007 年至 2009 年 7—8 月进行叶片和土壤采样工作。在各野外样点,实施相同的取样及调查方法,以尽量减少取样过程中的误差。在每个样点选取生长良好的 5 株栓皮栎样树,采集叶片样品。在每株样树树冠上部 1/3 处的向阳部位选择 3～5 个枝条,采集枝条中部发育正常、无病虫害且完全展开的成熟叶片 15～20 片,分别放入自封袋中,然后装入含冰块的箱子运回实验室进行相关指标的测定。

野外各样地的气候数据,如年降水量(MAP, mm),年平均温度(MAT,℃),年平均每天日照时数(MDSH, h)及年平均月太阳辐射量(MMSR, MJ · m^{-2})来源于中国气象科学数据共享服务网(http://cdc.cma.gov.cn/home.do),地方气象站以及香港天文台网站。本试验中野外栓皮栎样地的气象数据均来自样点的实际气象资料或距离样地最近的区县气象信息。本试验中记录的野外各样地气候数据为当地过去30年气候数据的平均值(见表3-1)。

表3-1 东亚地区44个野外栓皮栎样地的地理及气候信息

采样点	缩写	北纬/(°)	东经/(°)	海拔/m	年降水量/mm	年平均温度/℃	年平均每天日照时数/h	年平均月太阳辐射量/(MJ·m^{-2})
台湾南投	NTT	24.09	121.03	756	2 600	19.2	6.07	360.38
台湾谷关	GGT	24.19	120.99	750	2 600	22.8	5.49	389.52
台湾桃山	TST	24.40	121.31	1 910	2 546	22.4	5.49	389.52
广西百色	BSG	24.43	105.93	696	1 100	21.8	4.73	377.77
台湾新竹	XZT	24.88	120.97	100	1 750	21.9	5.21	329.03
广东韶关	SGG	24.92	113.08	500	1 705	17.7	4.86	355.68
云南安宁	ANY	24.98	102.44	1 826	1 006	14.6	6.40	445.03
云南保山	BSY	25.12	99.15	1 821	1 527	15.1	5.72	459.06
福建德化	DHF	25.75	118.31	484	1 739	18.0	5.01	360.43
云南丽江	LJY	26.87	99.87	1 988	968	12.7	6.72	528.62
湖南怀化	HHH	27.51	110.11	455	1 239	16.5	4.11	298.21
福建南平	NPF	28.03	118.68	704	1 693	17.3	4.75	405.89
江西九江	JJJ	29.09	115.62	360	1 488	16.8	5.10	373.64
安徽黄山	HSA	29.61	117.54	459	1 702	15.6	4.96	372.63
四川甘孜	GZS	29.83	102.38	1 757	637	15.4	3.21	541.57
浙江大猫岛	DMZ	29.96	122.04	92	1 340	16.3	4.65	393.79
浙江盘峙	PZZ	29.98	122.07	84	1 442	16.3	4.65	393.79
浙江盐仓	YCZ	30.02	122.07	76	1 442	16.3	4.65	393.79
浙江杭州	HZZ	30.19	120.00	349	1 389	15.5	3.91	354.43
湖北宜昌	YCH	30.43	111.21	276	1 155	16.8	4.46	344.75
湖北黄冈	HGH	31.01	115.77	312	1 447	15.9	5.24	381.32
安徽六安	LAA	31.35	116.08	659	1 336	15.6	6.10	397.60
湖北襄樊	XFH	31.75	111.93	237	848	16.1	5.15	375.00
河南信阳	XYH	32.12	114.01	131	1 118	15.2	5.93	400.58
江苏句容	JRJ	32.13	119.20	160	1 056	15.2	5.41	397.80
安徽滁州	CZA	32.65	117.56	28	702	15.5	6.08	419.74

续 表

采样点	缩写	北纬/(°)	东经/(°)	海拔/m	年降水量/mm	年平均温度/℃	年平均每天日照时数/h	年平均月太阳辐射量/($MJ \cdot m^{-2}$)
陕西安康	AKS	32.66	109.03	370	799	15.7	4.52	345.03
陕西汉中	HZS	33.11	106.70	715	853	14.3	4.22	342.76
河南南阳	NYH	33.50	111.92	1 112	886	15.2	5.80	384.44
安徽宿州	SZA	34.02	117.06	117	848	14.7	6.50	438.20
河南三门峡	SMH	34.49	111.22	1 121	495	13.3	6.28	424.97
日本鸟取	TTJ	34.72	133.91	200	1 582	13.1	5.25	—
韩国光州	GJK	35.07	127.60	482	1 513	13.7	6.65	—
陕西延安	YAS	35.53	110.27	960	612	12.6	5.23	458.48
甘肃天水	TSG	35.54	105.11	1 028	550	12.9	5.54	418.35
韩国清州	CJK	36.86	128.07	335	1 173	11.2	5.98	—
河北邢台	XTH	37.09	113.83	801	604	11.7	7.00	457.70
山东烟台	YTS	37.29	121.75	223	984	11.9	6.82	427.35
韩国江原道	KGK	37.94	128.70	487	1 376	12.5	5.93	—
河北石家庄	SJH	38.69	113.81	1 145	616	10.7	7.00	487.73
辽宁大连	DLL	39.11	121.80	180	642	10.7	7.41	421.55
河北保定	BDH	39.48	115.48	516	574	11.9	6.51	440.94
辽宁庄河	ZHL	39.99	122.96	250	799	8.7	6.95	399.95
北京平谷	PGB	40.25	117.12	260	640	11.5	7.52	463.90

3.2.1.2 同质园试验

2008 年，将采自中国大陆地区 15 个不同种源地的栓皮栎种子，放入上海交通大学试验农场进行播种培养建立同质园（北纬 31 °12′，东经 121 °24′，海拔 4 m）。这 15 个不同栓皮栎种群的原种源地分别是云南安宁、江西九江、浙江杭州、安徽六安、湖北襄樊、江苏句容、安徽滁州、陕西安康、河南南阳、安徽宿州、河南三门峡、辽宁大连、河北保定、辽宁庄河、北京平谷。同质园设在位于栓皮栎分布区中部的上海地区，属北亚热带季风气候，有明显的季节更替，日照充分，湿润多雨。最冷月（一月）的平均气温为－5～－7 ℃，最热月（七月）的平均气温为 35～39 ℃。该地年降水量为 1 149.8 mm，年平均温度为 15.5 ℃。所以，对于北方种群的栓皮栎而言，同质园的气候条件与原产地相比更加温暖湿润；而对于南方种群的栓皮栎则更加寒冷干燥。在同质园中，采用完全随机区组试验设计，每个区组中地理种群的栓皮栎共约 30 株，5 次重复。

2010 年 8 月中旬，进行同质园的叶片样品采集工作。在每个种群的每个区组中选取 5 棵长势较好的苗木，在每株苗木的当年生枝条中部位置采集叶片样品。

3.2.1.3　叶形态性状的测定

每个样点选取 5 棵树，每棵树选取 5 片完全展开的健康叶片，用于叶形态性状的测定。用扫描仪扫描叶片后（Sack et al.，2006），利用叶片扫描的图片以及图片分析软件（WinFOLIA，Canada）进行叶面积、叶长、叶宽等叶形态性状的测定，叶柄长度用直尺直接测量。

叶片长与宽的比值代表叶片形状。野外采回的叶片，在实验室的 70 ℃烘箱中烘干 48 h 后测干重（Sack et al.，2006）。LMA 为叶片干重（mg）与叶面积（cm^2）的比值。

3.2.1.4　土壤元素含量测定

2009 年，在 44 个野外样地采集鲜叶样品的同时，在每个采样点，采用多点混合土壤采集方法，每隔 5 m 为一个样点，每份混合土样由 5 个样点组成，共采集 5 份混合土样（Kang et al.，2011）。在每个样点将表层枯落物清除干净，在 0～10 cm 土层处采集 250 g 土壤样品，装入自封袋中。土壤样品带回实验室后，将其风干、磨碎过 100 目网筛。一部分土壤称重后，采用 Finnigan MAT Delta V Advantage 和 Flash EA 1112 HT 元素分析仪（Thermo Finnigan，USA）进行总 C、N 含量的分析。

另一部分土壤样品在万分之一天平上称取 0.1 g 置于烧杯中，再加入约 20 mL 硝酸静置半小时，待样品与硝酸充分反应后放入 150～170 ℃高温消煮管中加热 3～4 小时，待样品上层出现澄清淡黄色，冷却后定容至 100 mL 容量瓶中，用于元素含量测定。土壤总 P、K、Ca、Mg 含量的测定在上海交通大学分析测试中心进行，测定仪器为电感耦合等离子体发射光谱仪（ICP，Iris Advantage 1000，美国热电公司）。

3.2.1.5　数据分析

栓皮栎叶形态性状的种群间以及种群内差异显著性分析采用单因素方差分析，野外与同质园种群的同一叶形态性状的差异显著性分析采用 t 检验（t 检验是用 t 分布理论来推断差异发生的概率，从而比较两个平均数的差异是否显著),叶形态性状的地理分布格局采用地理趋势面分析,叶形态性状与地理、气候等因子的关系采用线性回归分析。

3.2.2 叶形态性状主要特征和变异格局

3.2.2.1 叶形态性状的变异特点

野外和同质园中不同种群的栓皮栎叶形态性状均存在一定程度的变异。除叶柄长度外,同质园样地的栓皮栎其他叶片性状的变异都小于野外种群(见表3-2)。野外与同质园栓皮栎叶片LMA($p=0.42$)不存在显著差异,但其余的叶形态性状在野外与同质园之间都存在显著差异($p=0.001\sim0.05$)。

表3-2 野外和同质园中不同栓皮栎种群叶形态性状变异特点

性状	野外					同质园				
	平均值	最小值	最大值	SE	CV/%	平均值	最小值	最大值	SE	CV/%
长度/cm	15.94	12.28	19.25	0.27	11	13.17	12.13	13.96	0.15	4
宽度/cm	5.07	3.91	6.04	0.07	10	3.95	3.71	4.32	0.05	5
长宽比	3.17	2.61	3.75	0.05	10	3.33	2.84	3.62	0.05	6
叶柄长/cm	2.74	1.24	3.78	0.09	22	0.46	0.34	0.66	0.03	23
叶比重/($mg\cdot cm^{-2}$)	12.06	7.93	15.45	0.25	14	12.46	10.59	16.80	0.44	14
叶面积/cm^2	50.09	33.46	68.51	1.30	17	34.60	29.95	38.96	0.70	8

在野外44个不同种群的叶形态性状中变异最大的是叶柄长度,叶柄长度最大的样地为云南保山(3.78 cm),最小的样地为韩国清州(1.24 cm),变异系数(the coefficient of variation, CV)为22 %;变异最小的性状是叶片宽度以及长宽比值,变异幅度分别为3.91~6.04 cm及2.61~3.75,变异系数为10 %。在同质园15个不同地理种群的叶形态性状中变异最大的也是叶柄长度,叶柄长度最长的种源地为湖北襄樊(0.66 cm),最短的种源地为安徽宿州(0.34 cm),不同种群间的变异系数为23 %;变异最小的是叶片长度,变异幅度为12.13~13.96 cm,变异系数为4 %。野外种群的叶长、LMA及叶面积变异系数在11 %至17 %之间;同质园样地的叶长、LMA及叶面积变异系数在4 %至14 %之间(见表3-2)。

单因素方差分析结果表明，野外44个栓皮栎地理种群间的叶长、叶宽、叶长宽比值、叶柄长、LMA、叶面积均存在极显著差异（$p<0.001$）。同质园中不同地理种群的栓皮栎叶宽、叶长宽比值、叶柄长及LMA均存在极显著差异（$p=0.004\sim0.007$），而叶长（$p=0.160$）与叶面积（$p=0.105$）无显著差异。

3.2.2.2　叶形态性状的空间变异格局

野外栓皮栎种群的叶片长宽比值与样地纬度呈显著负相关（$r^2=0.134$，$p=0.015$），随着纬度升高，栓皮栎叶片长宽比值逐渐变小（见图3-1）。野外栓皮栎种群的其余叶形态性状与纬度均不相关（$p=0.256\sim0.748$）。同质园中不同地理种群的栓皮栎叶形态性状与原产地纬度间无显著相关性（$p=0.142\sim0.814$）。

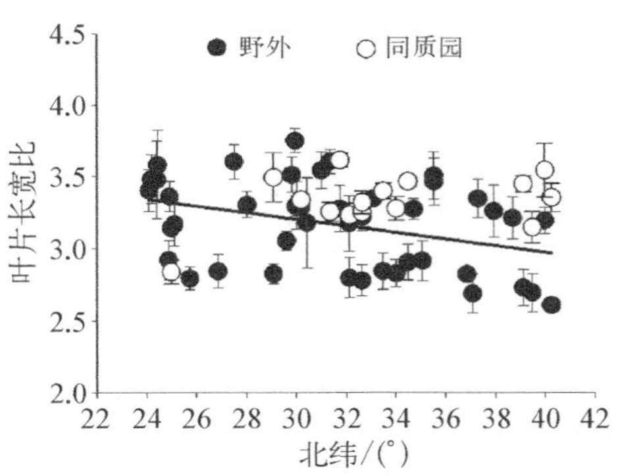

图3-1　野外和同质园中不同栓皮栎种群叶片长宽比值与样地纬度的关系

野外栓皮栎种群的叶长（$r^2=0.132$，$p=0.016$）、叶宽（$r^2=0.109$，$p=0.028$）与样地经度呈显著负相关，叶柄长与样地经度呈极显著负相关（$r^2=0.289$，$p<0.001$）（见图3-2）。野外栓皮栎种群的叶面积与样地经度在临界水平上负相关（$r^2=0.085$，$p=0.054$），而叶片长宽比值、LMA与样地经度不相关（$p=0.201\sim0.565$）。同质园中栓皮栎叶形态性状与原产地经度均无相关性（$p=0.081\sim0.949$）。

此外，野外种群及同质园中不同种群的栓皮栎叶形态性状与样地海拔高度不相关（$p=0.060\sim0.865$）。

在本试验中，所选取的东亚地区44个样地的地理因子与气候因子之间存在很强的相关性，其中与气候因子关系最密切的地理因子为纬度。随着样地纬度增加，样地年降水量（$r^2=0.47$，$p<0.001$）及年平均温度（$r^2=0.73$，$p<0.001$）显著降低，而年平均每天日照时数（$r^2=0.25$，$p=0.001$）与年平均月太阳辐射量（$r^2=0.11$，$p=0.03$）显著增加（见表3-3）。总体而言，本试验所采集栓皮栎样品的东亚地区样地，由南向北年降水量与年平均温度逐渐降低，而年平均每天日照时数与年平均月太阳辐射量逐渐增大，反映了在纬度梯度上不同样地水热状况存在明显的空间差异。

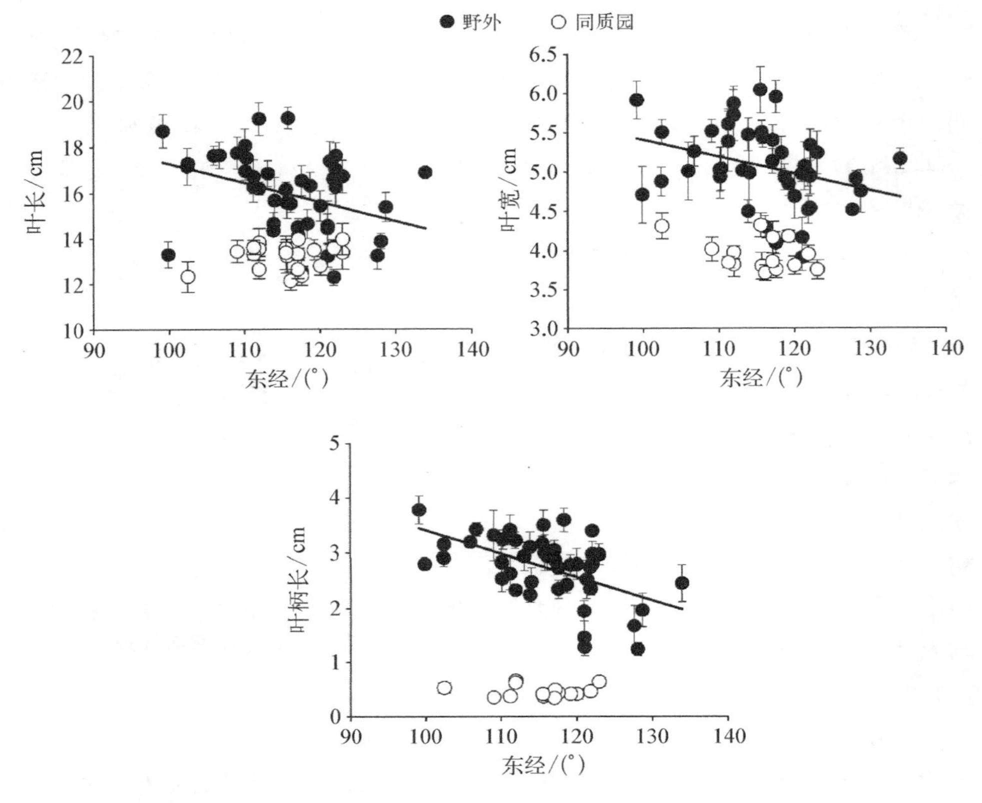

图 3-2　野外和同质园中不同栓皮栎种群叶形态性状与样地经度的关系

表 3-3　野外栓皮栎种群地理因子与气候因子的相关性分析

	纬度	经度	海拔	年降水量	年平均温度	年平均每天日照时数	年平均月太阳辐射量
纬度	1	0.303*	−0.311*	−0.683**	−0.854**	0.501**	0.338*
经度		1	−0.616**	0.371*	−0.050	0.182	−0.359*
海拔			1	0.019	0.050	0.080	0.527**
年降水量				1	0.719**	−0.227	−0.449**
年平均温度					1	−0.497**	−0.511**
年平均每天日照时数						1	0.442**
年平均月太阳辐射量							1

注：* 指 0.05 水平上显著相关，* * 指 0.01 水平上显著相关。

在东亚地区，野外 44 个样地经度与样地年降水量显著正相关($r^2=0.14$，$p=0.01$)，与样地海拔及年平均月太阳辐射量显著负相关($r^2=0.13$，$p=0.02$)，而与年平均温度不相关($p=0.745$)(见表 3-3)。这说明在本试验的东亚地区样地中，由西向东年降水量逐渐增大，而年平均月太阳辐射量逐渐减少，表明在经度梯度上同样存在着水分与热能的变化。

不同的海拔高度对年平均月太阳辐射量的影响达到极显著水平，随着样地海拔高度的升高，样地年平均月太阳辐射量显著增加($r^2=0.28$，$p<0.001$)，但海拔高度对样地年平均温度、年平均降水量及年平均每天日照时数的影响并不显著($r^2=0.000\,4\sim0.006$，$p=0.61\sim0.90$)(见表 3-3)。

3.2.3 环境因子对叶形态性状的影响

3.2.3.1 叶形态性状与气候因子的相关性

野外栓皮栎种群叶片宽度($r^2=0.203$，$p=0.002$)、叶柄长度($r^2=0.151$，$p=0.009$)及叶面积($r^2=0.154$，$p=0.008$)与样地年降水量均呈显著负相关关系，随着样地降水量的增加，叶片宽度、叶柄长度及叶面积均逐渐变小[见图 3-3(a)(c)(d)]。野外的栓皮栎叶片长宽比值与当地降水量显著正相关($r^2=0.101$，$p=0.035$)，叶片长宽比值随降水量的增加而逐渐增大[见图 3-3(b)]。图 3-3 中的圆形区域所示为野外种群中年平均降水量显著高于其他 41 个样地的 3 个样地，分别是台湾桃山、台湾南投与台湾谷关，年平均降水量分别为 2 546 mm、2 600 mm 和 2 600 mm。当相关性分析中去除这 3 个特殊样点时，叶形态性状与年平均降水量的相关性也随之发生了本质变化。线性相关分析表明，野外 41 个样地(不包含台湾桃山、台湾南投及台湾谷关)的叶片宽度、叶柄长度、叶片长宽比值及叶面积与样地年平均降水量均无显著相关性($p=0.070\sim0.511$)。因此，降水量对栓皮栎叶形态性状的影响可能还需增设不同降水量的样点来进行验证。

野外栓皮栎的叶长、LMA 及同质园中栓皮栎的叶形态性状均与年平均降水量不相关($p=0.094\sim0.813$)。叶片 LMA 与最大光合速率、叶片呼吸速率关系密切(Takahashi and Miyajima, 2008; Guo et al., 2013)，是物种特异性性状。Guo 等也发现叶片 LMA 不受水分状况影响(Guo et al., 2013)，这与本研究结果相似。

野外栓皮栎种群叶片长宽比值与样地年平均温度显著正相关($r^2=0.135$，$p=0.014$)，随着样地年平均温度的升高，叶片长宽比值逐渐变大；同质园中不

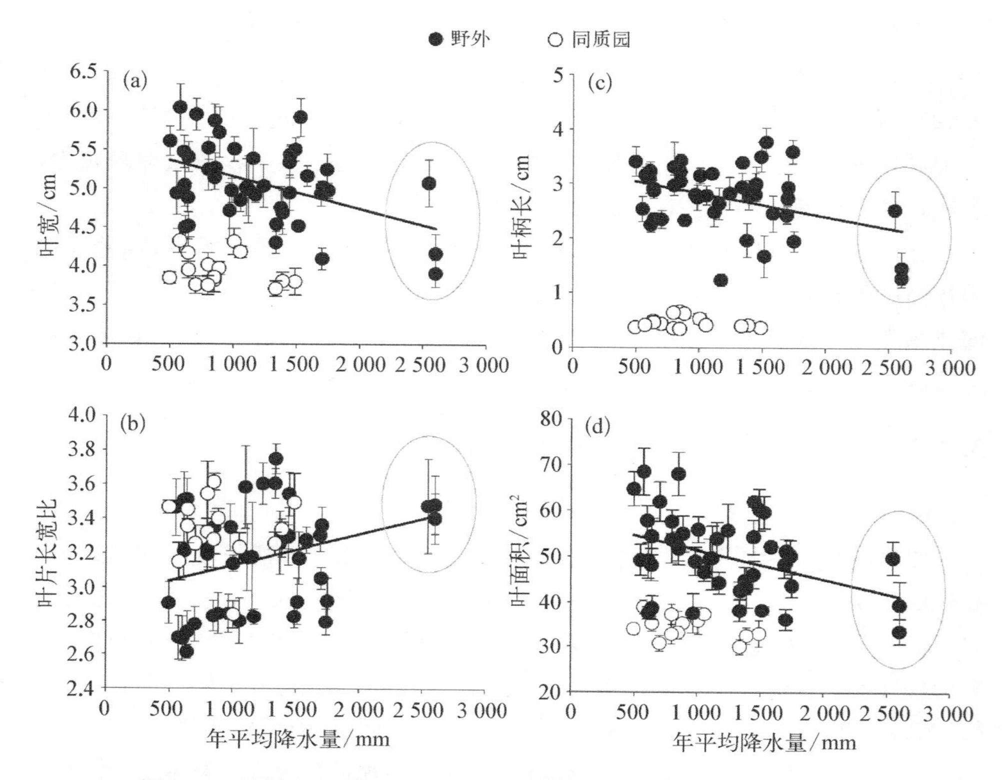

图 3-3　野外和同质园中不同栓皮栎种群叶形态性状与降水量的关系

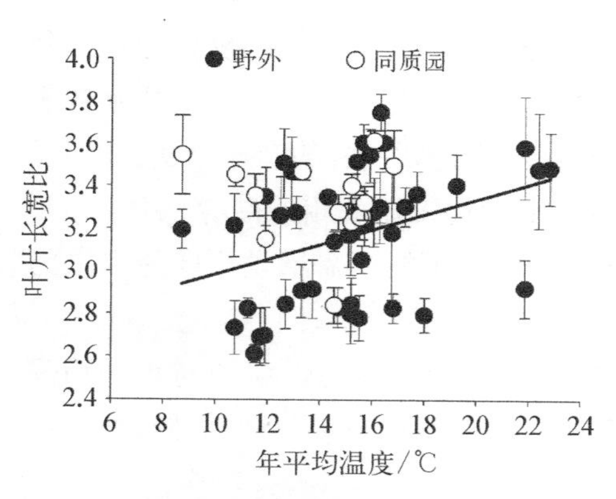

图 3-4　野外和同质园中不同栓皮栎种群的叶片长宽比值与温度的关系

同种群栓皮栎的叶片长宽比值与种源地年平均温度不相关($p=0.616$)(见图 3-4)。野外种群及同质园中不同种群的栓皮栎叶长、叶宽、叶柄长、LMA 及叶面积与样地年平均温度均不相关($p=0.171\sim0.976$)。植物叶片对温度的反应可能具有物种特异性，美国红枫(*A. rubrum*)叶形状对温度敏感(Royer, 2012)，而加州黑栎(*Q. kelloggii*)叶片形状对温度不敏感(Royer et al., 2008)。本研究中叶片长宽比值与温度显著正相关，即温度越高的地区，栓皮栎叶片形状相对越狭窄。本试验中，东南部地区年平均温度较高，植物叶片蒸腾需求量相对较大。在较窄的叶片中，叶脉系统支撑叶片及运输水分的能力更强(Jacobs，1999)。此外，较窄的叶片有利于叶片在干旱炎热的环境中散热，从而降低叶温(Yates et al.，2010)。这表明栓皮栎叶片长宽比值随温度增高而增大，这可能与高温地区植物生长所需的较高蒸腾量及较低叶片温度相关。

野外栓皮栎的叶长($r^2=0.207$，$p=0.002$)及叶片长宽比值($r^2=0.278$，$p<0.001$)与样地日照时数呈极显著负相关，随着样地平均日照时数的增加，栓皮栎叶长及叶片长宽比值逐渐减小(见图 3-5)。野外栓皮栎种群其他叶形态性状与日照时数不相关($p=0.137\sim0.925$)。同质园中不同种群栓皮栎叶片的叶形态性状与种源地日照时数无显著相关性($p=0.410\sim0.805$)。另外，本研究发现，野外种群及同质园中栓皮栎叶形态性状与样地太阳辐射强度均不相关($p=0.091\sim0.956$)。叶形态与生理功能密切相关，并受多种相互作用的环境因子控制(Hovenden and Vander Schoor，2012)。遮阴可以减小叶片的长度(Guo et al.，2013)。在低光强下，较大的叶片水分利用效率较高，而在强光照下，较小的叶片水分利用效率高。陈玮玮等研究表明，缩短光照时间使苜蓿(*Medicago sativa*)叶片的叶长宽比值增加(陈玮玮等，2010)，这与本研究结果一致。栓皮栎叶片长度及形状与样地年平均每天日照时数呈极显著负相关，并且多元回归分析表明，样地平均日照时数是影响栓皮栎叶片长度及长宽比值的最重要的环境因子。由于野外试验的局限性，本研究未考查样地光照强度对栓皮栎叶形态的影响，以及光照时数与光照强度或其他环境因子间是否存在相互作用也有待于在今后的研究中进行深入探讨。

此外，本研究通过同质园试验观测不同地理种群的栓皮栎幼苗对环境变化

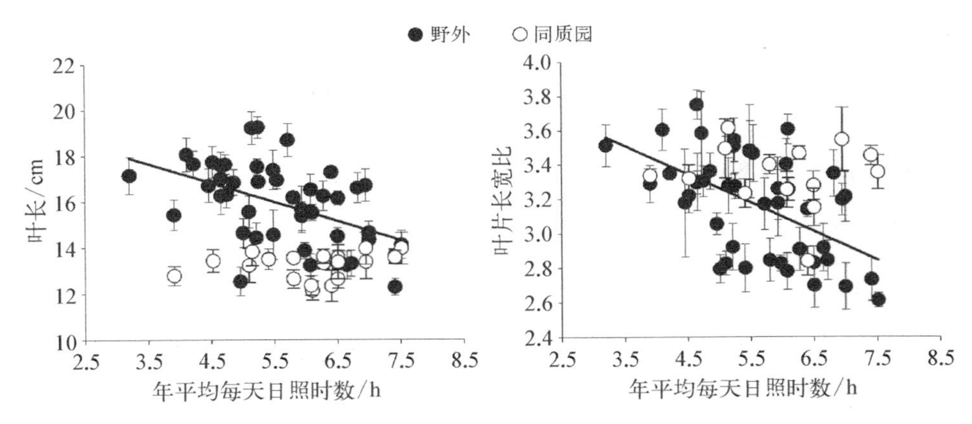

图 3-5　野外和同质园中不同栓皮栎种群的叶长及叶片长宽比值与日照时数的关系

的反应。研究发现，不同地理种群的栓皮栎幼苗在同质园中生长两年后，种群间的叶形态性状变异均不同程度地减小，而且叶片长度与叶面积在不同种群间无显著差异。同质园中不同地理种群的栓皮栎幼苗叶形态性状与种源地环境因子均不相关。这表明栓皮栎幼苗的叶形态性状具有较高的表型可塑性，同质园中一致的生长环境减小了野外种群中由于不同环境造成的叶形态性状差异。表型可塑性决定了植物对短期气候变化的生态反应，当一个物种分布的范围内的环境发生变化时，性状的表型可塑性可以提高植物对环境的耐受力（Gratani et al.，2012）。在某些情况下，表型可塑性甚至可以直接缓冲气候变化对植物的影响（Theurillat et al.，2001）。将来源于不同环境的植物置于同质园中生长，这是决定叶形态及生理性状的可遗传性的有效方法（Hovenden et al.，2004）。如果同一物种的某性状在野外变异极大，但是在同质园中不变，通常可认为野外观测到的变异是由环境差异引起的（Hovenden et al.，2004）。例如，假山毛榉的叶片长度随着海拔增加而减小（Jordan and Hill，1994；Hovenden et al.，2004），而这个变化趋势在同质园试验中消失了，说明叶片长度对海拔高度有反应（Hovenden et al.，2004）。Hovenden 等通过同质园试验证明随着海拔增加，叶片长度下降趋势是由环境而不是基因控制的（Hovenden et al.，2004）。本研究结果表明，栓皮栎叶形态性状具有高度的环境可塑性，野外种群中栓皮栎叶形态性状的变异是由样地间不同环境引起的，并且这种由环境导致的栓皮栎的叶形态性状特别是叶片长度与叶面积变异的可遗传性很弱。

3.2.3.2 叶形态性状与土壤元素含量的相关性

野外栓皮栎的叶长与土壤 K 含量呈显著负相关（$r^2=0.131$，$p=0.033$），叶片长宽比值与土壤 K 含量呈极显著负相关（$r^2=0.235$，$p=0.003$）（见图 3-6）。野外栓皮栎种群的其他叶形态性状与土壤中其他元素（C，N，P，Ca，Mg）含量均不相关（$p=0.163$～0.947）。K 是植物细胞中最丰富的离子（Santiago et al.，2012），对细胞生长及生物化学途径（包括渗透调节、光合作用、氧化磷酸化作用和蛋白质激活等）都具有重要作用（Santiago et al.，2007）。徐艳丽等的研究则表明钾肥的施用对高羊茅（*Festuca arundinaces* Schreb.）叶长没有显著影响（徐艳丽等，2007）。而本研究表明，东亚地区栓皮栎叶片长度及叶片长宽比值与土壤 K 含量负相关（$p=0.003$～0.033），但 K 对叶片形状的影响机理尚不清楚。

3.2.3.3 叶片长宽比值与影响因子的多元回归分析

通过逐步回归法，以野外栓皮栎种群的叶片长宽比值为因变量，样地环境因子及土壤元素含量等为自变量，建立东亚地区野外栓皮栎叶片长宽比值与其影

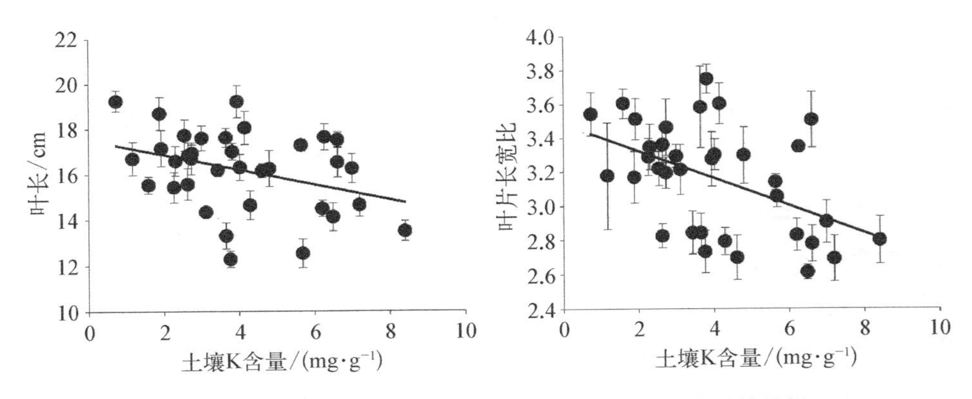

图 3-6 不同栓皮栎种群的叶形态性状与土壤 K 含量的关系

响因子的多元线性回归模型，并分析影响因子对东亚地区栓皮栎叶片长宽比值的贡献大小。回归模型为

$$Y = 4.178 - 0.141X_1 - 0.059X_2 \quad \text{（式 3-1）}$$

式中，Y 为野外种群叶片长宽比值；X_1 为年平均每天日照时数；X_2 为土壤 K 含量。

该回归方程的 $r^2 = 0.450$，显著性水平 $p < 0.001$。

根据表 3-4 中共线性统计量的值，可见回归方程的共线性诊断指标均处于正常范围内，说明该回归方程所包含的自变量之间的共线性不显著。

表 3-4 野外栓皮栎叶片长宽比值多元线性回归方程系数表

模　型	非标准化系数	标准系数	p	共线性统计量	
				容　差	方差膨胀系数
常　量	4.178	—	0.000	—	—
年平均每天日照时数	−0.141	−0.481	0.001	0.928	1.078
K 含量	−0.059	−0.356	0.013	0.928	1.078

由表 3-4 可知，东亚地区野外种群中对栓皮栎叶片长宽比值的主要影响因子为年平均每天日照时数与土壤 K 含量。东亚地区栓皮栎叶片长宽比值与样地年平均每天日照时数及土壤 K 含量显著负相关，随样地日照时数及土壤 K 含量的增大而减小。在年平均每天日照时数与土壤 K 含量这两个影响因子中，年平均每天日照时数对栓皮栎叶片长宽比值的影响更大。

3.3 叶脉性状空间变异格局及其对环境变化的响应

植物叶片中的叶脉(vein)在植物的机械支撑、水分及养分运输、信号传导等方面发挥着极其重要的作用。同时,叶脉与光合和蒸腾两大生理过程也有着密切联系。叶脉密度(单位叶面积的叶脉长度)影响叶片的水分运输、碳同化速率及产量(Boyce, 2009)。不同陆生植物叶片的叶脉在大小及数量上存在很大差异(Wilf et al., 1998)。在不同植物种类中叶脉密度的变异范围为1.7～25.0 mm·mm^{-2},变异幅度可超过10倍(Price and Enquist, 2007)。被子植物在长期进化过程中,其叶脉密度增加使最大碳同化速率增加了大约5倍,高叶脉密度优势使被子植物在植物界占据着统治地位(Boyce et al., 2009)。光合途径不同的植物叶脉密度之间也存在明显差异。在具有不同光合途径的16种黄顶菊属(*Flaveria*)植物中,C_3植物叶脉密度最小,C_4或类C_4植物叶脉密度最大,C_3-C_4中间植物叶脉密度介于中间(McKown et al., 2007)。一般而言,叶脉密度在种间和种内均可能存在较高的变异(Roth-Nebelsick et al., 2001; Boyce et al., 2009; Dunbar-Co et al., 2009)。在同一植株水平上,叶脉密度随着叶片在冠层的着生点高度的升高而增大。在同一栓皮栎叶片中,叶片顶部、基部、叶片边缘和叶端的叶脉密度高,而在靠近主脉的地方,叶脉密度最低(Zwieniecki et al., 2004)。

植物叶片的叶脉密度受多种环境因子影响。Uhl和Mosbrugger研究认为,大气CO_2浓度对叶脉密度没有影响(Uhl et al., 1999)。光照影响植物叶片的叶脉密度,遮阴的叶片叶脉密度要小于阳光照射下的叶片叶脉密度。干旱条件下,植物叶脉密度增加,同时常常具有更高的自由叶脉末端密度(Roth-Nebelsick et al., 2001)。叶片水势和叶脉密度呈负相关,降低土壤的有效水分和空气湿度可以提高叶脉密度,从而有利于在干旱环境中降低叶片自身的水势。Boyce等对银杏的研究表明,冠层顶部的叶脉自由末端总数平均为129.1,冠层底部为156.9,它们之间存在显著差异,这表明冠层顶部受到更多的水分胁迫,使叶片的分生组织较早地停止继续产生叶脉(Boyce et al., 2009)。然而,热带雨林中的植物处于湿度很大的环境中,却比落叶森林中植物叶脉密度更高。植物叶片的叶脉密度可能是所有环境因子共同作用的结果(Roth-Nebelsick et al., 2001),但不同环境因子如何在大区域尺度上影响叶脉密度仍不完全清楚。

叶脉密度与叶面积之间的关系一直存在很大争议。Boyce 等研究表明，银杏树冠层顶部和底部叶脉密度存在显著差异是由于顶部叶片有更小的叶面积(Boyce et al.，2009)。而黄顶菊属植物叶脉密度的增加同时伴随着叶面积及叶脉间距的减少(McKown and Dengler，2007)。也有研究表明，叶脉密度与叶面积间的关系是物种特异性，如蒙皮利埃槭(*A. monspessulanum*)的叶脉密度随着叶片大小的增加而减小，而在岩生栎(*Q. petraea*)中则表现为无相关性(Uhl and Mosbrugger，1999)。因而，在研究叶脉密度与气候因子的关系时，也需要考虑到其他叶片功能性状对叶脉密度的影响(Uhl and Mosbrugger，1999)。

本试验以东亚地区 44 个样地采集的栓皮栎新鲜叶片样品为试验材料，通过分析各样地叶脉特性与当地环境因子间的关系，揭示东亚地区栓皮栎叶脉特性的地理分布格局及其环境驱动因子。同时，通过研究同质园中 15 个不同地理种群的两年生栓皮栎幼苗的叶片叶脉密度与种源地环境因子的相关性，探讨了栓皮栎叶片的叶脉密度对环境因子变化的响应。同时，为了更全面地了解叶脉性状与环境因子之间的关系，本试验对叶脉密度与叶形态及土壤营养元素的关系也做了初步研究。

3.3.1 叶脉性状的测定方法

栓皮栎叶片的叶脉类型为羽状网脉，从叶片基部到叶片顶端有一条中脉(一级叶脉，1°叶脉)，从中脉的两侧分枝出许多平行的二级叶脉(2°叶脉)(Sack et al.，2003a)，从二级叶脉再分枝出的叶脉称为三级叶脉(3°叶脉)。本试验中，1°叶脉和 2°叶脉被统称为主脉，代表了较低级别的叶脉(Roth-Nebelsick et al.，2001)。由于栓皮栎叶片的三级叶脉与更高级别的叶脉(如四级叶脉、五级叶脉等)在显微镜下也不能被很好地区分开，所以在本试验中的细脉是指三级叶脉与更高级别叶脉的总称(Zhu et al.，2012)。

叶脉密度($mm \cdot mm^{-2}$)指单位叶面积(mm^2)所有叶脉的总长度(mm)。在野外每个样地选取 5 棵树，每棵树选取 5 片完全展开的健康叶片，对未经脱色的叶片进行叶脉密度测定 (Sack et al.，2003a)。一级叶脉密度的测定区域为整张叶片，二级叶脉密度测定区域为右半侧叶片。在靠近中脉的叶片右侧中部选取 1 cm^2 区域，轻轻刮去表皮毛，然后在与电脑相连的 50 倍显微镜下(LEICA DM 2500)进行叶片细脉密度的观测，每个区域拍摄 5 张细脉图片(Brodribb et al.，2010)，视野面积为 3.84 mm^2。每棵树共拍摄 25 张叶脉细脉图片，每个样地拍摄125张图片。视野中的叶脉长度用Image J软件进行测定(Image J, http://rsb.info.nih.gov/ij/docs/install/ index.html)。

3.3.2 叶脉性状的主要特征和变异格局

3.3.2.1 叶脉性状的主要特征

野外与同质园中不同种群的栓皮栎叶形态及叶脉性状都存在一定程度的变异。除叶柄长度外,同质园中栓皮栎的其他叶形态性状变异都小于野外种群(见表3-2)。野外与同质园栓皮栎叶片细脉密度($p=0.39$)、二级叶脉数($p=0.13$)及LMA($p=0.42$)不存在显著差异,但其余叶形态性状及叶脉性状在野外与同质园之间都存在显著差异($p=0.001\sim0.05$)。

野外栓皮栎的叶脉性状中,细脉密度变异最大,野外种群中细脉密度最大的样地为台湾南投(6.42 mm·mm^{-2}),最小的样地为河北保定(4.39 mm·mm^{-2}),变异系数为11 %;其次为二级叶脉密度与一级叶脉密度,变异系数为10 %;变异最小的是左侧与右侧的二级叶脉数量,变异系数为8 %。同质园不同种群栓皮栎的叶脉性状中,变异最大的也是细脉密度,同质园中栓皮栎叶片细脉密度最大的种群为云南安宁(6.23 mm·mm^{-2}),细脉密度最小的种群为北京平谷(4.38 mm·mm^{-2}),变异系数为10 %;其次为二级与一级叶脉密度,变异系数为6 %;变异最小的是左侧及右侧的二级叶脉数,变异系数为5 %(见表3-5)。

表3-5 野外与同质园中栓皮栎不同种群的叶脉性状变异特征

性状	野外					同质园				
	平均值	最小值	最大值	SE	CV/%	平均值	最小值	最大值	SE	CV/%
左侧的二级叶脉数/个	17.35	13.12	20.36	0.21	8	17.93	16.16	19.15	0.21	5
右侧的二级叶脉数/个	17.40	13.52	20.32	0.20	8	17.97	16.40	19.60	0.23	5
一级叶脉密度/(mm·mm^{-2})	0.029	0.023	0.037	0.00	10	0.039	0.036	0.042	0.00	6
二级叶脉密度/(mm·mm^{-2})	0.15	0.12	0.19	0.00	10	0.16	0.14	0.17	0.00	6
细脉密度/(mm·mm^{-2})	5.44	4.39	6.42	0.09	11	5.29	4.38	6.23	0.13	10

方差分析表明(见表 3-6 至表 3-10),栓皮栎叶片各级叶脉密度及二级叶脉数在野外 44 个不同样地间存在极显著差异($p<0.001$)。同质园中 15 个不同地理种群的各级叶脉密度存在极显著差异(见表 3-6 至表 3-8;$p=0.001\sim0.007$),但左右侧二级叶脉数不存在显著差异(见表 3-9、表 3-10;$p=0.08$)。

表 3-6 野外与同质园中栓皮栎不同种群的叶片细脉密度方差分析

变异来源	野外					同质园				
	平方和	df	均方	F	p	平方和	df	均方	F	p
组间	74.240	43	1.727	18.637**	<0.001	18.347	14	1.310	39.878**	<0.001
组内	16.026	173	0.093			1.906	58	0.033		
总变异	90.266	216				20.253	72			

表 3-7 野外与同质园中栓皮栎不同种群的叶片二级叶脉密度方差分析

变异来源	野外					同质园				
	平方和	df	均方	F	p	平方和	df	均方	F	p
组间	0.049	43	0.001	4.243**	<0.001	0.006	14	0.000	2.583**	0.006
组内	0.046	173	0.000			0.010	58	0.000		
总变异	0.095	216				0.016	72			

表 3-8 野外与同质园中栓皮栎不同种群的叶片一级叶脉密度方差分析

变异来源	野外					同质园				
	平方和	df	均方	F	p	平方和	df	均方	F	p
组间	0.003	43	0.000	3.098**	<0.001	0.000	14	0.000	2.544**	0.007
组内	0.003	173	0.000			0.000	58	0.000		
总变异	0.006	216				0.001	72			

表 3-9　野外与同质园中栓皮栎不同种群的叶片左侧二级叶脉数方差分析

变异来源	野外					同质园				
	平方和	df	均方	F	p	平方和	df	均方	F	p
组间	407.160	43	9.469	4.228**	<0.001	45.314	14	3.237	1.686	0.084
组内	387.467	173	2.240			111.373	58	1.920		
总变异	794.627	216				156.687	72			

表 3-10　野外与同质园中栓皮栎不同种群的叶片右侧二级叶脉数方差分析

变异来源	野外					同质园				
	平方和	df	均方	F	p	平方和	df	均方	F	p
组间	398.115	43	9.258	3.743**	<0.001	46.053	14	3.289	1.658	0.081
组内	427.867	173	2.473			115.057	58	1.984		
总变异	825.982	216				169.471	72			

3.3.2.2　叶片细脉密度的空间变异格局

如图 3-7 所示，野外及同质园中不同栓皮栎种群的叶片细脉密度与种源地纬度均呈极显著负相关，随着纬度升高，叶片细脉密度逐渐降低（野外 $r^2=0.63$，$p<0.001$；同质园 $r^2=0.63$，$p<0.001$）。野外种群的二级叶脉密度与纬度呈显著负相关（$r^2=0.11$，$p=0.03$），同质园中不同种群栓皮栎叶片二级叶脉密度与种源地纬度呈极显著负相关（$r^2=0.47$，$p=0.005$）。野外及同质园中样地的栓皮栎叶片一级叶脉密度与种源地纬度无显著相关性（$r^2=0.001$～0.06，$p=0.12$～0.97）。

野外栓皮栎种群的叶片细脉密度与样地经度无显著相关性（$r^2=0.05$，$p=0.15$），同质园中不同种群的叶片细脉密度与种源地经度呈显著负相关（$r^2=0.26$，$p=0.05$）。野外栓皮栎种群叶片一级叶脉密度与样地经度呈显著正相关（$r^2=0.09$，$p=0.05$）。其余叶脉性状与经度均无显著相关性（$r^2=0.0004$～0.19，$p=0.10$～0.94）。野外及同质园中样地的叶脉性状与种源地海拔高度也无显著相关性（$r^2=0.002$～0.16，$p=0.08$～0.79）。

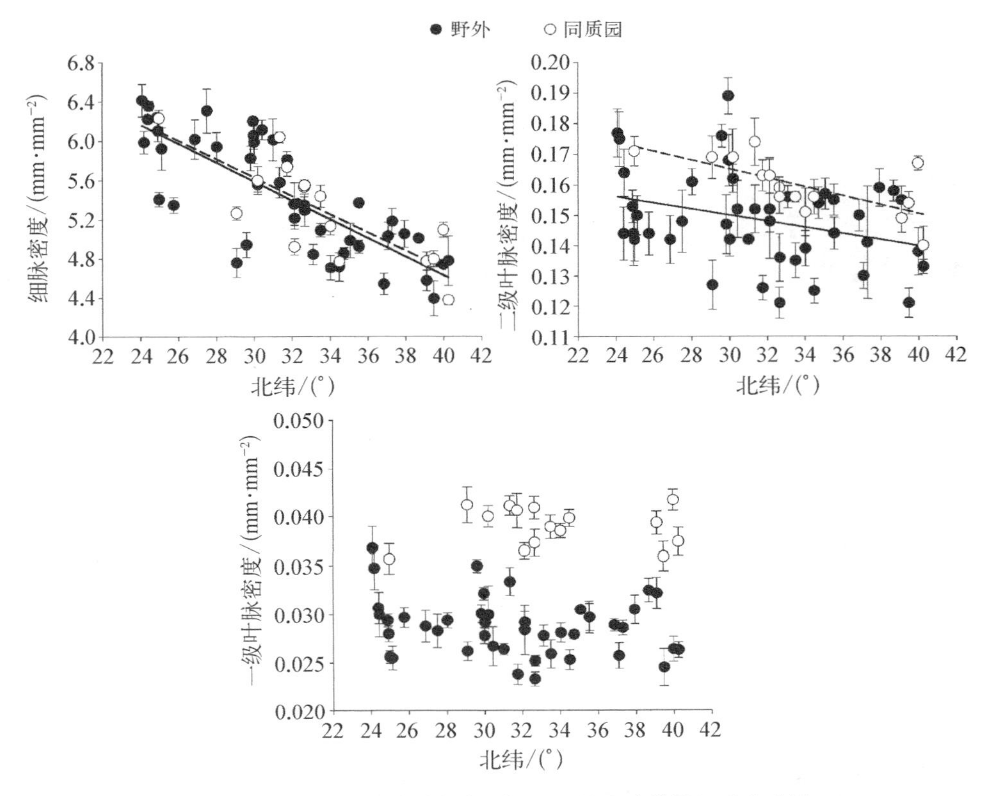

图 3-7 野外和同质园中栓皮栎不同种群叶片的细脉密度及叶脉密度与样地纬度的关系

3.3.3 环境因子对叶脉性状的影响

3.3.3.1 叶脉密度与气候因子的相关性

如图 3-8 所示，野外栓皮栎种群的叶片细脉密度与年平均降水量呈极显著正相关，随着样地年平均降水量增多，叶片细脉密度逐渐增大($r^2=0.30$，$p<0.001$)；同质园中不同种群栓皮栎叶片细脉密度与种源地年平均降水量呈显著正相关($r^2=0.29$，$p=0.04$)，随着种源地降水量增大，叶片细脉密度也逐渐增大。野外及同质园中样地的栓皮栎叶片二级叶脉密度均与年平均降水量呈极显著正相关(野外 $r^2=0.28$，$p<0.001$；同质园 $r^2=0.55$，$p=0.002$)。野外栓皮栎种群的叶片一级叶脉密度与年平均降水量呈极显著正相关($r^2=0.29$，$p<0.001$)，而同质园中不同种群的栓皮栎叶片一级叶脉密度与年平均降水量不存在显著相关性($r^2=0.08$，$p=0.30$)。

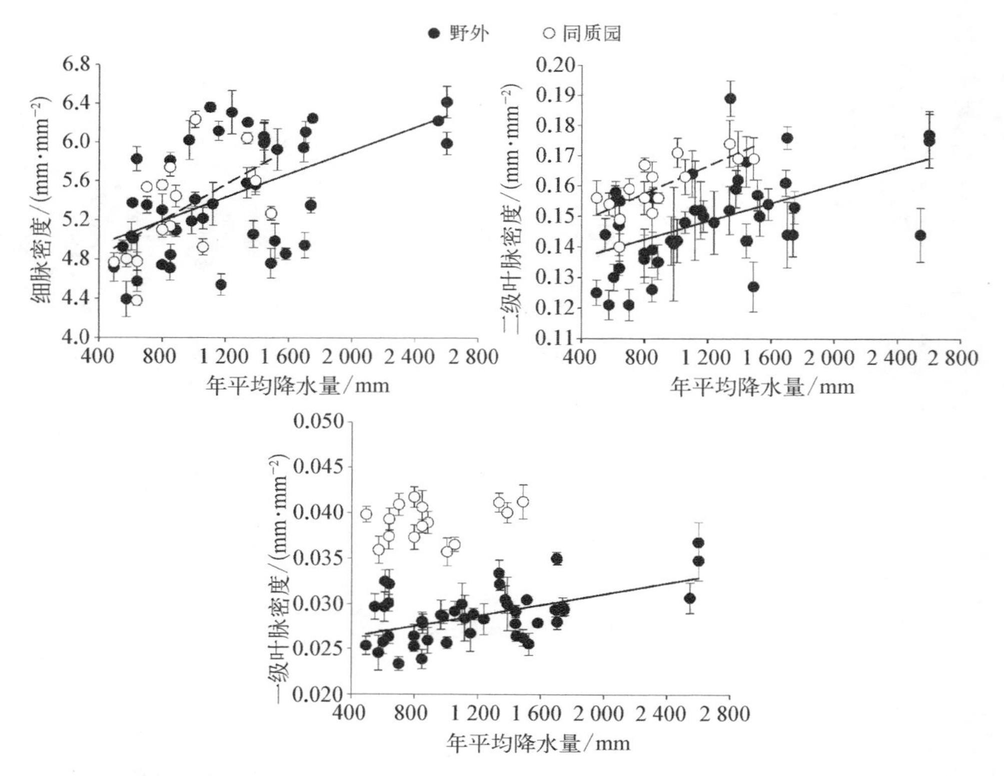

图 3-8　野外和同质园中栓皮栎不同种群叶片的细脉密度及叶脉密度与降水量的关系

野外栓皮栎种群的叶片细脉密度与样地年平均温度呈极显著正相关，随着样地年平均温度的升高，叶片细脉密度逐渐变大($r^2=0.53$，$p<0.001$)；同质园中不同种群的栓皮栎叶片细脉密度与种源地年平均温度呈显著正相关，随着种源地年平均温度升高，同质园中叶片细脉密度逐渐变大($r^2=0.35$，$p=0.02$)[见图 3-9(a)]。野外栓皮栎种群的叶片二级叶脉密度与年平均温度呈显著正相关($r^2=0.10$，$p=0.03$)，但同质园中二级叶脉密度与年平均温度不存在显著相关性($r^2=0.16$，$p=0.14$)[见图 3-9(b)]。野外与同质园中的栓皮栎叶片一级叶脉密度与样地温度均无显著相关性(野外 $r^2=0.08$，$p=0.06$；同质园 $r^2=0.003$，$p=0.84$)。

野外栓皮栎叶片细脉密度与样地年平均每天日照时数呈极显著负相关，随着样地平均日照时数增加，栓皮栎叶片细脉密度逐渐减小($r^2=0.24$，$p=0.001$)；同质园中不同种群的栓皮栎叶片细脉密度与种源地年平均每天日照时

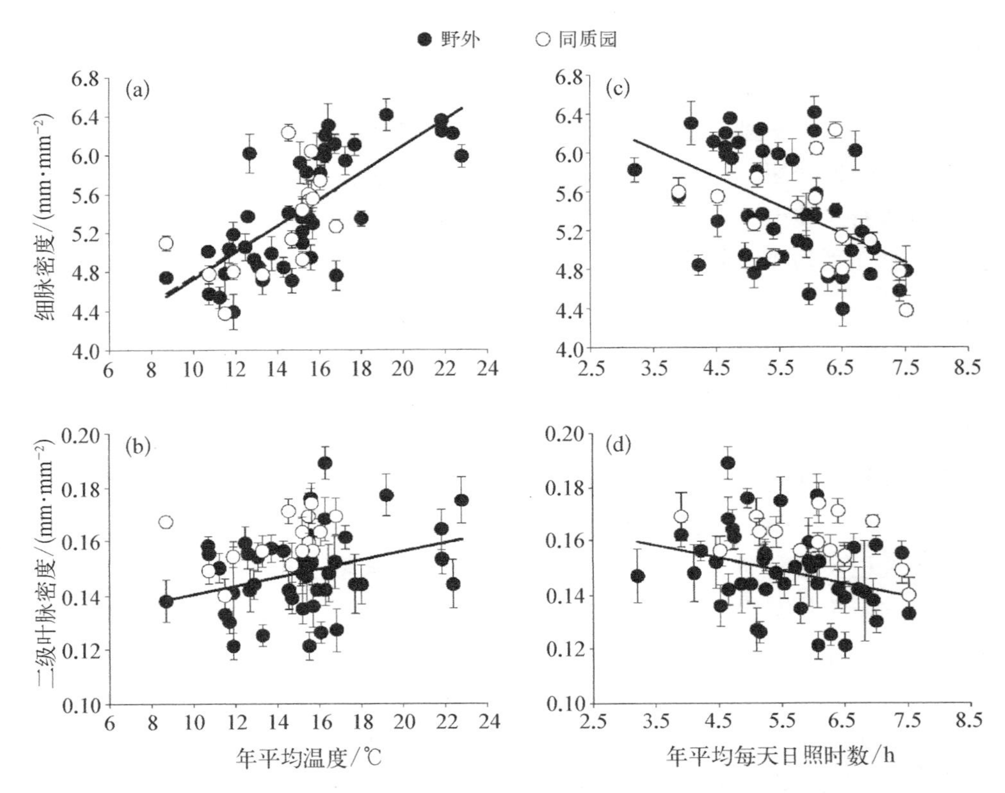

图 3-9 野外和同质园中栓皮栎不同种群的细脉密度和叶脉密度与温度和每天日照时数的关系

数无显著相关性($r^2=0.23$，$p=0.07$)［见图 3-9(c)］。野外栓皮栎种群的叶片二级叶脉密度与年平均每天日照时数呈显著负相关($r^2=0.09$，$p=0.05$)，同质园中不同种群栓皮栎叶片的二级叶脉密度与种源地每天日照时数无显著相关性($r^2=0.25$，$p=0.06$)［见图 3-9(d)］。

此前，有研究报道了叶脉密度与年平均降水量或空气湿度存在负相关性(Uhl and Mosbrugger，1999；Roth-Nebelsick et al.，2001；Dunbar-Co et al.，2009)，这是因为在潮湿地区生长的植物叶片具有较高的水分阻力，从而使叶片叶脉密度较低(Sack and Frole，2006)。但是，本研究结果表明，栓皮栎叶片叶脉密度与样地年平均降水量具有显著正相关性，并且同质园中不同种群的栓皮栎叶脉密度与年平均降水量的关系与野外一致(见图 3-8)。环境因子中增加植物蒸腾速率的因子可增加植物叶脉密度，因为这些因子相对促进了植物失水(Uhl and Mosbrugger，1999)。Field 等曾报道，在寒冷环境中生长的被子植物的叶脉密度也较低，这是由于较低环境温度减少了植物蒸腾作用并且降低了叶脉系统水分流动速率(Feild et al.，2004)。因此，本研究中栓皮栎叶片细脉密度与年平均降水量呈显著正相关，这可能由于东亚南部地区的温度和降水都要远高于东亚北部地区。相对于寒冷干燥的东亚北部地区，东亚南部地区的高温高湿的气候特点使得栓皮栎叶片具有较高的蒸腾作用，从而使栓皮栎叶片细脉密度与样地年平均降水量呈显著正相关。有研究认为，在炎热湿润的热带雨林中生长的植物，其叶脉密度高于落叶森林中植物的叶脉密度。本书论点与上述研究结果一致。此外，我们还研究发现，野外和同质园中不同种群栓皮栎叶片细脉密度与原种源地年平均温度呈正相关，而野外栓皮栎种群的叶脉密度与样地年平均每天日照时数呈显著负相关。这说明水分、温度和日照等气候因子综合影响了栓皮栎叶片的叶脉密度。

3.3.3.2　叶脉密度与叶形态性状的相关性

野外栓皮栎种群的叶片细脉密度与叶长呈显著正相关($r^2=0.12$，$p=0.02$)，与叶片长宽比呈极显著正相关($r^2=0.36$，$p<0.001$)；同质园中不同种群栓皮栎叶片细脉密度与叶长呈极显著负相关($r^2=0.44$，$p=0.007$)，与叶片长宽比无显著相关性($r^2=0.12$，$p=0.21$)(见图 3-10)。除此之外，野外种群及同质园中不同种群的栓皮栎叶片细脉密度与其他叶片性状(如叶片宽度、叶柄长度、叶面积等)均无显著相关性($r^2=0.0008 \sim 0.21$，$p=0.08 \sim 0.85$)。

有研究表明，植物叶片的叶脉密度随着叶片面积的减少而增加(McKown and Dengler，2007；Boyce，2009)，但也有研究认为，植物叶片的叶脉密度与叶面积的相关性具有物种特异性，某些植物表现为叶脉密度与叶面积显著相关，另一些植物的叶脉密度与叶面积不具有相关性(Uhl and Mosbrugger，1999)。本试验结果表明，野外及同质园中不同种群的栓皮栎叶片细脉密度与叶面积均无显著相关性。此外，野外栓皮栎种群的叶片叶脉密度与叶长及叶片长宽比值呈显著正相关。植物叶片越长，水分的运输距离越远，因而叶片对水分的需求也越大。植物对水分的需求越大，所需要的叶脉密度越大(Carins Murphy et al.，2012)。这是由于植物叶脉密度与叶片水分传导密切相关，细脉密度越大就可以将水分传输到离叶片蒸腾点越近(Brodribb et al.，2007)。同质园中栓皮栎叶片细脉密度与叶片的叶长呈极显著负相关，而与长宽比无显著相关性。植物叶片长度、叶片宽度对环境因子的变化非常敏感(Nicotra et al.，2011)，反映了植物对环境的可塑性反应以及不同物种和同一物种不同个体间的基因差异(Carins Murphy et al.，2012)。同质园中来自不同地理种群的栓皮栎生长两年后，其叶片长度在同一生长环境中表现出了较高的趋同性，相对于野外栓皮栎种群的叶长变异范围为 12.28～19.25 cm，同质园中栓皮栎种群的叶长的变异范围仅为 12.13～13.96 cm。这可能是由于同质园的生长环境一致部分地消除了叶长的变异，也可能与试验的栓皮栎尚处于幼苗生长阶段以及样点数量相对较少等有关。上述论述中已表明，同质园中不同地理种群的栓皮栎叶片的叶脉密度具有较高的遗传性，在同质园中生长两年后，叶片细脉密度仍然保持着与原种源地温度和降水量等的高度相关性。所以，本研究认为栓皮栎叶长对环境因子的适应性趋同反应与叶脉密度的高度遗传性，最终表现为同质园中叶长或叶长宽比值与细脉密度的关系和对野外种群的研究结果不一致。

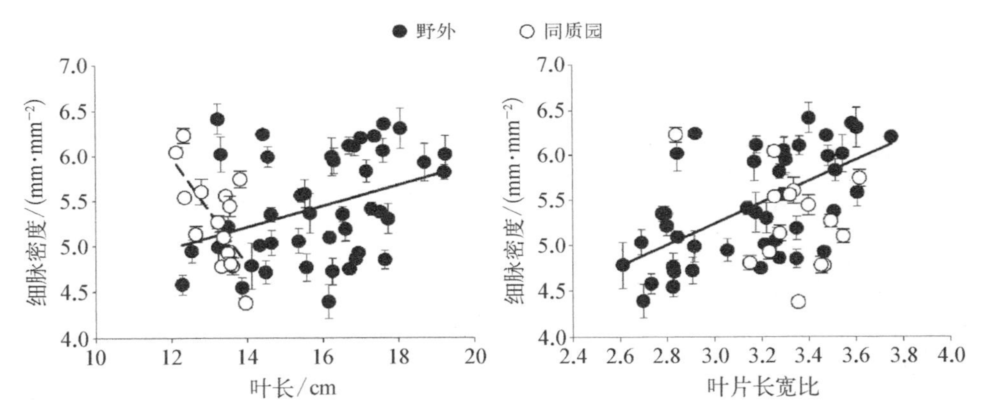

图 3-10 野外和同质园中栓皮栎不同种群的叶片细脉密度与叶长和叶片长宽比的关系

3.3.3.3 叶片细脉密度影响因素的通径分析

野外 44 个样地的栓皮栎叶片细脉密度与其影响因子的通径分析结果表明，影响野外栓皮栎种群叶片细脉密度的影响因子为年平均温度、年平均每天日照时数、叶片长宽比、土壤 Ca 含量及叶片长度等。影响因子对栓皮栎叶片细脉密度贡献大小的排序为：年平均温度＞叶片长宽比＞土壤 Ca 含量＞年平均每天日照时数＞叶长。此外，样地年平均每天日照时数与年平均降水量，通过年平均温度及叶片长宽比对栓皮栎叶片细脉密度产生较大的间接影响（见表 3-11）。植物叶片叶脉密度是多种环境因子综合作用的结果。本研究结果表明，在各种影响因子中，野外栓皮栎种群叶片细脉密度的主导因子是年平均温度，其次是叶片形状和土壤 Ca 元素含量。这表明除了气候因子外，其他环境因子或叶片自身形状也是栓皮栎叶片细脉密度的重要影响因子。因此，在叶片细脉密度的相关研究中，需要综合考虑各种环境因子的影响。

表 3－11　野外种群多种影响因子对栓皮栎叶片细脉密度影响的通径系数

因　子	直接通径系数	间接通径系数							
		年降水量	年平均温度	年平均每天日照时数	叶长	叶片长宽比	土壤 K 含量	土壤 Ca 含量	合计
年降水量	0.080		0.323	−0.031	−0.014	0.125	0.016	−0.098	0.321
年平均温度	0.449	0.057		−0.069	0.017	0.145	0.008	−0.070	0.088
年平均每天日照时数	0.138	−0.018	−0.223		−0.051	−0.208	−0.012	0.079	−0.433
叶长	0.112	−0.010	0.070	−0.063		0.222	0.017	−0.015	0.221
叶片长宽比	0.394	0.025	0.165	−0.073	0.063		0.022	−0.045	0.157
土壤 K 含量	−0.046	−0.027	−0.083	0.037	−0.041	−0.191		0.065	−0.24
土壤 Ca 含量	0.187	−0.042	−0.169	0.059	−0.009	−0.096	−0.016		−0.273

表 3－12 中的通径分析结果表明，在同质园中 15 个不同地理种群的栓皮栎叶片细脉密度的主要影响因子为叶长与年平均温度，而种源地降水量对同质园中栓皮栎叶片细脉密度具有较大的间接影响。

表 3－12　多种因子对同质园中栓皮栎叶片细脉密度影响的通径系数

因　子	直接通径系数	间接通径系数			
		叶　长	年降水量	年平均温度	合　计
叶　长	−0.481	—	−0.061	−0.123	−0.184
年降水量	0.142	0.207	—	0.191	0.398
年平均温度	0.330	0.179	0.082	—	0.261

栓皮栎叶片细脉密度的地理分布格局实际上反映了栓皮栎叶片细脉密度对生长环境的适应性变化。本研究表明，东亚地区野外 44 个样地栓皮栎叶片细脉密度随种源地纬度升高而逐渐变小，并且来自野外 15 个不同种群的栓皮栎幼苗在同质园生长两年后，叶片细脉密度的分布格局仍保持不变。野外栓皮栎种群

的叶片细脉密度与纬度相关的变异格局可能是由于样点纬度与样地降水量及温度存在极显著负相关性。纬度较低的地区位于东亚南部，气候温暖湿润，日照时数相对较短，太阳辐射量总体较少；而纬度较高的地区位于东亚北部，气候寒冷干燥，日照时数相对较长，太阳辐射量总体较多。因此，在从南到北的纬度梯度上，水分与温度状况的差异构成了栓皮栎细脉密度地理分布格局的生态基础。野外栓皮栎种群的叶片细脉密度与样点长期的温度（年平均温度）及水分条件（年降水量）的相关性显著。以上结果表明，栓皮栎作为广泛分布的树种，其叶脉密度对气候因子的反应具有两方面特性：一方面，在长期的进化过程中，栓皮栎叶片叶脉密度为了适应生长地的不同气候条件，随着气候梯度的改变而发生变化；另一方面，当生长环境发生短期改变时，栓皮栎叶片叶脉密度格局保持不变，与原产地气候仍保持较高的相关性，体现了栓皮栎叶脉密度变异格局的不变性。此外，与叶片长度、宽度、叶面积等叶形态性状相比，叶脉密度在野外种群和同质园中的差异较小，野外栓皮栎种群的叶片细脉密度平均值为 5.44 $mm \cdot mm^{-2}$，同质园中不同种群的栓皮栎叶片的细脉密度平均值为 5.29 $mm \cdot mm^{-2}$（见表 3-5）。这表明叶片叶脉密度对于环境因子的改变不是十分敏感。本试验研究结果与植物叶片的叶脉是相对保守的性状，并且在许多植物中进化比较缓慢的结论相一致(Sack et al., 2008; Dunbar-Co et al., 2009)。

3.4 气孔性状空间变异格局及其对环境变化的响应

叶片气孔是植物调节叶片与外界环境进行气体和水分交换的主要通道，在植物生理和生态过程中发挥着重要的作用(Hetherington and Woodward, 2003; Abrash and Lampard, 2010; Berry et al., 2010; Zhang et al., 2012a)。植物叶片气孔形态、大小和密度（单位叶片面积的气孔数量）是对环境适应的结果。对于不同种类的植物而言，叶片气孔在大小、密度及形态上会存在很大差异(Tay and Furukawa, 2008)；对于一种植物的不同种群而言，叶片气孔性状也存在较高的变异(Pearce et al., 2006; Dunbar-Co et al., 2009; Wu et al., 2010)。气孔密度和大小对植物的光合作用及蒸腾速率都有影响，进而影响植物水分利用效率，并进一步影响到生态系统物质循环(Qiang et al., 2003; Wang et al., 2007)。因而，在全球气候变化的形势下，研究植物叶片气孔性状的特点及其与环境因子的关系，能够帮助我们加深理解植物如何应对环境变化，以及理解叶片气孔性状的变化如何影响生态系统功能(朱燕华等, 2011)。

植物气孔密度是由基因控制的(Nadeau and Sack, 2002; Hetherington and Woodward, 2003; Wang et al. , 2007),也就是说,对于某一种植物基因型或生态型来说,气孔大小和密度相对恒定(Qiang et al. , 2003)。气孔密度对环境因子也非常敏感,如大气 CO_2 浓度(Haworth et al. , 2012)、光照、温度(Sadras et al. , 2012)、水分状况(Xu and Zhou, 2008)、大气污染(Crispim et al. , 2012)等。大多数研究结果表明,大气 CO_2 浓度与植物气孔密度及气孔指数存在负相关关系。叶片气孔密度随光照强度的增大而逐渐增加(戴凌峰, 2007)。阳光照射下的银杏叶片比遮阴叶片气孔密度大,而与树木原产地气候无关(Sun et al. , 2003)。温度是影响植物气孔性状的重要因子,但温度对气孔性状如何影响尚无一致的结论。左闻韵等利用温度梯度和温度加 CO_2 浓度梯度技术,研究美国7种常见草本植物和3种落叶阔叶木本植物对温度升高的反应,结果表明气孔指数比气孔密度对温度反应更敏感,不同植物气孔指数与温度呈正相关、负相关或无显著相关性,气孔密度与温度呈正相关或无显著的相关性(左闻韵等, 2005)。这说明不同植物叶片气孔性状对温度的反应存在差异。在土壤干旱条件下,水稻(*O. sativa*)(孟雷等, 1999)和春小麦(*Triticum aestivum*)的气孔密度增大(杨惠敏和王根轩, 2001),气孔长、宽明显减小,但过度干旱则使植物气孔密度下降(徐坤等, 2003; Xu and Zhou, 2008)。这可能是由于适度干旱使植物气孔关闭、光合作用减少,进而抑制细胞生长,造成叶面积减少,所以气孔密度上升;但是,严重缺水时影响了气孔的发生,从而使植物气孔密度下降。

叶面积对气孔密度有影响,但两者之间的关系尚有争议。例如,关于羊草(*Leymus chinensis*)的研究表明,气孔密度与叶面积不相关(Xu and Zhou, 2008)。但是有报道指出,气孔密度随着叶面积的增大而降低(Gay and Hurd, 1975)。也有研究表明,植物背面叶片的气孔密度与叶面积显著负相关,而正面叶片的气孔密度与叶面积不相关(Dunbar-Co et al. , 2009)。Salisbury 发现在干旱环境中生长的植物叶片的气孔密度与叶面积呈显著负相关,而在湿润环境中生长的植物叶片的气孔密度与叶面积不相关,表明植物叶片气孔密度与叶面积的关系受水分状况影响(Salisbury, 1928)。然而,目前许多关于植物叶片气孔密度与气候因子关系的研究,都未能同时考虑叶形态和气孔大小对气孔密度的影响。

气孔在叶片表面的二维分布格局可分为有序分布、随机分布及聚集分布3种类型,大多数叶片上的气孔分布为有序和非随机分布(Clark and Evans,

1954)。绝大多数维管植物叶片的气孔分布都遵循两个气孔间至少有一个表皮细胞的原则(Tang et al., 2002)。R_p 值是衡量气孔二维分布格局的重要参数，可以用公式 $R_p = d\sqrt{SD}$ 来表示，其中 d 为气孔与气孔的最短距离，SD 为气孔密度(Clark and Evans, 1954)。环境因子不仅可以影响植物叶片气孔数量，同时也影响气孔二维分布格局(Tang et al., 2002)。叶片成熟度影响叶片上气孔的分布格局，植物叶片气孔 R_p 值随着叶片的成熟逐渐增大(Croxdale, 2000)。此外，植物表皮细胞大小及进行光合作用的细胞分布也与叶片上的气孔分布有关(Croxdale, 2000)。

植物气孔密度对生长环境的短期反应是易变的，而长期反应是由基因型决定的(Royer, 2001)。长期试验反映了在较长时间尺度上的最终选择结果，因而与短期或季节性生长箱试验相比，长期试验结果更为可靠(Hetherington and Woodward, 2003)。在大空间(如区域)尺度上，对一种植物气孔密度的变异格局，还缺乏研究(Beerling and Chaloner, 1992; Du et al., 2021)。本试验以栓皮栎为研究对象，结合野外采样和同质园试验，分析了东亚地区栓皮栎叶片气孔性状的空间变异格局及其与气候因子的关系，以期探讨气孔性状是如何响应环境变化的。

3.4.1　叶片气孔性状的测定

3.4.1.1　栓皮栎叶片气孔密度及气孔大小的测定

在野外每个样地选取 5 棵树，每棵树选取 3 片健康的成熟叶片，每片叶片的中部，用手术刀片轻轻刮去背面的表皮毛以便于观测气孔，去除表皮毛后，切取长 5 mm，宽 2～5 mm 的样品块(朱燕华, 2013)。将样品块投入 2.5 %的戊二醛中(基于 PBS)(Wang et al., 2010)，抽气直至叶片下沉没入固定液中，标本样品于冰箱中 4 ℃保存。戊二醛固定后的样品，经 50 %、70 %、80 %、95 %、100 %乙醇梯度脱水各 15 min 后冷冻干燥。然后将干燥的样品块用导电胶固定在样品台上，喷金 15 min 后，利用扫描电镜(FEI SIRION 200)进行气孔密度及大小测定，扫描电镜放大倍数为 1 000 倍，视野面积为 0.056 mm^2，每个样品块随机拍摄 3 个视野的气孔图片用于分析，每个视野中随机选取 10 个气孔，用 Image J 软件(Image J, http://rsb.info.nih.gov/ij/docs/install/ index.html)测定视野内的气孔数目及气孔长度与宽度。本试验中测定的气孔长度(μm)指气孔器保卫细胞的长轴长度，气孔宽度(μm)指气孔器保卫细胞的短轴长度。

气孔密度(stomatal density, SD, 单位为个 · mm^{-2})的计算公式为

$$\mathrm{SD}=\text{气孔数目}/\text{叶面积} \qquad \text{(式 3-2)}$$

同质园中不同种群的栓皮栎叶片气孔密度及大小测定方法同上述野外不同种群的栓皮栎样品。

3.4.1.2 栓皮栎叶片气孔开口面积指数

在本书中，为了确切地反映叶片气孔与外界大气进行气体与水分交换的有效面积(Tang et al.，2002；Sack et al.，2003b；Sack et al.，2005)，我们定义了叶片气孔开口面积指数(stomatal opening area index，SOI)，即叶片气孔理论最大开口面积与叶面积的比值(%)。

SOI 根据单个气孔的理论最大开口面积(maximum area per stomata，S_{max})与叶片气孔密度计算，公式如下：

$$\mathrm{SOI}=100\times S_{max}\times \mathrm{SD}\times 10^{-6} \qquad \text{(式 3-3)}$$

式中，SOI 为叶片气孔开口面积指数(%)；S_{max} 为单个气孔的最大开口面积(μm^2)；SD 为气孔密度(个 · mm^{-2})。

本试验中，从所有栓皮栎种群已拍摄的叶片气孔图片中，选取了 100 个气孔已处于最大张开程度的气孔图片。本试验中的野外样品为干叶，考虑到在干燥过程中许多气孔会关闭的情况，而同质园中的样品均为鲜叶取样，且取样后迅速用戊二醛溶液进行固定，因而可以更真实地反映气孔的最大开口程度。但对比后发现，野外与同质园中种群的气孔最大开口程度类似[见图 3-11(a)和(b)]。本试验在野外及同质园种群中所选取的 100 个气孔均为开口程度类似于图 3-11(a)和(b)中的气孔。

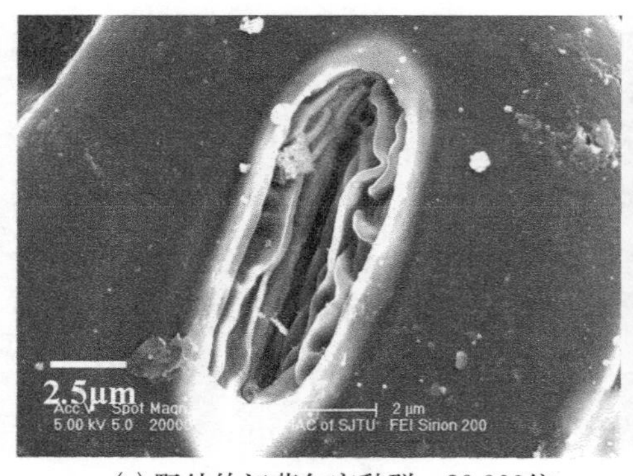

(a) 野外的江苏句容种群，20 000倍

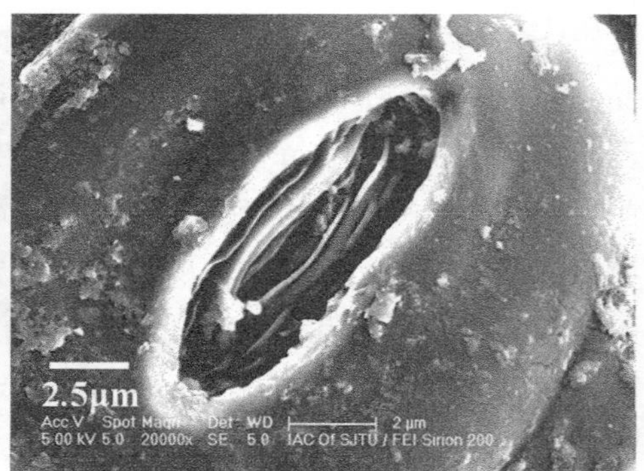

(b) 同质园的河北邢台种群，20 000倍

图 3-11 野外及同质园中栓皮栎叶片的开口面积最大气孔示意图

对所选取的100个气孔，通过Image J软件测定气孔孔隙的长轴长度(b)与气孔器长轴长度(L)的比值。对于一种植物而言，叶片气孔孔径长度与保卫细胞长度的比值相对恒定。在本次研究中，所选取的100个处于最大开口程度的气孔，统计的b/L的均值为0.507±0.006，说明对于栓皮栎而言，b与L比值也相对比较稳定，变异较小。

根据$b=0.507L$及$S_{max}=\pi ab/4$，推导得到以下公式：

$$\mathrm{SOI}=\pi(W-0.493L)\times 0.507L/4\times \mathrm{SD}/10\,000 \qquad (式3-4)$$

式中，SOI为叶片气孔开口面积指数(%)；W为气孔器宽度(μm)；L为气孔器长度(μm)；SD为气孔密度(个·mm^{-2})；π为圆周率；a为气孔孔隙的短轴长度(μm)；b为气孔孔隙的长轴长度(μm)。

3.4.1.3 栓皮栎叶片气孔二维分布格局

气孔在叶片表皮的分布状态，可用二维分布格局指标(R_p值)来表示。在理论上，当$R_p=1$时，气孔呈现随机分布；当R_p接近于0时，为成簇分布；当R_p明显大于1时，为有序分布；当$R_p=2.49$时，为最佳蜂巢式分布(Croxdale, 2000)。

R_p值的计算公式如下：

$$R_p=d\sqrt{\mathrm{SD}} \qquad (式3-5)$$

式中，d为气孔间的最短距离；SD为气孔密度。

本试验在用扫描电镜拍摄的野外及同质园中栓皮栎各种群的每张气孔图片中，利用Image J软件统计互不重复的10对相邻距离最短的气孔间距离，再根据公式计算各样地的气孔R_p值。

3.4.2 叶片气孔性状变异特征

栓皮栎叶片气孔为单面生型，仅在叶片下表皮分布。根据保卫细胞形状及细胞壁增厚情况不同，可知栓皮栎叶片气孔为肾状等厚壁型：两个保卫细胞为肾形细胞对称排列，细胞壁周围均匀加厚，气孔缝为纺锤形[见图3-12(a)(b)(c)]。

与同质园中15个不同地理种群的栓皮栎叶片气孔性状相比，野外44个样地的栓皮栎叶片气孔密度、单位叶面积气孔最大开口面积、气孔长度、气孔宽度、气孔长宽比及R_p值的变异都较高(见表3-13)。野外与同质园中种群的气孔长宽比($p=0.08$)、气孔开口面积指数(SOI, $p=0.90$)不存在显著差异，但气孔密度、气孔长度、气孔宽度、气孔 R_p 值在野外与同质园之间均存在极显著差异($p<0.001$)。

对于野外 44 个栓皮栎种群，叶片气孔性状中变异系数(CV)最大的是 SOI(13 %)，SOI 最大的种群为陕西延安(4.79 %)[见图 3-12(d)]，SOI 最小的为台湾南投(2.53 %)[见图 3-12(f)]，前者是后者的 1.89 倍。其次，变异最大的为气孔密度(SD，CV=9 %)，野外栓皮栎叶片气孔密度最大的种群为北京平谷[1 114 个・mm^{-2}，见图 3-12(e)]，最小的种群为台湾南投[778 个・mm^{-2}，见图 3-12(f)]。野外栓皮栎种群叶片气孔性状变异最小的为气孔长宽比值与 R_p 值，变异范围分别为 1.32～1.45 与 0.66～0.74，变异系数均为 2 %。野外种群的气孔性状中气孔长度、气孔宽度的变异系数均为 4 %(见表 3-13)。

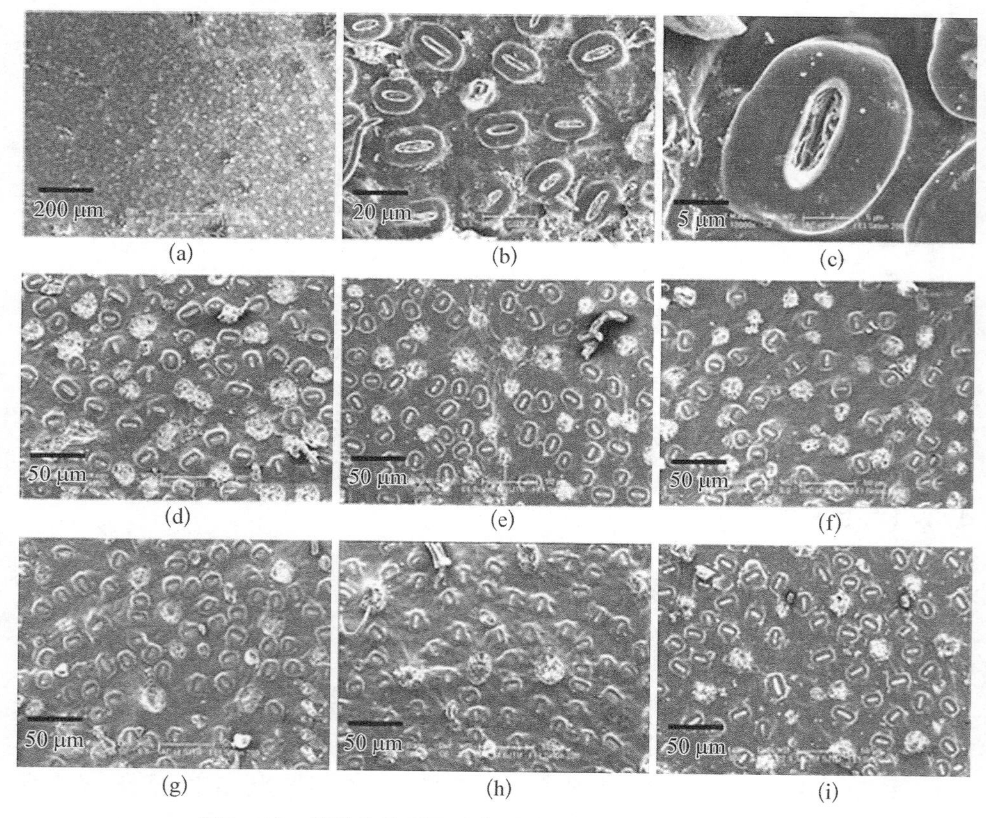

图 3-12　野外和同质园中部分栓皮栎种群的叶片气孔图

注：(a)至(c)图均为野外江苏句容的叶片气孔，其中(a)图为 250 倍，(b)图为 2 500 倍，(c)图为 10 000 倍；(d)至(i)图为气孔密度图片，均为 1 000 倍，其中(d)为野外的陕西延安，(e)为野外的北京平谷，(f)为野外的台湾南投，(g)为同质园的湖北襄樊，(h)为同质园的安徽六安，(i)为同质园的北京平谷。

表 3－13 野外和同质园中栓皮栎不同种群叶片气孔性状的变异

气孔性状	野外					同质园				
	平均值	最小值	最大值	SE	CV/%	平均值	最小值	最大值	SE	CV/%
气孔密度/(个·mm^{-2})	964	778	1 114	13.21	9	1 160	1 079	1 290	14.31	5
叶片气孔开口面积指数/%	3.76	2.53	4.79	0.07	13	3.80	3.43	4.28	0.06	6
气孔长度/μm	20.74	18.52	22.09	0.12	4	18.74	17.88	19.69	0.11	2
气孔宽度/μm	14.95	13.32	16.16	0.08	4	13.633	13.085	14.252	0.08	2
气孔长宽比	1.38	1.32	1.45	0.00	2	1.37	1.35	1.39	0.00	1
气孔 R_p 值	0.71	0.66	0.74	0.00	2	0.73	0.72	0.75	0.00	2

在同质园 15 个栓皮栎种群中，叶片气孔性状中变异最大的也是 SOI(CV=6 %)，SOI 最大的种源地为湖北襄樊[4.28 %，见图 3－12(g)]，最小的为北京平谷[3.43 %，见图 3－12(i)]，前者是后者的 1.25 倍。其次，变异最大的为气孔密度(CV=5 %)，气孔密度最大的种群为湖北襄樊[1 290 个·mm^{-2}，见图 3－12(g)]，最小的种群为安徽六安[1 079 个·mm^{-2}，见图 3－12(h)]，变异系数为 5 %。在同质园不同种群中，气孔性状变异最小的为气孔长宽比值，变异范围为 1.35～1.39，变异系数为 1 %。同质园中种群的其他气孔性状(如气孔长度、气孔宽度及气孔 R_p 值)的变异系数均为 2 %(见表 3－13)。

方差分析表明(见表 3－14 至表 3－19)，栓皮栎叶片气孔密度、SOI、气孔宽度、气孔长度、气孔长宽比值、气孔 R_p 值在野外 44 个样地间均存在极显著差异($p<0.001$)。同质园中栓皮栎叶片气孔长度、气孔宽度、气孔长宽比值及气孔 R_p 值在 15 个不同地理种群间存在显著差异($p \leqslant 0.001～0.035$，见表 3－16 至表 3－19)，而同质园中栓皮栎叶片气孔密度、SOI 在不同地理种群间不存在显著差异($p=0.082～0.540$，见表 3－14、表 3－15)。

表 3－14 野外和同质园中不同栓皮栎种群叶片气孔密度的方差分析

变异来源	野外					同质园				
	平方和	df	均方	F	p	平方和	df	均方	F	p
组间	1 443 708.88	43	33 574.63	2.46	0.000	154 899.89	14	11 064.28	0.92	0.540
组内	2 116 563.72	155	13 655.25			610 585.50	51	11 972.27		
总变异	3 560 272.60	198				765 485.39	65			

表 3-15　野外和同质园中不同栓皮栎种群叶片气孔开口面积指数的方差分析

变异来源	野外					同质园				
	平方和	df	均方	*F*	*p*	平方和	df	均方	*F*	*p*
组间	44.06	43	1.03	3.20	0.000	3.25	14	0.23	1.71	0.082
组内	49.31	154	0.32			6.91	51	0.14		
总变异	93.37	197				10.16	65			

表 3-16　野外和同质园中不同栓皮栎种群叶片气孔长度的方差分析

变异来源	野外					同质园				
	平方和	df	均方	*F*	*p*	平方和	df	均方	*F*	*p*
组间	132.39	43	3.08	4.98	0.000	12.96	14	0.93	5.57	0.000
组内	104.44	169	0.62			9.64	58	0.17		
总变异	236.83	212				22.60	72			

表 3-17　野外和同质园中不同栓皮栎种群叶片气孔宽度的方差分析

变异来源	野外					同质园				
	平方和	df	均方	*F*	*p*	平方和	df	均方	*F*	*p*
组间	60.46	43	1.41	5.55	0.000	6.11	14	0.44	5.33	0.000
组内	42.83	169	0.25			4.75	58	0.08		
总变异	103.29	212				10.86	72			

表 3-18　野外和同质园中不同栓皮栎种群叶片气孔长宽比值的方差分析

变异来源	野外					同质园				
	平方和	df	均方	*F*	*p*	平方和	df	均方	*F*	*p*
组间	0.209	43	0.005	3.169	0.000	0.013	14	0.001	1.989	0.035
组内	0.260	169	0.002			0.028	58	0.000		
总变异	0.469	212				0.041	72			

表 3-19 野外和同质园中不同栓皮栎种群叶片气孔 R_p 值的方差分析

变异来源	野外					同质园				
	平方和	df	均方	F	p	平方和	df	均方	F	p
组间	0.053	43	0.001	2.458	0.000	0.012	14	0.001	2.955	0.002
组内	0.084	166	0.001			0.017	58	0.000		
总变异	0.137	209				0.029	72			

3.4.3 叶片气孔密度

3.4.3.1 气孔密度的空间变异格局

东亚地区栓皮栎叶片气孔密度与样地经度关系更为密切，叶片气孔密度大致随经度升高而递减。总体呈现西北地区的气孔密度最大，此后逐渐减小，至东南地区气孔密度最小的地理变异格局。同质园中栓皮栎叶片气孔密度的地理趋势面，表现出异于野外种群的地理分布分局，其分布大致以北纬 36 °为中心呈两侧对称分布。

线性回归分析表明，野外栓皮栎种群的叶片气孔密度与样地经度呈显著负相关($r^2=0.098$，$p=0.039$)，气孔密度随着经度升高而减小，即栓皮栎叶片气孔密度在东亚地区由西向东呈递减趋势；同质园中不同地理种群的栓皮栎叶片气孔密度与种源地经度无显著相关性($r^2=0.029$，$p=0.54$)。野外栓皮栎种群的叶片气孔长度与样地经度呈显著正相关($r^2=0.093$，$p=0.044$)，气孔长宽比值与样地经度呈极显著正相关($r^2=0.209$，$p=0.002$)。同质园不同种群的栓皮栎叶片气孔长度、气孔宽度及气孔长宽比值与种源地经度无显著相关性($r^2=0.016$～0.042，$p=0.461$～0.656)(见图 3-13)。

野外种群与同质园中不同地理种群的栓皮栎叶片气孔密度与样地纬度均无显著相关性(野外 $r^2=0.003$，$p=0.707$；同质园 $r^2=0.002$，$p=0.870$)。野外栓皮栎种群叶片气孔长度及气孔宽度与纬度呈显著或极显著正相关($r^2=0.138$～0.165，$p=0.006$～0.013)，同质园中不同种群的栓皮栎叶片气孔长度与纬度的相关性不显著($r^2=0.234$，$p=0.068$)，气孔宽度与纬度呈显著负相关($r^2=0.342$，$p=0.022$)(见图 3-14)。另外，野外种群及同质园中不同种群的栓皮栎叶片气孔密度及大小与样地海拔均无显著相关性($r^2=0.001$～0.136，$p=0.177$～0.974)。

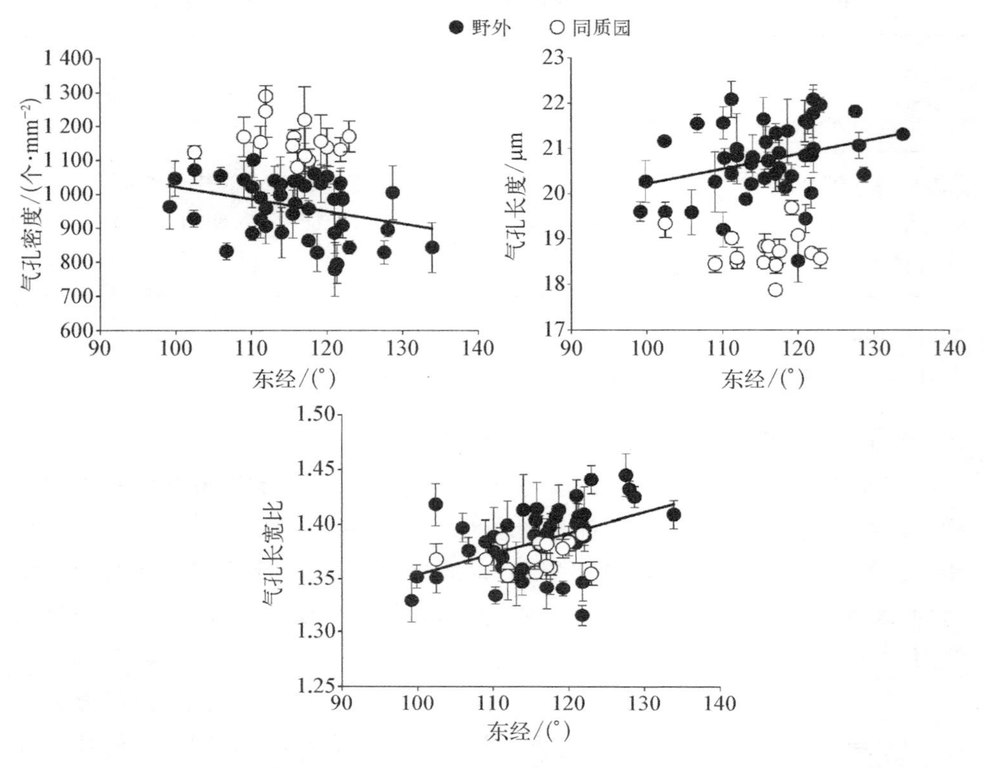

图 3-13 野外和同质园中不同栓皮栎种群叶片的气孔密度及大小与经度的关系

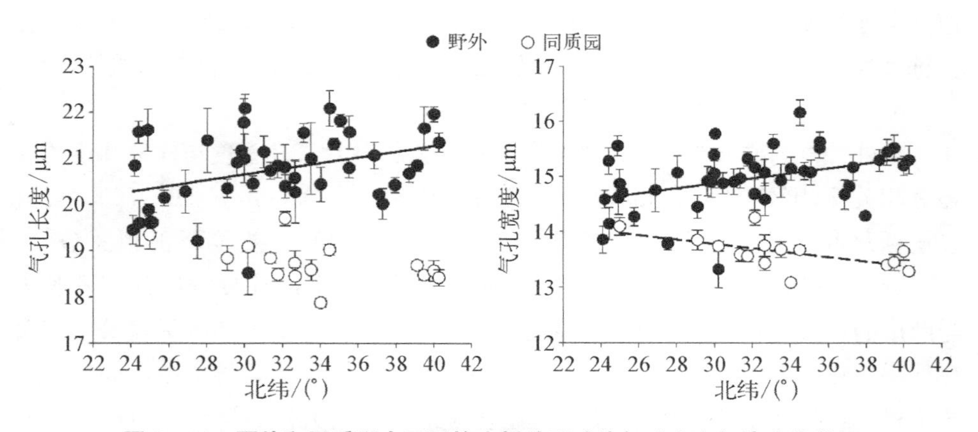

图 3-14 野外和同质园中不同栓皮栎种群叶片气孔大小与纬度的关系

野外栓皮栎种群的气孔密度空间分布格局反映了栓皮栎对长期生长环境的基因型适应性，以及在同质园中生长时于环境改变后的表型适应性，这表明同质园减小了栓皮栎生长于不同野外种群时的气孔性状的变异(Zhu et al.，2012)，并且其气孔密度对外界环境条件的改变非常敏感。在预测长期气候变化会如何影响植物气孔密度时，需要考虑长时间尺度上自然选择的影响(Beerling and Chaloner，1993)。栓皮栎叶片与其他物种相比具有较高的气孔密度，均值为963 个 · mm^{-2}。栓皮栎叶片背面这些数量众多的气孔表现出较高的生态可塑性，它们可对外界环境条件的变化做出快速反应，这可能是栓皮栎能在较大空间尺度上分布的重要原因之一。

3.4.3.2 气孔密度与气候因子的相关性

在野外种群中，气候因子中仅有降水量影响栓皮栎叶片的气孔密度。野外栓皮栎种群叶片气孔密度与样地年平均降水量呈极显著负相关($r^2=0.157$，$p=0.008$)，叶片气孔密度随样地年平均降水量的增大而减小[见图 3-15(a)]，而与年平均温度、年平均每天日照时数、年平均月太阳辐射量等都不相关($r^2=0.003$～0.026，$p=0.321$～0.740)；同质园中不同种群栓皮栎叶片气孔密度与种源地气候因子均无显著相关性($r^2=0.007$～0.114，$p=0.218$～0.775)。

野外栓皮栎种群的叶片气孔宽度与年平均降水量呈极显著负相关($r^2=0.155$，$p=0.008$)[见图 3-15(b)]，此外，野外栓皮栎种群的气孔宽度与样地年平均月太阳辐射量呈显著正相关($r^2=0.101$，$p=0.046$)。野外栓皮栎种群叶片气孔长宽比值与年平均降水量呈极显著正相关($r^2=0.165$，$p=0.006$)[见图 3-15(c)]。同质园中不同种群栓皮栎叶片气孔大小与种源地气候因子均无显著相关性($r^2=0.005$～0.175，$p=0.121$～0.799)。

干旱地区植物叶片气孔密度通常会小于湿润地区植物的气孔密度，而Klooster研究表明干旱对东方被大须芒草(*Andropogon gerardii*)叶片的气孔密度没有显著影响(Klooster and Palmer-Young，2004)。杨利民等对中国东北样带的研究表明，随年降水量、年平均温度、土壤水分降低和海拔升高，气孔密度呈明显增高的趋势，水分条件是羊草气孔密度变化的主要生态因子(杨利民等，2007)。其他一些研究也报道了类似结果，气孔密度与水分亏缺间存在正相关关系(Wu et al.，2010；He et al.，2012)。本试验结果也表明栓皮栎叶片气孔密度与样地年平均降水量显著相关(见图 3-15)，而与年平均温度及其他气候因子不相关。Xu 的研究表明，适度的水分亏缺能增加植物叶片气孔密度，而重度水分亏缺会使气孔密度减少(Xu and Zhou，2008)。本研究表明，栓皮栎气孔密

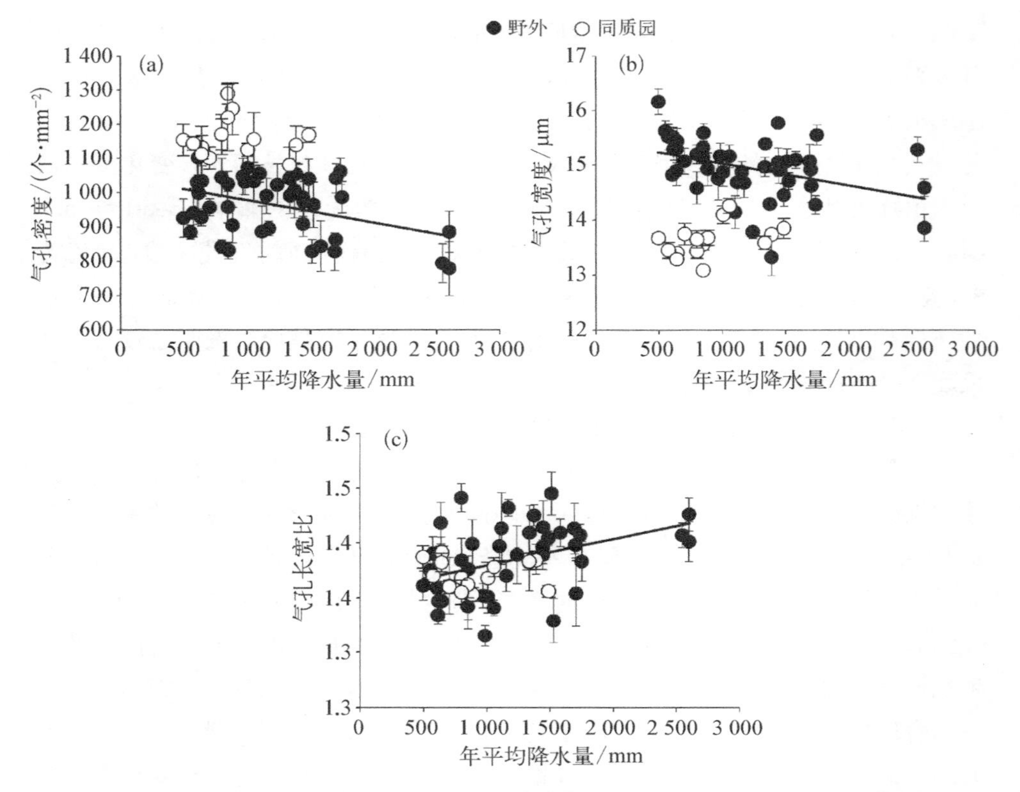

图 3-15 野外和同质园中不同栓皮栎种群的叶片气孔性状与年平均降水量的关系

度与样地降水量呈显著负相关。气孔密度影响叶片的气孔导度(Pearce et al., 2006; Wang et al., 2007),并与植物水分利用效率(WUE)呈显著正相关(Xu and Zhou, 2008)。在逆境中气孔密度升高与植物同外界环境水气交换(Crispim et al., 2012)和提高植物水分利用效率密切相关。

3.4.3.3 气孔密度与气孔大小的相关性

气孔自身大小及形状影响气孔密度。野外栓皮栎种群的叶片气孔密度与气孔长度呈极显著负相关($r^2=0.236, p=0.001$),与气孔长宽比值呈极显著负相关($r^2=0.266, p<0.001$),即栓皮栎叶片气孔越短或气孔形状越趋向于圆形,则叶片气孔密度越大;在同质园中不同地理种群栓皮栎叶片气孔密度与气孔长度无显著相关性($r^2=0.133, p=0.181$),但与气孔长宽比值呈显著负相关($r^2=0.336, p=0.024$)(见图 3-16),这与野外研究结果一致。

大量研究表明气孔大小(保卫细胞长度)与气孔密度负相关(Hetherington and Woodward, 2003; Sack et al., 2003b; Franks and Beerling, 2009; Russo

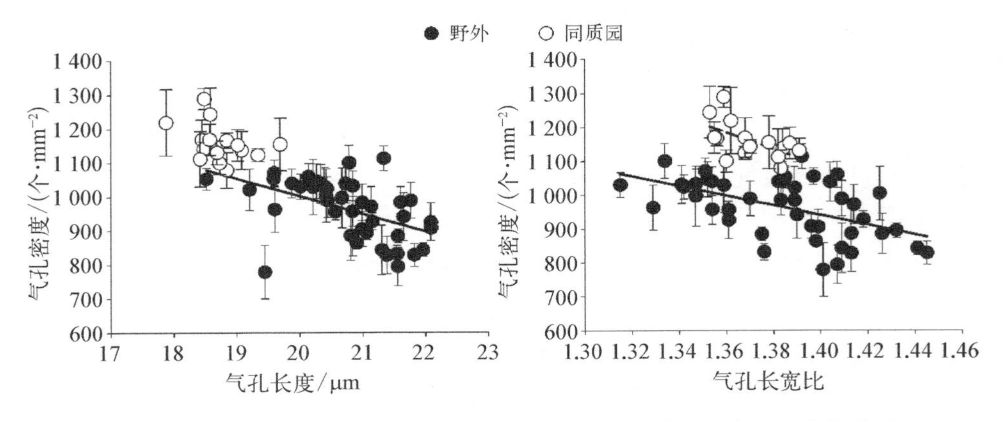

图 3-16 野外和同质园中不同栓皮栎种群叶片气孔密度与气孔大小的关系

et al.，2010)。气孔大小随生长环境的水分亏缺而显著减小(Xu and Zhou，2008)。由于在环境发生变化时,体积较小的气孔比体积大的气孔更容易迅速地开张,因而有利于在干旱生境中降低叶片蒸腾速率,从而提高植物叶片的水分利用效率(Franks and Farquhar，1999；Hetherington and Woodward，2003；Franks and Beerling，2009)。较小的气孔及较高的气孔密度使叶片气孔在干旱环境中反应更为敏感(Sparks and Black，1999；Dunlap and Stettler，2001),并能更有效地减少植物叶片水分损失。

3.4.3.4 气孔密度与叶形态的相关性

野外栓皮栎种群叶片气孔密度与叶柄长度及 LMA 均呈极显著正相关(叶柄长度,$r^2=0.199$,$p=0.002$;LMA,$r^2=0.299$,$p<0.001$)(见图 3-17),即叶片的叶柄长度越长,叶片 LMA 越大,气孔密度也越大。野外栓皮栎叶片气孔密

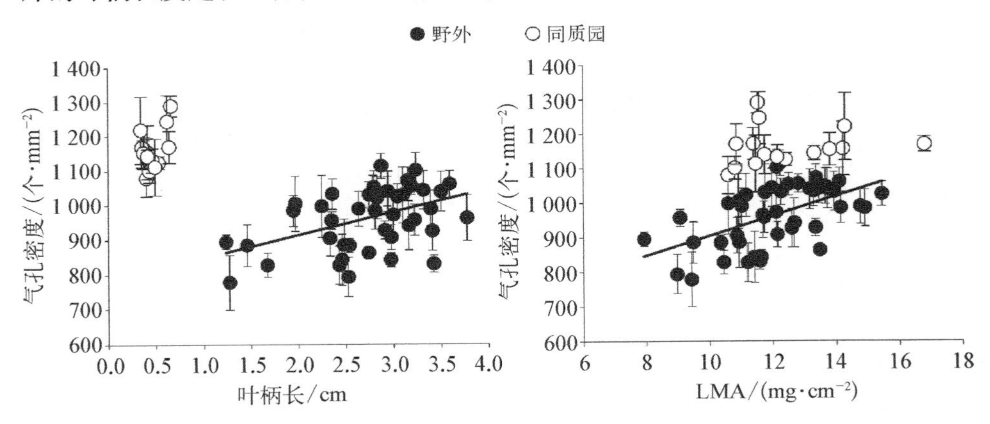

图 3-17 野外和同质园中不同栓皮栎种群叶片气孔密度与叶柄长度及 LMA 的关系

度与其他叶形态性状无显著相关性($r^2=0.000\,5\sim0.036$，$p=0.218\sim0.889$)。此外，野外种群的气孔长宽比值也与叶柄长度及LMA呈极显著负相关(叶柄长度，$r^2=0.139$，$p=0.013$；LMA，$r^2=0.09$，$p=0.048$)。同质园中不同种群栓皮栎叶片气孔密度及气孔大小均与叶形态无显著相关性($r^2=0.001\sim0.474$，$p=0.074\sim0.999$)。

3.4.3.5　气孔密度与影响因子的多元线性回归分析

本研究通过多元回归分析中的逐步回归法，以栓皮栎气孔密度为因变量，样地环境因子、叶形态及气孔大小等影响因子为自变量，分析了东亚地区野外栓皮栎种群叶片气孔密度与其环境因子的相关性，并建立了线性回归模型，其回归方程为

$$Y=1\,892.784+23.028X_1-54.555X_2-0.062X_3 \qquad (式3-6)$$

式中，Y为野外栓皮栎种群叶片气孔密度；X_1为LMA；X_2为气孔长度；X_3为年降水量。该回归方程的$r^2=0.638$，显著性水平$p<0.001$。

该回归方程的共线性诊断指标均处于正常范围内，说明该回归方程所含的自变量间的共线性不显著。根据表3-20可知，东亚地区野外种群的环境因子、叶形态及气孔大小等因子对栓皮栎叶片气孔密度的贡献大小的排序为：气孔长度>LMA>样地年平均降水量。野外栓皮栎种群气孔密度随气孔长度的增加而显著变小。野外栓皮栎的气孔密度与叶片LMA呈极显著正相关，LMA越大，叶片气孔密度也越大。野外栓皮栎气孔密度与样地年平均降水量关系密切，随着样地年平均降水量的增加，栓皮栎叶片气孔密度随之减小，即干旱地区的栓皮栎叶片气孔密度较高，而湿润地区的栓皮栎叶片气孔密度较低。

表3-20　野外栓皮栎种群叶片的气孔密度多元线性回归方程系数

模　型	非标准化系数	标准系数	p	相关性		共线性统计量	
				零　阶	偏相关	容　差	VIF
常量	1 892.784	—	0.000	—	—	—	—
LMA	23.028	0.441	0.000	0.546	0.582	0.955	1.047
气孔长度	−54.555	−0.508	0.000	−0.486	−0.640	0.974	1.027
年降水量	−0.062	−0.380	0.000	−0.396	−0.522	0.942	1.061

3.4.4 栓皮栎叶片气孔开口面积指数

3.4.4.1 气孔开口面积指数的空间变异格局

野外及同质园样地的栓皮栎叶片 SOI 与样地纬度均无显著相关性(野外，$r^2=0.082$，$p=0.059$；同质园，$r^2=0.198$，$p=0.096$)；野外栓皮栎种群叶片 SOI 与样地经度呈显著负相关($r^2=0.12$，$p=0.021$)，栓皮栎叶片 SOI 随样地经度升高而减小，即东亚地区栓皮栎叶片 SOI 由东向西呈减小趋势。本研究中，同质园中不同地理种群栓皮栎叶片 SOI 与种源地经度无显著相关性($r^2=0.090$，$p=0.278$)(见图 3-18)。另外，野外及同质园的栓皮栎叶片 SOI 与样地海拔高度均无显著相关性(野外，$r^2<0.001$，$p=0.997$；同质园，$r^2=0.001$，$p=0.029$)。

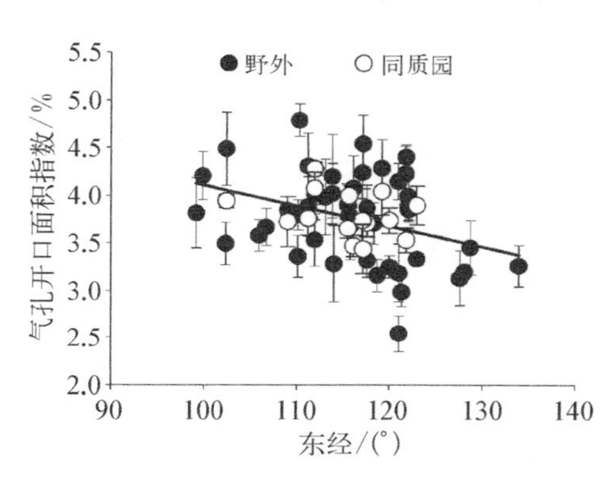

图 3-18 野外和同质园中不同栓皮栎种群叶片 SOI 与经度的关系

3.4.4.2 SOI 与气候因子的相关性

野外栓皮栎种群叶片 SOI 与样地年平均降水量呈极显著负相关($r^2=0.39$，$p<0.001$)，即 SOI 随着年平均降水量增大而减小(见图 3-19)。野外栓皮栎种群叶片 SOI 与样地年平均温度呈显著负相关($r^2=0.12$，$p=0.02$)，年平均温度高的样地栓皮栎叶片单位叶面积气孔最大开口面积较小；反之，栓皮栎叶片单位叶面积气孔最大开口面积较大。野外栓皮栎种群的叶片 SOI 与样地年平均月太阳辐射量显著正相关($r^2=0.16$，$p=0.011$)，即样地年平均月太阳辐射量越大，该样地的栓皮栎 SOI 也越大。野外栓皮栎种群叶片 SOI 与样地年平均每天日照时数无显著相关性($r^2=0.078$，$p=0.065$)，表明日照时数对栓皮栎叶片 SOI 的影响不大(见图 3-19)。同质园中不同地理种群栓皮栎叶片 SOI 与种源地气候因子无相关性($r^2=0.045$～0.194，$p=0.101$～0.446)(见图 3-19)。

3.4.4.3 SOI 与土壤元素含量的相关性

野外栓皮栎种群叶片 SOI 与土壤中 K 含量显著相关($r^2=0.15$，$p=0.019$)，叶片 SOI 随土壤 K 含量升高而增大[见图 3-20(a)]。此外，野外栓皮栎种群的叶片 SOI 还与土壤中 Ca 含量显著相关($r^2=0.18$，$p=0.012$)，叶片

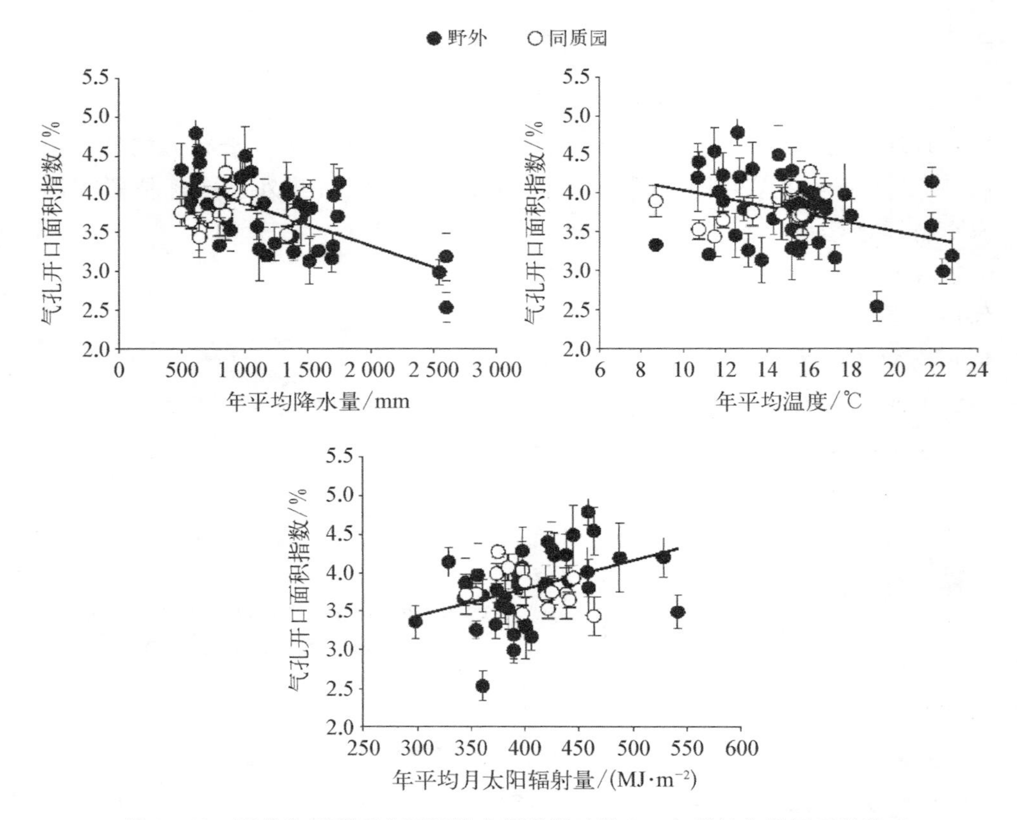

图 3-19 野外和同质园中不同栓皮栎种群叶片 SOI 与样地气候因子的关系

SOI 随土壤 Ca 含量升高而增大[见图 3-20(b)]。野外栓皮栎种群叶片 SOI 与土壤中 C、N、P、Mg 含量无显著相关性($r^2=0.023\sim0.147$, $p=0.079\sim0.377$)。同质园中不同地理种群的栓皮栎叶片 SOI 与种源地土壤中 C、N、P、K、Ca、Mg 含量均不存在显著相关性($r^2=0.002\sim0.092$, $p=0.315\sim0.873$)。

Ca^{2+} 和 K^+ 是植物组织的构成成分,并在维持细胞膜和细胞壁的稳定性、信号传导及气孔运动等方面起着至关重要的作用。植物组织结构的构建也需要足够量的 Ca 元素,Ca 的缺乏会影响植物叶片气孔的开关,从而导致蒸腾速率受到限制(Raven, 2002)。在解释气孔运动机理时,无机离子吸收学说认为气孔依靠 K^+ 浓度的变化来调节气孔保卫细胞运动。土壤中 Ca^{2+} 和 K^+ 浓度与土壤水分状况有密切联系。降水较多地区的土壤中 Ca 和 K 的供给能力相对低于降水较少地区,这很可能是雨水冲刷的强淋溶作用导致的(Hamdan and Ahmed, 2013)。根据前面的研究结果,气孔密度与样地年平均降水量呈显著负相关。因此，我们推断，在干旱地区，土壤中较高的Ca、K元素可能会使得植物叶片上发育更多的气孔以调节栓皮栎叶片的水分供给需求，但这一假说仍需要进一步试验验证。

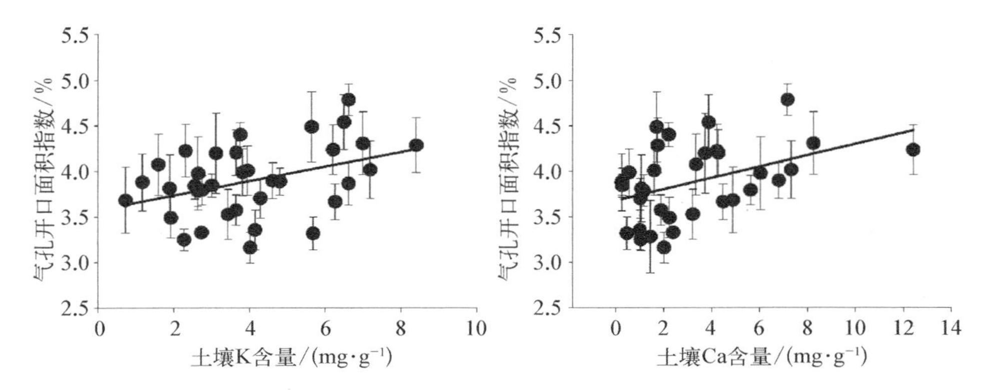

图3-20　野外不同栓皮栎种群叶片SOI与土壤元素含量的关系

3.4.4.4　SOI与气孔大小的相关性

野外栓皮栎种群叶片SOI与气孔宽度呈极显著正相关，与气孔长宽比值呈极显著负相关（气孔宽度，$r^2=0.25$，$p=0.001$；气孔长宽比值，$r^2=0.53$，$p<0.001$），气孔越趋于圆形，叶片SOI也愈大（见图3-21）。

同质园中不同种群栓皮栎叶片SOI随气孔宽度增大呈增大趋势，但其与气孔宽度的相关性不显著（$r^2=0.26$，$p=0.055$），同质园中不同种群栓皮栎叶片SOI与气孔长宽比值呈显著负相关（$r^2=0.39$，$p=0.013$）（见图3-21）。

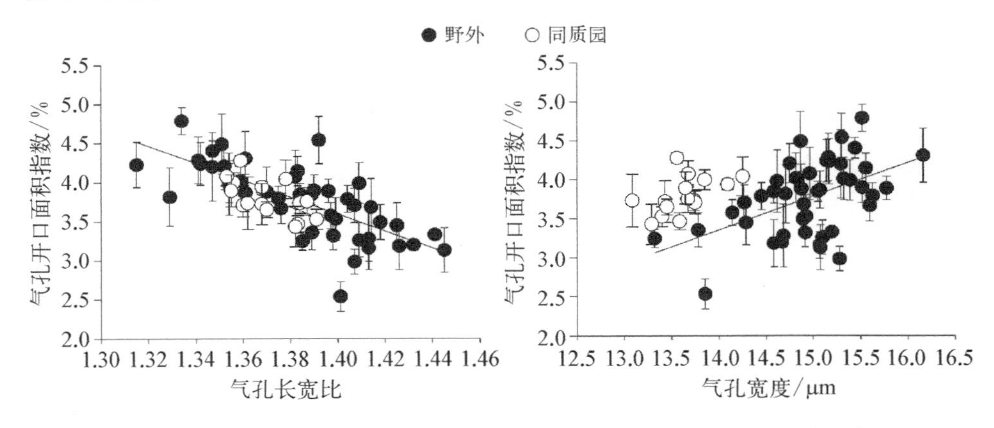

图3-21　野外和同质园中不同栓皮栎种群叶片SOI与气孔大小的关系

3.4.4.5　SOI与叶形态的相关性

野外栓皮栎种群叶片 SOI 与叶柄长度呈极显著正相关($r^2=0.24$，$p=0.001$)[见图 3-22(a)]，与叶片 LMA 呈极显著正相关($r^2=0.29$，$p<0.001$)[见图 3-22(b)]，表明栓皮栎叶片 SOI 会随叶柄长度及 LMA 的增大而增大。野外栓皮栎种群叶片 SOI 与叶片宽度呈显著正相关($r^2=0.10$，$p=0.037$)，即叶片越宽，叶片 SOI 也越大[见图 3-22(c)]。野外栓皮栎种群的叶片 SOI 与叶片长度、叶片长宽比及叶面积均无显著相关性($r^2=0.002\sim0.077$，$p=0.068\sim0.800$)。

同质园中不同地理种群的栓皮栎叶片 SOI 与叶形态性状均无显著相关性($r^2=0.001\sim0.252$，$p=0.056\sim0.911$)。

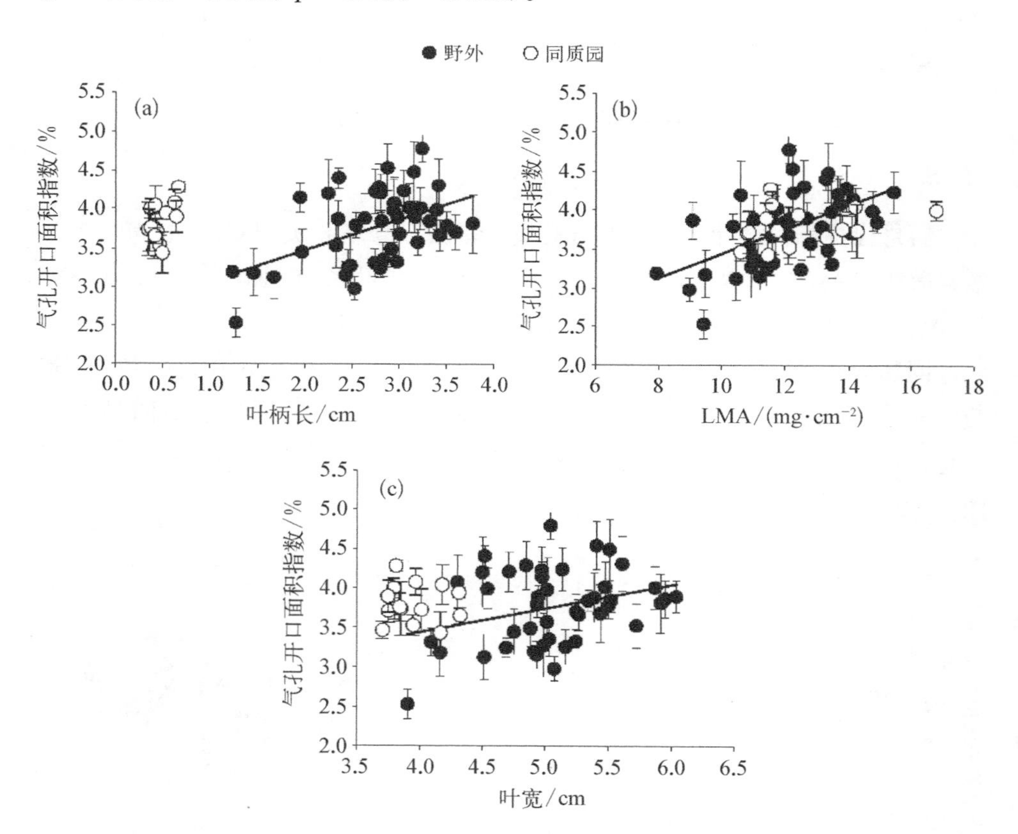

图 3-22　野外和同质园中不同栓皮栎种群叶片 SOI 与叶形态性状的关系

3.4.4.6　SOI与影响因子的多元线性回归分析

通过多元线性回归分析中的逐步回归法，以野外栓皮栎种群的叶片 SOI 为因变量，样地环境因子、叶形态及气孔大小等影响因子为自变量，建立了东亚地区野外栓皮栎叶片 SOI 与其影响因子的多元线性回归模型，并分析了影响因子对栓皮栎叶片 SOI 的贡献大小，建立的回归模型为

$$Y=-6.821X_1-0.0004X_2+0.092X_3+12.460 \quad (式 3-7)$$

式中，Y 为野外栓皮栎种群的叶片 SOI；X_1 为气孔长宽比值；X_2 为年降水量；X_3 为 LMA。回归方程的复相关系数为 $r^2=0.739$，显著性水平 $p<0.001$。

由表 3-21 中的共线性统计值，可见回归方程的共线性诊断指标均处于正常范围内，说明该回归方程所包含自变量之间的共线性不显著。

表 3-21 野外栓皮栎种群叶片 SOI 多元线性回归方程系数

模型	非标准化系数	标准系数	p	共线性统计量	
				容差	VIF
常量	12.460	—	0.001	—	—
气孔长宽比值	−6.821	−0.470	0.000	0.743	1.346
年降水量	−0.000 4	−0.350	0.000	0.798	1.253
LMA	0.092	0.325	0.000	0.894	1.118

由表 3-21 可知，东亚地区野外种群中栓皮栎叶片 SOI 的主要影响因子为气孔长宽比值、降水量及 LMA。东亚地区栓皮栎叶片 SOI 与气孔长宽比值呈极显著负相关，随气孔长宽比的增大而减小。东亚地区栓皮栎叶片 SOI 与样地年平均降水量呈极显著负相关，栓皮栎叶片 SOI 随样地降水量的增大而减小，干燥的样地栓皮栎 SOI 较大，而湿润地区的栓皮栎 SOI 较小。此外，栓皮栎叶片 SOI 与样地 LMA 也呈显著正相关。这 3 个影响因子对栓皮栎叶片 SOI 的贡献大小排序为气孔长宽比＞年平均降水量＞LMA。

栓皮栎叶片气孔最大开口面积仅约占栓皮栎叶片总面积的 4 %。与叶片气孔密度相比，SOI 与样地年平均降水量的关系更为密切（见图 3-19）。此外，SOI 与样地年平均温度呈显著负相关，表明 SOI 对环境因子非常敏感。在本研究中，栓皮栎所分布的东南地区气候温暖湿润，而西北地区相对较为寒冷干旱。干旱减小了气孔孔径大小，然而西北地区的栓皮栎叶片 SOI 高于东南地区的叶片 SOI，因此，SOI 与年平均降水量的负相关关系很可能与气孔密度在干旱地区

的大幅度增加有关(Buckley, 2005)。温度对气孔密度的影响受到水分状况制约。阳生叶单位叶面积气孔孔径面积要高于阴生叶(Sack et al., 2003b; Sack et al., 2005),这与本书研究结果一致,栓皮栎叶片SOI与样地年平均月太阳辐射量呈显著正相关(见图3-19)。植物叶片气孔的蒸腾作用是促使植物根部从土壤中吸收水分的主要驱动力。本书研究结果表明,野外栓皮栎叶片SOI的空间变异格局反映了植物对环境因子的适应性,在干旱生境中,较高的叶片SOI可提高植物获取水分及通过叶片气孔调节植物内部与外部环境间水分平衡的能力。

3.4.5 栓皮栎叶片气孔二维分布

3.4.5.1 栓皮栎叶片气孔 R_p 值的空间变异格局

野外栓皮栎种群的叶片气孔 R_p 值与样地纬度呈极显著正相关($r^2=0.210$, $p=0.002$),气孔 R_p 值随样地纬度升高而增大;同质园中不同地理种群栓皮栎叶片气孔 R_p 值与种源地纬度无显著相关性($r^2=0.006$, $p=0.781$)(见图3-23)。野外及同质园中样地栓皮栎叶片气孔 R_p 值与样地经度及海拔均无显著相关性($r^2=0.001$~0.014, $p=0.675$~0.805)。

总体来看,栓皮栎叶片气孔 R_p 值变异幅度较小,野外种群中气孔 R_p 值的变异幅度为0.66~0.74,而同质园中不同地理种群栓皮栎叶片气孔 R_p 值变异幅度为0.72~0.75,表现出了比野外种群更小的变异,这可能是由于同质园中的生长环境一致,表明环境因子对栓皮栎叶片气孔 R_p 值存在一定程度的影响,但本研究中野外不同样地环境条件差异并未改变栓皮栎叶片气孔分布类型,栓皮栎叶片气孔分布类型为非随机分布,介于簇状分布与随机分布之间。

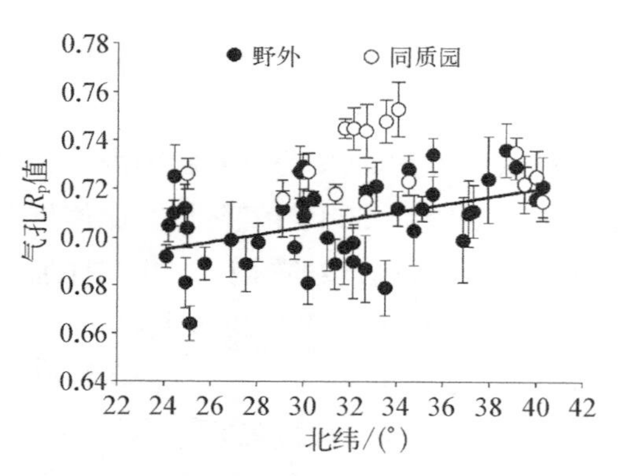

图3-23 野外和同质园中栓皮栎叶片气孔 R_p 值与纬度的关系

3.4.5.2 气孔 R_p 值与影响因子的相关性

线性相关分析表明,野外栓皮栎种群叶片气孔 R_p 值与样地年平均降水量呈极显著负相关($r^2=0.160$, $p=0.007$),样地降水量越大,栓皮栎叶片气孔 R_p 值越小,即干旱地区栓皮栎叶片气孔 R_p 值较大,而湿润地区栓皮栎叶片气孔 R_p 值较小[见图3-24(a)]。野外栓皮栎种群叶片气孔 R_p 值与年平均温度、年平均每天日照时数及年平均月太阳辐射量均无显著相关性($r^2=0.021\sim0.071$，$p=0.091\sim0.348$)。同质园中不同地理种群栓皮栎叶片气孔 R_p 值与种源地的气候因子无显著相关性($r^2=0.008\sim0.087$，$p=0.285\sim0.746$)。气孔 R_p 值与样地降水量呈显著负相关，表明在干旱环境中栓皮栎气孔 R_p 值会变大，这可能与水分亏缺使叶片气孔密度增大有关，进而提高了气孔 R_p 值。

野外栓皮栎种群的叶片气孔 R_p 值与气孔长度呈极显著正相关($r^2=0.235$，$p=0.001$)[见图 3-24(b)]，与气孔宽度也呈极显著正相关($r^2=0.231$，$p=0.001$)[见图 3-24(c)]，表明随着气孔大小的增大，气孔 R_p 值也会增加。野外栓皮栎种群的气孔 R_p 值与叶片形态性状及土壤元素含量均无显著相关性($r^2=0.001\sim0.064$，$p=0.151\sim0.902$)。同质园中不同地理种群栓皮栎叶片气孔 R_p 值与叶片形态性状、气孔大小及种源地土壤元素含量均无显著相关性($r^2=0.001\sim0.072$，$p=0.353\sim0.960$)。

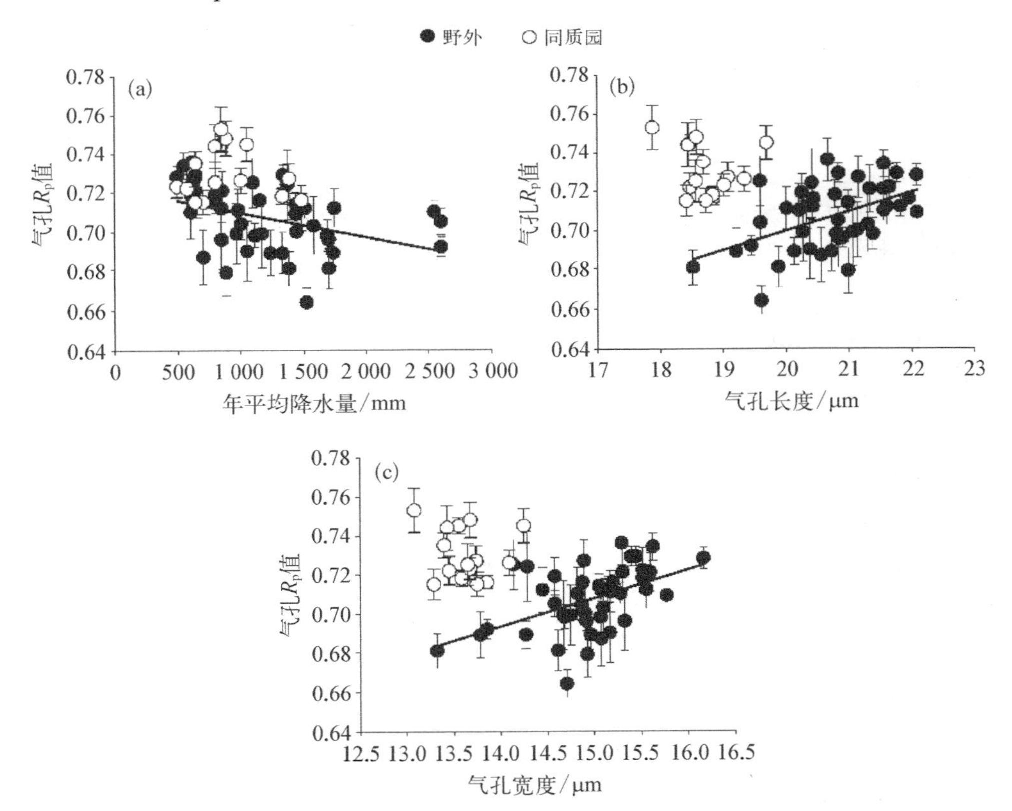

图 3-24　野外与同质园中栓皮栎叶片气孔 R_p 值与年平均降水量及气孔大小的关系

3.4.5.3 气孔 R_p 值与影响因子的多元线性回归分析

通过多元线性回归分析中的逐步回归法，以栓皮栎叶片气孔 R_p 值为因变量，样地环境因子、叶形态及气孔大小等因子为自变量，建立了东亚地区野外栓皮栎种群叶片气孔 R_p 值与其影响因子间的多元线性回归模型，分析了各影响因子对气孔 R_p 值的贡献大小，建立回归方程为

$$Y = 0.535 + 0.009X_1 - 1.054\mathrm{E}-05X_2 \quad (式 3-8)$$

式中，Y 为野外气孔密度；X_1 为气孔长度；X_2 为年降水量。该回归方程的复相关系数 $r^2 = 0.350$，显著性水平 $p < 0.001$。

由表 3-22 中的共线性统计值，可见回归方程的共线性诊断指标均处于正常范围内，说明该回归方程所包含的自变量之间的共线性不显著。

表 3-22 野外栓皮栎种群叶片气孔 R_p 值多元线性回归方程系数

模型	非标准化系数	标准系数	p	相关性		共线性统计量	
				零阶	偏相关	容差	VIF
常量	0.535	—	0.000	—	—	—	—
气孔长度	0.009	0.439	0.001	0.485	0.475	0.982	1.018
年平均降水量	−1.054E-05	−0.342	0.010	−0.400	−0.387	0.982	1.018

由表 3-22 可见，东亚地区野外栓皮栎种群叶片气孔 R_p 值的主要影响因子为气孔长度及年平均降水量。东亚地区栓皮栎气孔 R_p 值与气孔长度呈极显著正相关，气孔 R_p 值随气孔长度的增大而增大。野外栓皮栎种群的气孔 R_p 值与样地年平均降水量呈显著负相关，气孔 R_p 值会随年平均降水量的增大而减小。其中，这两个影响因子中对栓皮栎气孔 R_p 值影响最大的为气孔长度，其次是降水量。

3.5 叶片表皮毛密度空间变异格局及其对环境变化的响应

表皮毛由植物表皮细胞发育而来，广泛分布于陆生植物的茎秆、叶片、花、果实和根的表面。植物叶片表皮毛能够保护叶片抵御草食动物取食、减少水分散

失、反射过强的光照辐射等(Levizou et al., 2005; Molina-Montenegro et al., 2006)。这些功能能够调节植物的生理生态过程,有助于植物生存、竞争和扩大栖息地等。气候变化会影响许多植物的生境条件,使植物生长于逆境。叶片表皮毛特点如何响应这些环境变化,发挥其保护功能仍不清楚。

一般来说,叶片表皮毛类型及密度在同属植物中相对稳定,但因生长环境等不同,在植物种群间和种群内表现出很大差异(van Dam et al., 1999; Handley et al., 2005; Chen et al., 2010; Kim et al., 2011)。对于多数植物而言,叶片背面表皮毛密度高于叶片正面(张勇和尹祖棠, 1997),叶片边缘表皮毛密度高于叶片中部。在一个植株个体上,随着植株高度增加,叶片表皮毛密度变大(Leite et al., 1999),冠层顶部叶片表皮毛密度高于冠层内部叶片(Liakoura et al., 1997)。研究发现,叶片表皮毛是数量性状(Mauricio, 2005),其发育由多个基因共同控制。此外,叶片及植株年龄也影响叶片表皮毛密度,幼嫩叶片表皮毛密度高于成熟叶片(Chu et al., 2000; Chen et al., 2010),老龄植株叶片表皮毛密度高于幼龄植株(Leite et al., 2001)。

光照强度影响植物叶片表皮毛密度。叶片表皮毛密度与光合有效辐射(PAR)呈显著正相关,光照下生长的维康麻(*Wigandia urens*)叶片表皮毛密度远高于遮阴处的(Perez-Estrada et al., 2000)。生长在阳坡的栓皮栎表皮毛密度也高于生长在阴坡的(王金照, 2004)。阳光照射下叶片所处微环境比阴生叶片受到更多的水分及强光照胁迫(Liakoura et al., 1997),因而阳生叶更易过热或过度失水。一方面,阳生叶上较高的表皮毛密度提高了叶片对光线的反射率,可防止叶片过度散失水分、叶片过热和光抑制的伤害(Ehleringer and Björkman, 1978; Ntefidou and Manetas, 1996)。具有光滑叶片的加州脆菊(*Encelia california*)叶片的吸光率为50 %,而具有较高表皮毛密度的植物叶片沙漠毒菊(*E. farinosa*)的吸光率仅为20 %,表皮毛的高反光率使沙漠毒菊叶温比加州脆菊降低了约4 ℃(Ehleringer and Björkman, 1978)。另一方面,叶片表皮毛增加了叶片边界层厚度,并减少了叶片表面和微环境间水分压力差,从而降低了蒸腾速率,避免过度蒸腾作用导致植物脱水(Ehleringer and Mooney, 1978; Ehleringer and Cook, 1984)。Perez-Estrada等的研究结果也证实了上述论点,发现维康麻叶片表皮毛密度与叶片蒸腾速率呈显著负相关(Perez-Estrada et al., 2000)。

温度也会影响叶片表皮毛密度,高温环境通常会增加植物叶片表皮毛密度(Ehleringer and Mooney, 1978)。有研究表明,维康麻叶片表皮毛密度与温度呈显著正相关(Perez-Estrada et al., 2000)。叶片表皮毛增加了叶片边界层阻力,提高了叶片表面的热能传导,同时降低了叶片的光吸收率,从而降低了叶片温度(Ehleringer, 1982)。水分状况是影响植物叶片表皮毛密度的最重要的因子。生长在干旱生境中的植物表皮毛密度通常较高(Agrawal et al., 2009),叶片表皮毛是植物对干旱及高温环境的适应(Ehleringer and Mooney, 1978),表皮毛密度高的植物抗旱性强(王金照, 2004)。这可能主要是因为植物叶片表皮毛增加了叶片边界层厚度,从而降低了叶片水分散失速率(Morales et al., 2000; Perez-Estrada et al., 2000; Banon et al., 2004)。此外,叶片表皮毛也有利于反射日光辐射和分散热量,从而降低了叶片温度和蒸腾速率。在非干旱条件下,植物通过叶片蒸腾作用控制叶片温度;而在干旱条件下,可能是靠增加叶片表皮毛来控制叶片温度(Ehleringer, 1982)。土壤养分含量对植物叶片表皮毛密度的影响尚无一致结论。Barbour 等的研究表明,氮、磷、钾肥的施用降低了番茄(*Lycopersicon hirsutum*)叶片的表皮毛密度(Barbour et al., 1991)。此外,植物叶片表皮毛在提高植物叶片抗病虫害方面亦具有重要作用。

栓皮栎是东亚地区泛生性落叶乔木树种之一,叶片背面具表皮毛;其分布区环境复杂,横跨温带和亚热带,包括大陆地区和海岛,特别是分布区年平均降水量相差 2 000 mm。因此,栓皮栎成为一个在种的水平上研究植物叶片表皮毛性状空间变异格局及其与环境因子关系的理想树种。本试验以东亚地区 44 个样地采集的栓皮栎新鲜叶片为试验材料,揭示栓皮栎叶片表皮毛密度在东亚地区的地理分布格局及其环境驱动因子。同时,通过同质园试验探讨了栓皮栎叶片表皮毛密度的表现型可塑性及对环境变化的响应。

3.5.1 叶片表皮毛密度的测定

在野外每个样地选取 5 棵树,每棵树选取 3 片健康的成熟叶片,每片叶片的中部,用手术刀片切取长 5 mm,宽 2~5 mm 的样品块,用手术刀片轻轻刮去背面的表皮毛以便于观测。将样品块投入 2.5 %的戊二醛中(基于 PBS)(Wang et al., 2010),抽气直至叶片下沉没入固定液中,标本样品于冰箱中 4 ℃保存。用戊二醛固定后的样品,经 50 %、70 %、80 %、95 %、100 %乙醇梯度脱水各 15 min 后冷冻干燥。然后将干燥的样品块用导电胶固定在样品台上,喷金 15 min 后,利用扫描电镜进行表皮毛密度的测定,扫描电镜放大倍数为 1 000 倍,视野面积为 0.056 mm^2,每个样品块随机拍摄 3 个视野的气孔图片用于分析，用 Image J 软件测定视野内的已被刮去表皮毛的结点数目。

表皮毛密度(trichome density，TD，单位为个·mm^{-2})的计算公式为

$$TD = 表皮毛着生点数目 / 叶面积 \quad (式 3-9)$$

同质园中不同种群栓皮栎叶片表皮毛密度的扫描电镜前处理方法及密度测定方法同上述野外栓皮栎种群的样品。

3.5.2 叶片表皮毛形态和变异特征

栓皮栎叶片上表皮光滑，覆被厚蜡质层，而在叶片下表皮密被表皮毛，类型为星状表皮毛[见图 3-25(d)(e)(f)]，从表皮毛的基部着生点向各方向平行于

(a) (b) (c) (d) (e) (f) (g) (h) (i)

图 3-25 栓皮栎叶片表皮毛形态扫描电镜图

注：(a)野外的江苏句容种群，500 倍；(b)野外的江苏句容种群，1 000 倍；(c)野外的江苏句容种群，2 000 倍；(d)野外的安徽滁州种群，400 倍；(e)野外的安徽滁州种群，500 倍；(f)野外的安徽滁州种群，2 500 倍；(g)同质园的北京平谷种群，5 000 倍；(h)同质园的北京平谷种群，10 000 倍；(i) 同质园的北京平谷种群，20 000 倍。

叶片表面伸展出许多分枝，分枝数目大于等于3，每条分枝从基部至顶部逐渐变细。密集的表皮毛的分枝相互交错，成毯状覆盖于叶片表面[见图3-25(a)(b)(c)]。在扫描电镜的高倍放大下，可观察到细小的蜡质颗粒状分布在表皮毛的表面上[见图3-25(g)(h)(i)]。

野外及同质园中样地的栓皮栎叶片表皮毛密度均存在变异，同质园中不同种群栓皮栎表皮毛密度的变异小于野外种群(见表3-23)。野外种群与同质园中的栓皮栎叶片表皮毛密度存在极显著差异($p<0.001$)。

表3-23 野外与同质园中不同栓皮栎种群叶片表皮毛密度变异特点

单位：个·mm^{-2}

性 状	样地特点	平均值	最小值	最大值	SE	CV/%
表皮毛密度	野 外	460	326	552	7.48	11
	同质园	355	319	383	4.91	5

野外44个样地栓皮栎叶片表皮毛密度均值为460个·mm^{-2}，叶片表皮毛密度最大的样地为北京平谷(552个·mm^{-2})，最小的样地为台湾桃山(326个·mm^{-2})，变异幅度约1.7倍，变异系数为11%。同质园中15个不同地理种群栓皮栎叶片的表皮毛密度均值为355个·mm^{-2}，表皮毛密度最大的种群为辽宁庄河(383个·mm^{-2})，最小的种群为云南安宁(319个·mm^{-2})，变异幅度约1.2倍，变异系数仅为5%(见表3-23)。

表3-24的方差分析结果表明，东亚地区的栓皮栎叶片表皮毛密度在野外44个样地间存在极显著差异($p<0.001$)。同质园中15个不同地理种群栓皮栎叶片表皮毛密度不存在显著差异($p=0.521$)。

表3-24 野外与同质园中不同栓皮栎种群叶片表皮毛密度的方差分析

变异来源	野 外					同质园				
	平方和	df	均方	F	p	平方和	df	均方	F	p
组间	480 270.215	43	11 169.075	2.637	0.000	19 956.703	14	1 425.479	0.945	0.521
组内	673 411.028	159	4 235.289			67 903.396	45	1 508.964		
总变异	1 153 681.243	202				87 860.099	59			

与同质园中种群间的变异相比，栓皮栎叶片表皮毛密度在野外的不同种群间变异更大(见表 3-23)，而且本试验中在同质园生长的 15 个不同地理种群的栓皮栎叶片表皮毛密度无显著差异(见表 3-24)，这表明同质园中较为一致的生长环境减小了由野外不同环境产生的表皮毛密度的变异，也体现了栓皮栎叶片表皮毛密度对环境变化的高度敏感，且具有高度表现型可塑性及环境适应性。

3.5.3 环境因素对叶片表皮毛密度的影响

3.5.3.1 叶片表皮毛密度与气候因子的相关性

野外栓皮栎种群的叶片表皮毛密度与样地年平均降水量呈极显著负相关($r^2=0.159$, $p=0.007$)，随着样地降水量的增大，栓皮栎叶片表皮毛密度逐渐减小；同质园中不同地理种群栓皮栎叶片表皮毛密度与种源地年平均降水量无显著相关性($r^2=0.006$, $p=0.790$)[见图 3-26(a)]。野外栓皮栎种群叶片表皮毛密度与样地年平均月太阳辐射量呈正相关($r^2=0.095$, $p=0.053$)，栓皮栎叶片表皮毛密度随着样地年平均月太阳辐射量的增加逐渐增大；同质园中不同地理种群的栓皮栎叶片表皮毛密度与种源地的年平均月太阳辐射量无显著相关性($r^2=0.054$, $p=0.404$)[见图 3-26(b)]。此外，野外及同质园中样地的栓皮栎叶片表皮毛密度与样地温度及日照时数均无显著相关性($r^2=0.001\sim0.074$, $p=0.074\sim0.985$)。

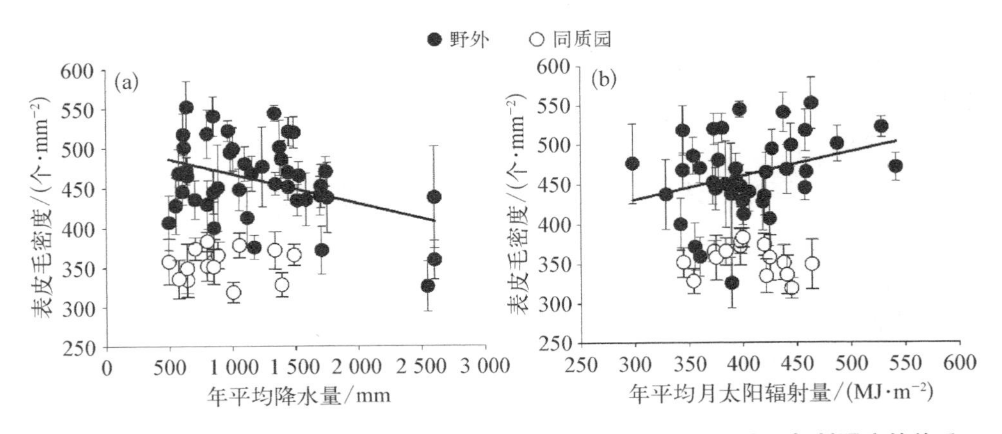

图 3-26 野外与同质园中栓皮栎种群叶片表皮毛密度与降水量及太阳辐射强度的关系

已有研究表明，植物叶片表皮毛密度与水分胁迫正相关(Hardin, 1979; Ehleringer, 1982; 张勇和尹祖棠, 1997)，叶片表皮毛是植物对干旱环境的适应

(Ehleringer and Mooney, 1978),生长在干旱生境中的植物表皮毛密度通常较高(Agrawal et al., 2009)。维康麻的叶片表皮毛密度具有较强的可塑性,在干旱季节的表皮毛密度高于潮湿季节(Perez-Estrada et al., 2000)。较高的表皮毛密度能增加植物的保水功能,提高植物的抗旱性(王金照, 2004)。Ghorashy 等的研究表明,表皮毛密度与植物叶片蒸腾速率之间关系密切,无表皮毛的大豆(*Glycine max*)叶片蒸腾速率要远高于叶片上有表皮毛的大豆(Ghorashy et al., 1971)。植物叶片表皮毛有利于植物保持叶片表面水分,从而提高叶片水势(Morales et al., 2000; Banon et al., 2004)。叶片上的表皮毛可降低叶片表面和微环境间的水分压力差,从而在水分调控中发挥重要作用,使水分散失,减至最小(Gay and Hurd, 1975; Ehleringer and Mooney, 1978)。叶片表皮毛降低了叶片水分散失速率(Ehleringer and Mooney, 1978; Ehleringer and Cook, 1984; Sandquist and Ehleringer, 1998; Perez-Estrada et al., 2000),这是由于叶片表皮毛也增加了叶片边界层厚度(Ghorashy et al., 1971),相应地降低了水蒸气扩散的传导率。近叶片表面较高的蒸汽压可以在很低的蒸腾速率情况下促进气孔开放与 CO_2 吸收,从而提高水分利用效率(Smith and McClean, 1989; Agrawal et al., 2009)。在湿润的环境中,更多地依赖于蒸腾降温,所以叶片表皮毛密度较低(Orians and Solbrig, 1977)。在干旱地区,蒸腾降温所需的水分受到限制,因而叶片表皮毛提供了一个维持适宜叶片温度以供选择的替代机制(Ehleringer and Mooney, 1978)。在干旱胁迫下,降低叶片水分导度结合增加叶片反射率是提高叶片水分利用效率的关键因素(Ehleringer and Cook, 1984)。

在同一植株中,外层叶片表皮毛密度高于内层叶片(Liakoura et al., 1997; Filella and Penuelas, 1999)。Kennedy 等的研究表明叶片表皮毛密度受光照强度和光照时间长短交互作用的影响,低光照强度下延长光照时间对叶片表皮毛密度无影响,而在高光照强度下延长光照时间会显著提高叶片表皮毛密度(Kennedy et al., 1981)。本研究结果表明,栓皮栎叶片表皮毛密度与样地年平均月太阳辐射量呈显著正相关(见图 3-26),而与当地日照时数不相关,表明太阳辐射显著影响栓皮栎叶片表皮毛密度,而光周期长短对栓皮栎表皮毛密度无影响。在高日照辐射下,叶片表皮毛对于维持叶片温度接近植物光合作用的最适温度具有重要意义(Ehleringer and Mooney, 1978)。较高的表皮毛密度增加了叶片边界层厚度与叶片对光线的反射率(Liakoura et al., 1997),从而提高了叶片表面的热能传导效率,降低了叶片温度(Ehleringer and Mooney, 1978)及避免叶片受到光抑制的伤害(Ntefidou and Manetas, 1996)。叶片表皮毛可显著减少植物叶片的吸光率。同时较高的表皮毛密度还减少了植物的蒸腾作用(Perez-Estrada et al.，2000)，从而提高了水分利用效率。

3.5.3.2　叶片表皮毛密度与土壤元素含量的相关性

野外及同质园中样地栓皮栎叶片表皮毛密度与叶片气孔大小及样地土壤元素含量均无显著相关性($r^2=0.001\sim0.207$，$p=0.088\sim0.988$)。养分与植物叶片表皮毛密度间的关系可能与植物种类有关。N、P、K 肥料施用量的增加降低了番茄的表皮毛密度(Barbour et al.，1991)，这可能与低养分导致植物叶片面积减少有关(Roy et al.，1999)。Leite 等的研究表明 N 肥和 K 肥对番茄表皮毛密度均无显著影响(Leite et al.，1999)。本研究结果表明栓皮栎叶片表皮毛密度与土壤养分含量无显著的相关性。

3.5.3.3　叶片表皮毛密度与叶片功能性状的相关性

野外栓皮栎种群的叶片表皮毛密度与叶片的叶柄长度呈显著正相关($r^2=0.145$，$p=0.011$)，叶片表皮毛密度随叶柄长度的增加而增大[见图 3-27(a)]；野外栓皮栎种群的叶片表皮毛密度与叶片 LMA 呈极显著正相关($r^2=0.235$，$p=0.001$)，表皮毛密度随叶片 LMA 的增大而增大[见图 3-27(b)]。野外栓皮栎种群叶片表皮毛密度与其他叶形态性状无显著相关性($r^2=0.001\sim0.008$，$p=0.557\sim0.936$)。同质园中不同地理种群栓皮栎叶片表皮毛密度与叶形态性状均无显著相关性($r^2=0.001\sim0.251$，$p=0.057\sim0.992$)。

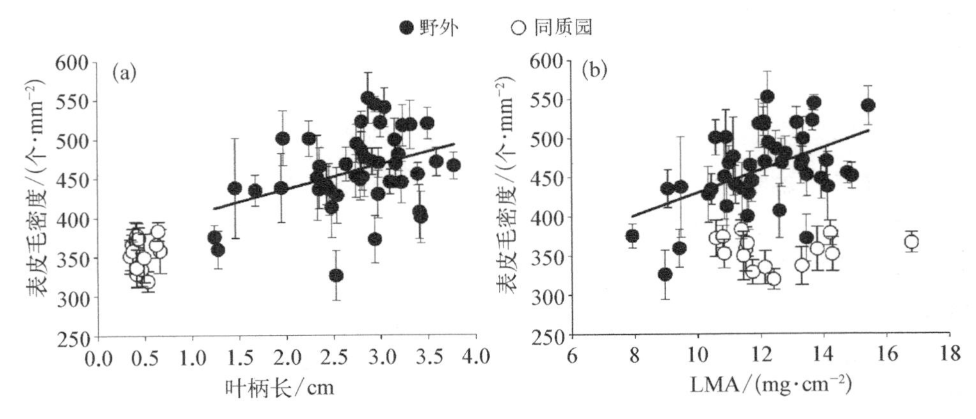

图 3-27　野外与同质园中不同栓皮栎种群叶片表皮毛密度与叶柄长和 LMA 之间的关系

野外栓皮栎种群叶片表皮毛密度与气孔密度呈极显著正相关($r^2=0.510$，$p<0.001$)，但同质园中不同地理种群的栓皮栎叶片表皮毛密度与气孔密度无

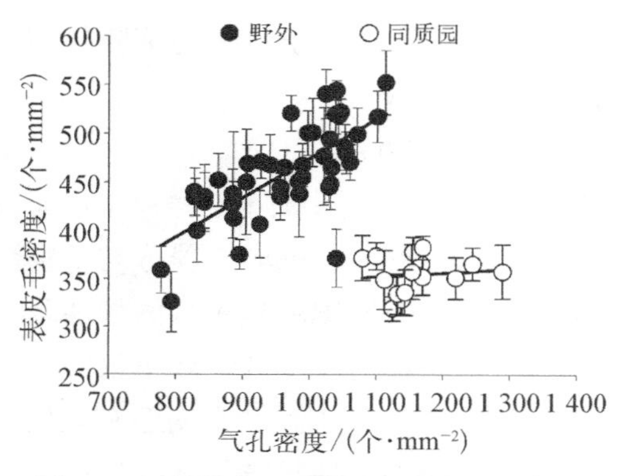

图 3-28　野外与同质园中不同栓皮栎种群叶片表皮毛密度与气孔密度的关系

显著相关性($r^2=0.015$, $p=0.663$)(见图 3-28)。野外种群及同质园中的栓皮栎叶片表皮毛密度与叶脉密度,以及叶脉密度与气孔密度均不相关($p=0.371\sim0.993$)。

叶片的叶柄在植物水分及养分运输中有重要作用,部分叶片水分传导阻力来源于叶片的叶柄(Sack et al.,2005),叶柄长度的增加提高了叶片水分传导阻力,有利于在干旱环境中降低植物叶片蒸腾速率,从而提高水分利用效率。在干旱胁迫下,叶片水分散失速率的降低及叶片对光线反射率的增大是提高叶片水分利用效率的决定因素(Ehleringer and Cook, 1984)。因而,本研究中栓皮栎叶片表皮毛密度与叶柄长度的相关性体现了在适应外界环境的过程中栓皮栎叶片的不同性状在功能上的一致性。叶片 LMA 随水分胁迫的增加而变大(Ehleringer and Cook, 1984),干旱期植物 LMA 的增大对提高植物水分利用效率具有重要意义(Cunningham and Strain, 1969)。Ehleringer 的研究表明 LMA 增大与表皮毛增加有关,当表皮毛被去除后,干旱胁迫下 LMA 无显著变化(Ehleringer and Cook, 1984)。本研究中栓皮栎叶片 LMA 随表皮毛密度的增大而增大,LMA 增加是否亦归因于表皮毛密度的增加尚需今后进一步论证。

马利筋属(*Asclepias* spp.)植物中有表皮毛的植物叶片气孔密度低于光滑的植物叶片(Agrawal et al., 2009),表明叶片气孔与表皮毛间可能存在竞争关系。但本研究结果表明,栓皮栎叶片气孔密度与表皮毛密度呈极显著正相关。叶片表面的表皮毛对于维持植物叶片的水分平衡及反射过强光照辐射具有重要意义(Levizou et al., 2005; Molina-Montenegro et al., 2006)。植物叶片的气孔在调节植物水分蒸腾速率,提高水分利用效率方面发挥重要的作用(Xu and Zhou, 2008)。本研究表明,野外种群中的栓皮栎叶片气孔密度与表皮毛密度均随样地降水量的减少而显著提高,并且在同质园中种植两年后,气孔密度与表皮毛密度均表现为在不同地理种群间无显著差异,这均体现了栓皮栎叶片气孔与表皮毛性状变异的一致性。在特定生长环境中,行使相同功能的叶片性状在功能上相适应(Reich et al., 2003; Ackerly, 2004)或相对独立但可被共同选择

(Givnish, 2003; Givnish et al., 2005; Dunbar-Co et al., 2009)。本研究表明，在适应环境的过程中，栓皮栎叶片气孔与表皮毛性状可能存在着较强的协同演化关系。

3.5.3.4　叶片表皮毛密度与影响因子的多元线性回归分析

本研究通过多元回归分析中的逐步回归法，以野外栓皮栎种群的叶片表皮毛密度为因变量，栓皮栎叶片表皮毛密度的影响因子为自变量，分析了东亚地区野外栓皮栎种群叶片表皮毛密度及其环境因子的相关性，并建立了线性回归模型，回归方程为

$$Y = 353.597 + 11.849X_1 - 0.031X_2 \quad (式\ 3-10)$$

式中，Y 为野外表皮毛密度；X_1 为 LMA；X_2 为年平均降水量。该回归方程的复相关指数 $r^2 = 0.312$，显著性水平 $p = 0.001$。

该回归方程的共线性诊断指标均处于正常范围内，说明该回归方程所含的自变量之间的共线性不显著。根据表 3-25 可知，野外栓皮栎种群的叶片表皮毛密度的主要影响因子为 LMA 与样地年平均降水量。这两个影响因子对栓皮栎叶片表皮毛密度的贡献大小为：LMA＞年平均降水量。野外栓皮栎种群的叶片表皮毛密度与叶片 LMA 呈极显著正相关，表明叶片表皮毛密度会随叶片 LMA 的增大而增大。东亚地区栓皮栎叶片表皮毛密度与样地的年平均降水量呈显著负相关，样地年平均降水量越大，栓皮栎叶片表皮毛密度越小，即干燥地区的栓皮栎叶片表皮毛密度较大，而湿润地区的栓皮栎叶片表皮毛密度相对较小。

表 3-25　野外栓皮栎种群叶片的表皮毛密度多元线性回归方程系数

模　型	非标准化系数	标准系数	p	相关性		共线性统计量	
				零　阶	偏相关	容　差	VIF
常　量	353.597	—	—	—	—	—	—
LMA	11.849	0.380	0.010	0.444	0.410	0.965	1.036
年平均降水量	−0.031	−0.345	0.017	−0.416	−0.379	0.965	1.036

4 栓皮栎叶片营养元素特征与环境适应机制

4.1 引言

植物营养元素含量和叶片化学计量特征是研究植物养分限制、养分循环和植物对气候变化响应的关键指标，各元素间的化学计量耦合也是维持植物生长，并实现相关生态系统功能的关键因子（曾德慧和陈广生，2005；Tian et al.，2019）。在陆地生态系统中，叶片化学计量变异及其控制因子已经被广泛报道（Elser et al.，2009；Agren and Weih，2012），包括全球尺度（Reich and Oleksyn，2004；Reich，2005；Ordonez et al.，2009）、地区尺度（Han et al.，2005；Han et al.，2011）以及生态系统水平的研究（Zhou et al.，2013；Zhao et al.，2014）。多种假说已经被提出以解释这些潜在机制，其中包括温度-植物生理假说（Reich and Oleksyn，2004）、生物地球化学假说（Reich and Oleksyn，2004）、生长速率假说（Elser et al.，2003），以及限制性元素稳定性假说（Han et al.，2011）。然而，此前报道多为 Meta 分析或多物种组合研究，而关于单一树种营养元素含量在大地理空间分布范围内如何变异，以及是否仍然遵循这些假说的相关研究报道较少。因此，本章以在东亚分布广泛的树种之一栓皮栎为研究对象，系统探究栓皮栎叶营养元素含量和化学计量特征在区域尺度和海拔梯度上的变异格局及其驱动因子，揭示栓皮栎适应环境变化的机制和应对策略，为预测其是否适应未来气候变化提供理论依据。

4.2　栓皮栎叶营养元素对区域环境变化的响应

叶片是植物生长代谢较活跃的器官，对外界环境变化较敏感，其化学计量特征变化能快速反应植物对环境变化的响应。而且，作为植物生长代谢最活跃的器官，可能会享有植物养分优先分配权，其化学计量特征变化也会受植物养分分配策略干扰(Yan et al.，2016)。由此可见，植物叶片化学计量特征的变异是植物适应环境变化的一种生理生化以及养分分配综合调控的结果。例如，快速生长的植物含有低 N∶P 比，是由于植物 N∶P 反映了其蛋白质与 rRNA 的比值(N 是蛋白质的重要组分，而 P 是 rRNA 的组分)，快速生长的植物需要高 rRNA 来满足其生长需求(生长速率假说)。此外，N∶P 比在一定程度上还能表征植物养分限制，例如，N∶P 比小于 10，表明植物生长可能受 N 限制，相反，如果比值大于 20，表示生长可能受 P 限制(Gusewell，2004)。

已有很多研究借助 Meta 分析收集文献数据，评估了陆生植物属、植物功能群或植物区系在全球尺度、区域尺度(中国)或局域尺度上的变异特点及其内在的驱动因子(Gusewell，2004；Reich and Oleksyn，2004；Han et al.，2011；Tian et al.，2019)。然而，令人惊讶的是，对于适应广泛的单个物种叶化学计量特征的种内变异及其驱动因子和机制知之甚少。通过研究分布广泛的植物种叶片化学计量特征的种内变异，可以消除种间变异的干扰效应，能更好地揭示气候变化对植物化学计量特征的影响，从而促进我们对广泛分布的物种如何调节其化学计量组成以应对气候变化的理解(De Frenne et al.，2013；Sun et al.，2015a；Tong et al.，2021)。一些广泛分布的树种，如在欧洲的挪威云杉(*Picea abies*)，或者是在东亚(中国、日本和韩国)的栓皮栎，其跨纬度分布梯度较大，为研究植物营养元素含量种内变异及其控制因素提供了理想的研究对象。Kang 等发现随着年平均温度增加与纬度降低，挪威云杉叶 N 含量和 N∶P 比呈现出一个驼型变异模式，而叶 P 含量与纬度无显著关系(Kang et al.，2011)。De Frenne 等也观察到叶片 N∶P 在种内随着纬度增加而降低(De Frenne et al.，2013)。这些种内变异模式与全球和区域尺度下的跨物种变异模式的一些结论稍有偏差(Reich et al.，2004)。此外，植物生长需要多种元素的平衡，即使是微量元素的限制也会抑制植物光合作用，降低初级生产力(Han et al.，2011)。因此，本节以栓皮栎为研究对象，研究其叶片营养元素含量和化学计量比在区域尺度上的变异格局以及驱动因子，揭示栓皮栎对区域环境变化的适应机制。

4.2.1 试验设计与分析方法

根据栓皮栎在中国大陆的分布范围(王婧，2009；王婧等，2009)，选择在中国分布区内具有代表性的栓皮栎种群作为研究对象，设置采样点，每个采样点选择5棵健康的栓皮栎作为样树。自2007年到2010年，从分布最高纬度开始采集，连续收集了4年的栓皮栎叶片。采集树冠向阳发育成熟的叶片，装入含冰的保温盒，邮寄回实验室，采用脱脂棉沾蒸馏水擦掉叶面表面灰尘，然后用蒸馏水冲洗。将清洗干净的叶片放入烘箱，在65℃下烘72 h，然后粉碎过60目网筛，保存待测(吴丽丽，2011)。采集0～10 cm表层土壤样品带回实验室进行分析，采用直径为2.5 cm的土钻采集，每一采样点采集5份混合土壤样品(Kang et al.，2011)。带回实验室后，在阴凉通风处阴干，采用玻璃研磨器研磨，然后过100目网筛后保存待测。

为了提高数据正态性，在数据分析前，对叶片元素含量进行lg数据转换。利用线性回归方法分析叶片化学计量特征与环境因子和纬度的关系。为了避免气候因子之间共线性引起的问题，我们使用层次划分来探索不同气候因子对化学计量特征变化的贡献(Heikkinen et al.，2004)。层次划分使用R package 'hier. part'(Walsh and MacNally，2003)。所有统计分析均使用R 3.1.3 (R Development Core Team 2016)完成。

4.2.2 叶营养元素变异特征及其驱动因子

4.2.2.1 栓皮栎叶片营养元素含量变化特征

如表4-1所示，栓皮栎叶片N浓度的平均值稍低于中国落叶阔叶林和植物区系，但是略高于中国其他栎属和常绿树。与中国整个植物区系、落叶阔叶以及栎属叶片P含量相比，栓皮栎叶片P的平均浓度约降低了33％，这可能由于栓皮栎林土壤中P的有效性较低，同时也反映了栓皮栎具有较高的P利用率，例如，栓皮栎P的重吸收率比全球以及中国区域内整个植物区系的P重吸收率高10％～20％(Sun et al.，2016b)。栓皮栎叶片N∶P比较中国植物区系叶片N∶P比略高，这主要是其较低的P含量所致。尽管如此，栓皮栎叶片N、P含量和N∶P比仍在中国植物区系叶片范围内。栓皮栎叶片的K、Ca、Mg和S含量均低于中国植物区系和中国落叶阔叶树叶片相应的元素含量，该结果表明了栓皮栎具有较高的元素利用效率(Niinemets，2015)。

表 4-1 栓皮栎叶元素含量和 N∶P 比与中国各地的栎属植物和植物区系的比较

	N		P		K		Ca		Mg		S		N∶P		来源
	平均值	范围	平均值	范围	平均值	范围	平均值	范围	平均值	范围	平均值	范围	平均值	范围	
栓皮栎	19.0	13.2～24.6	1.0	0.5～2.3	6.6	3.9～8.5	10.7	4.5～20.6	2.3	1.1～3.9	1.7	1.2～2.8	20.5	8.9～37.6	本研究
栎属	17.3	7.8～32.3	1.5	0.4～3.0									14.0	6.1～34.8	Wu et al. (2012)
落叶阔叶树	23.1		1.5		11.1		15.1		3.8		2.0		16.0		Han et al. (2011)
常绿阔叶树	16.7		1.0		7.3		6.2		1.8		1.1		16.8		Han et al. (2011)
植物区系	20.2	6.3～52.6	1.5	0.05～10.3	13.1		13.7		2.9				16.4	3.3～78.9	Han et al. (2005, 2011)
植物区系	20.0	4.5～49.9	1.4	0.05～12.6	13.1	0.1～81.8	15.5	0.1～98.3			3.3	0.1～33.6	17.0	1.2～59.4	Zhang et al. (2012)

注：元素含量以 $mg \cdot g^{-1}$ 为单位；N∶P 为质量比。范围表示观测或报告值的最小值和最大值。

4.2.2.2　栓皮栎营养元素在区域尺度上的变异特征

在栓皮栎采样区域内，我们观察到元素含量在其分布范围内存在很大变异（变异系数 CV，%），而且不同元素在区域尺度上的变异也存在很大的差异。例如，变异最小元素是 C（CV＝5%），而变异最大的元素是 P，变化范围为 0.47 ～ 2.25 mg · g^{-1}（CV＝30%）（见表 4－2），该结果支持 Han 等提出的限制元素稳定性假说（Han et al.，2011）。与栎属元素变异相比，栓皮栎叶片元素变异略小，而且显著小于中国整个植物区系叶片元素的变异。这表明植物叶片化学计量特征在大尺度变化上主要是由物种间的差异和物种更替所主导，即物种组成沿空间梯度和环境梯度的变化，支持物种组成假说（Reich and Oleksyn，2004；Buckley and Jetz，2008）。该结果也证实了植物在物种水平上保持着一定程度的化学计量内稳态（Watanabe et al.，2007）。但是，与局域尺度上栎属叶片元素变异相比，其变异较大（见表 4－3）。土壤养分的异质性和植物不同年龄是驱动一个区域内的植物叶片化学计量特征变异的主要因子，而气候因素是驱动区域尺度上叶片化学计量特征变异的重要因子。这与 Sardans 等的观点一致，证明了加泰罗尼亚森林中叶子养分特征的变化主要与气候有关（Sardans et al.，2011）。这些比较表明，在大尺度下，一个物种叶片化学计量特征的变异是植物适应不同气候条件的关键特征。

表 4－2　栓皮栎叶片营养元素含量变化特征

元　素	平均值/（mg · g^{-1}）	最大值/（mg · g^{-1}）	最小值/（mg · g^{-1}）	SE	CV/%	样品量
C	487.30	527.52	418.75	2.96	5	82
N	19.00	24.56	13.17	0.26	13	82
P	1.03	2.25	0.47	0.03	30	82
K	6.55	8.53	3.88	0.12	16	82
Ca	10.71	20.60	4.53	0.33	28	82
Mg	2.25	3.88	1.05	0.066	27	82
S	1.69	2.83	1.23	0.040	23	45
N∶P	20.48	37.61	8.91	0.63	28	82

表 4-3　不同尺度上栓皮栎和其他植物种类叶片元素含量的变化范围

单位：mg·g^{-1}

元素	区域尺度		局域尺度		局域尺度		美国夏威夷*			
	栓皮栎		栓皮栎		麻栎		多型铁心木(无毛，*Metrosideros polymorpha* var. *glaberrima*)		多型铁心木(有毛，M. *polymorpha* var. *polymorpha*)	
	最大值	最小值	最大值	最小值	最大值	最小值	最大值	最小值	最大值	最小值
C	527.52	418.75	509.04	492.98	509.87	492.93				
N	24.56	13.17	26.85	20.34	26.50	22.77	14.20	8.60	10.70	7.50
P	2.25	0.47	0.95	0.68	1.14	0.84	1.13	0.60	1.02	0.51
K	8.53	3.88	6.58	4.14	6.23	4.65	8.00	3.80	7.90	4.70
Ca	20.60	4.53	12.42	9.69	10.94	9.79	15.80	3.70	8.20	5.60
Mg	3.88	1.05	2.27	1.62	2.18	1.42	2.60	1.30	2.20	1.30
S	2.83	1.23	1.66	1.26	2.06	1.78				

注：* 参考了 Vitousek et al. (1995)的相关资料和南京句容林场栓皮栎(*Q. variabilis*)及麻栎(*Q. acutissima*)。

除 C、Ca 和 S 外，栓皮栎叶片元素含量与纬度均呈显著正相关[见图 4-1(a)]，该变异格局类似于全球尺度上和区域尺度上不同物种组合的叶片元素变异格局(Reich et al.，2004；Han et al.，2005)，但是响应幅度较小(见图 4-2)。然而，Tong 等研究发现，杉木叶片 C 含量随着纬度增加而降低，但是 N 和 P 无显著变异格局(Tong et al.，2021)；在 Zhao 等对数据库的分析结果中也发现类似的叶片 C 含量与纬度的变异格局(Zhao et al.，2018)。不同研究结果可能源自针叶树和阔叶树在应对区域尺度上环境因子变化时的差异，例如，针叶树叶纤维素以及次生代谢物质-单宁含量(这些物质富含 C)与阔叶树具有差异。该研究结果说明广布种具有一定程度的调节元素含量的能力。这主要是由于植物在高纬度低温下需要通过提高养分含量来提高生理生化反应速率，这符合植物生理-温度假说。尽管 N、P 和 Mg 与纬度均呈正相关，但是 P 随纬度增加而上升的幅度显著高于 N 和 Mg[见图 4-1(a)]。该现象的出现可能有以下两方面原因：一是北方植物为了完成发育，需要在低温下维持一定的生长速率，根据生长速率假说，对 P 需求会更高；二是正如生物地球化学假说，在南方湿热区高风化强淋溶的土壤中，可利用 P 含量低。这些因素的结合导致植物 P 含量在纬度上的变异幅度较其他元素大。

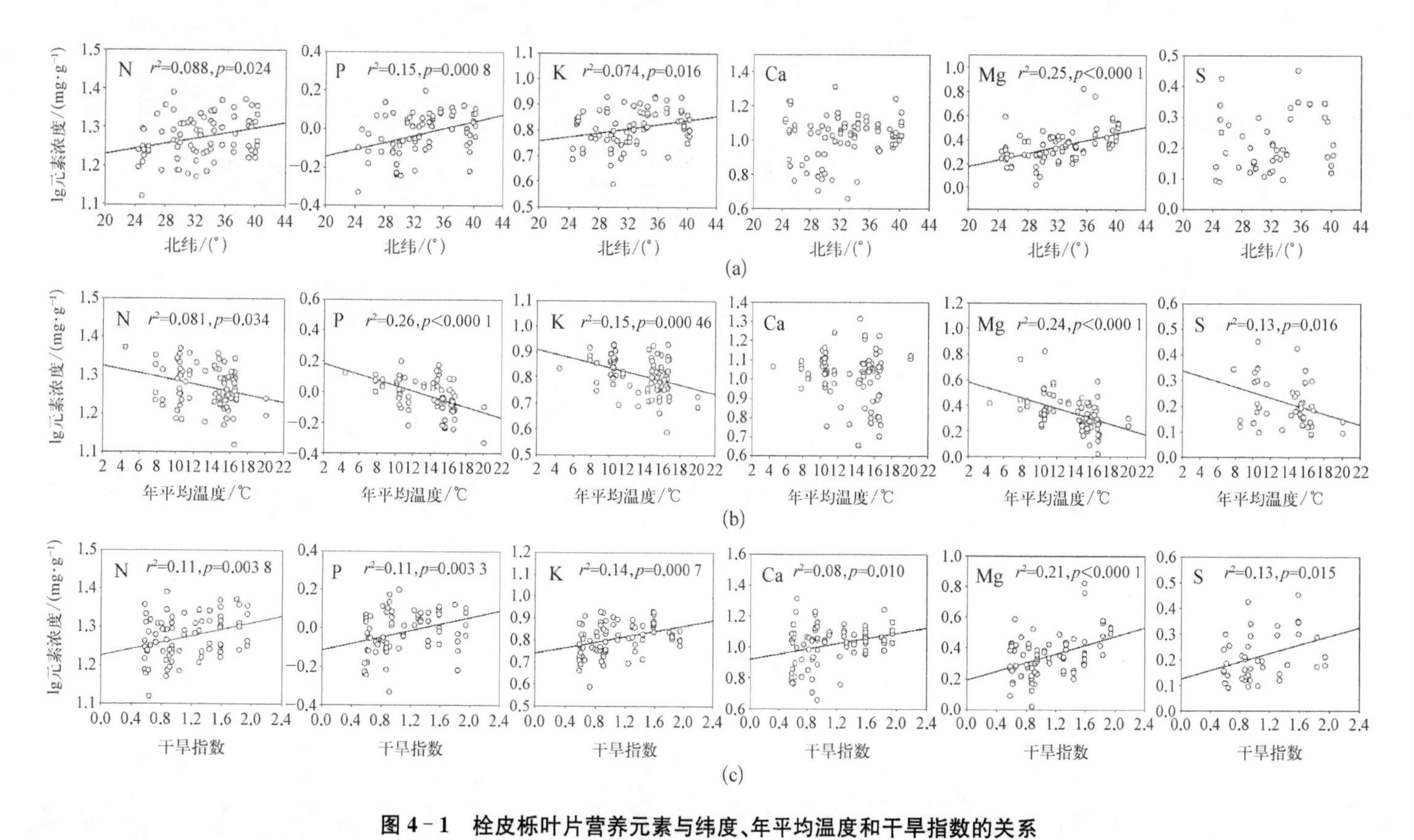

图 4－1　栓皮栎叶片营养元素与纬度、年平均温度和干旱指数的关系

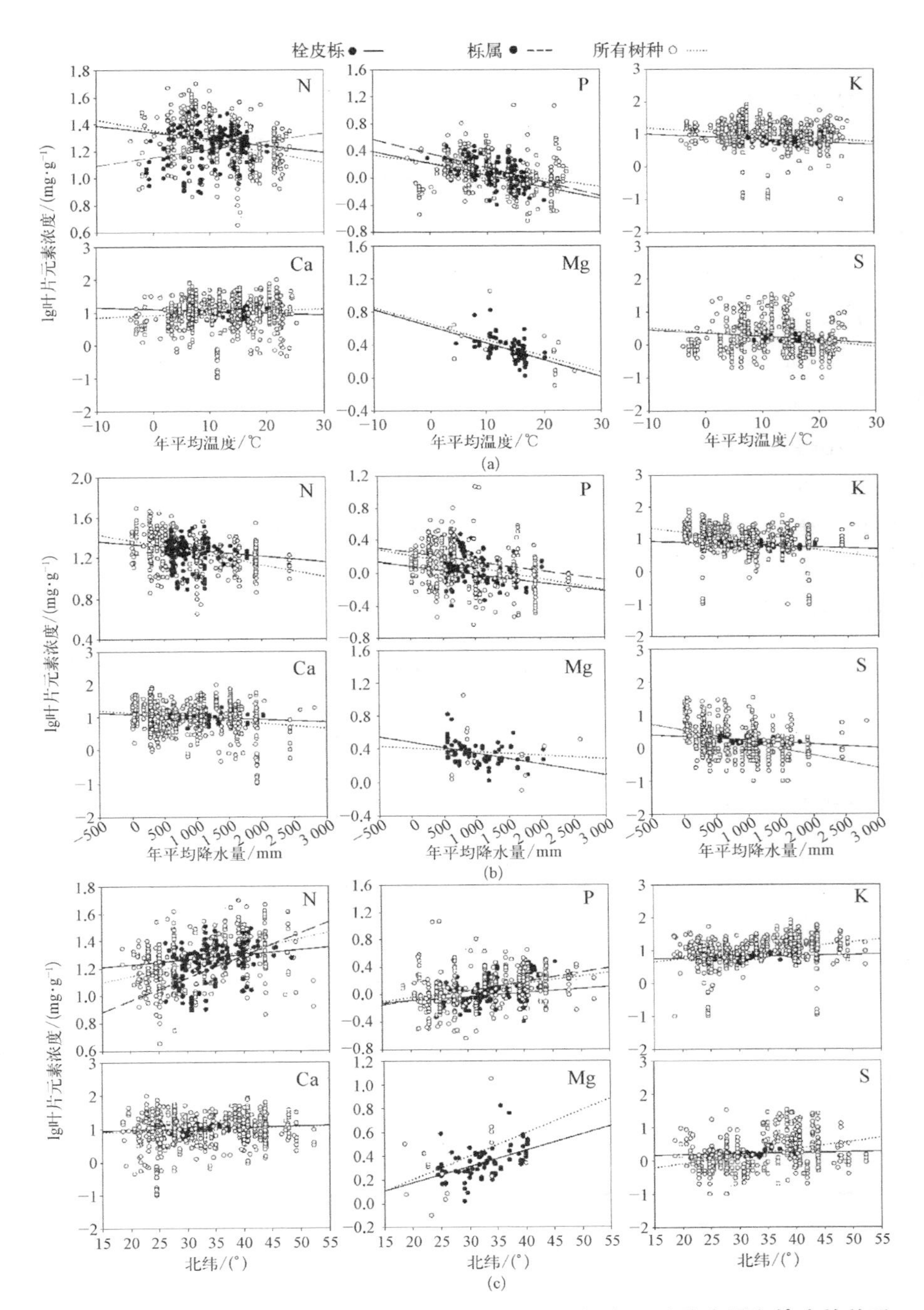

图 4-2　区域尺度上叶片营养元素含量与年平均温度、年平均降水量和纬度的关系

注：栎属和中国植物区系数据来自 Wu 等(2012)和 Zhang 等(2012)的补充资料。虚线表示在统计学上无显著差异($p>0.05$)。

4.2.2.3 变异特征的驱动因子

分层分析结果表明，元素含量在其分布区的大部分变异可以用我们分析中所包括的因素（年平均温度、年平均降水量、平均日温差、年平均降水量季节性变化、年平均生长季长度、土壤养分和叶片单位面积质量）来解释，分别贡献了 N、P、K、Ca、Mg、S 和 N∶P 比变异的 55 %、78 %、47 %、41 %、72 %、35 %和 55 %（见表 4－4）。其中，N、K、Mg 和 S 与气候因子的关系最为密切，叶 Ca 与土壤 Ca 含量的关系最为密切，而叶 P 与土壤 P 含量和年平均温度显著相关。在所有分析的环境因子中，这些元素变异与年平均温度的相关性最高，进一步证实了栓皮栎叶 N 和 Mg 与纬度的变异格局是由温度驱动的植物生理反应需求引起的，而 P 的变异格局可用植物生理-温度和生物地球化学两种假说来联合解释。干旱指数也是驱动栓皮栎营养元素在纬度尺度上变异的重要因子，这主要由于干旱指数能直接反映土壤可利用水分，会影响植物根系养分吸收和生理生化反应，进而影响植物养分需求和供应。例如 K 元素，在植物抵抗干旱过程中具有特殊的功能，受干旱指数影响较大。尽管叶面积指数与年平均温度呈显著相关关系，但对叶片元素含量（除了 N 之外）变异的贡献较小（见表 4－4）。

表 4－4 气候因子、土壤元素含量及 LMA 对鲜叶元素含量在区域尺度上变异的贡献率

元素	Full Model (r^2)	气候因子贡献率/%						
		MAT	DRT	IA	ASP	GSL	土壤元素	LMA
N	0.55	23.99*	6.53	29.40*	8.96	10.07	5.65	15.40
P	0.78	30.32*	8.85	4.33	5.88	10.75	36.25*	3.62
K	0.47	11.02	22.50	26.77*	22.30*	6.53	2.53	8.35
Ca	0.41	4.37	17.83	17.88	8.32	10.22	39.86	1.52
Mg	0.72	43.16*	3.50	5.56	17.32*	4.60	19.36	6.50
S	0.35	19.15	21.91	23.62*	16.94	7.76	4.24	6.38

注：MAT 为年平均温度，DRT 为平均日温差，IA 为干旱指数，APS 为年平均降水量季节性变化，GSL 为年平均生长季长度，LMA 为叶片单位面积质量，* 表示该因子对变量的变异具有显著的贡献（$p<0.05$）。

因此，我们对元素含量与年平均温度和干旱指数的关系做了进一步分析，发现叶片 N、P、K、Mg 和 S 含量与年平均温度呈显著负相关，与干旱指数呈显著正相关[见图 4-1(b)(c)]。这些元素的变异格局与 Han 等在区域尺度上(中国)的研究结果相似 (Han et al., 2011)。如果采用单位叶面积营养元素含量进行分析,除了 P 和 Mg 随着年平均温度增加而降低,P、K、Ca 和 Mg 随着干旱指数增加而增加外,其他元素未发现类似的变异格局。

4.2.3 叶元素化学计量变异特征及其驱动因子

4.2.3.1 栓皮栎叶元素化学计量在区域尺度上的变异特征

在研究区域内,栓皮栎叶片的 C∶N∶P∶K∶Ca∶Mg∶S 平均质量比(下同)是 487.30∶19.00∶1.03∶6.55∶10.71∶2.25∶1.69(见表 4-2)。根据 Gusewell 的研究结果,N∶P 比小于 10 表示植物受到 N 限制(Gusewell, 2004),在云南一些区域,例如安宁,栓皮栎叶片的 N∶P 比在连续几年的研究中,其变异范围为 8.9 至 10.8,该地区低 N∶P 比主要是由土壤低 N 和高 P 所致。结合该地区土壤高 P 含量,说明该地区栓皮栎生长可能受到 N 限制(N∶P<10)。相反,河北易县和广西田林栓皮栎叶片 N∶P 比变化范围分别为 23.4～33.1 和 23.1～34.11,结合这两个区域较低的植物叶片 P 含量(易县和田林 P 含量变化分别为 0.63～0.93 $mg \cdot g^{-1}$ 和 0.45～0.80 $mg \cdot g^{-1}$),说明这两个地区的栓皮栎生长可能受到 N 和 P 两种元素的限制。但是以上仅是根据已有研究结果的初步判断,需要进一步根据 N 和 P 施肥实验来证实。

我们研究发现,与全球尺度上多物种组合情况下叶片 N∶P 比与纬度的变异格局(植物叶 N∶P 比随着纬度增加而显著降低)不同(Reich et al., 2004),栓皮栎 N∶P 比没有明显的纬度变异格局 (见图 4-3 和图 4-4)。该研究结果类似于中国尺度上多物种组合以及杉树叶 N∶P 比沿纬度的变异格局(Han et al., 2005; Tong et al., 2021) (见图 4-3)。类似的,栓皮栎 C∶P 比随着纬度的增加也无显著差异。但是 Zhang 等发现森林植物叶片 N∶P 比和 C∶P 比随着纬度增加而降低(Zhang et al., 2018),Hu 等也发现湿地草本植物叶 N∶P 比随着纬度增加而降低(Hu et al., 2018),这可能是不同物种的适应差异或者研究的区域尺度差异导致的,例如 Hu 等的研究区域主要在沿海滩涂,横跨山东,直到福建,而我们的研究区域是从辽宁到云南。栓皮栎叶 C∶N 比随着纬度的增加而显著降低(见图 4-3),这主要是由于栓皮栎 N 元素含量随着纬度增加而增加。Zhang 等研究却发现叶片 C∶N 比与纬度变化无显著关系(Zhang et al., 2018)。出现不同研究结果的原因可能为栓皮栎是单个物种,而 Zhang 等研究的是整个森林群落,两者内稳态调节以及环境适应能力具有很大差异。

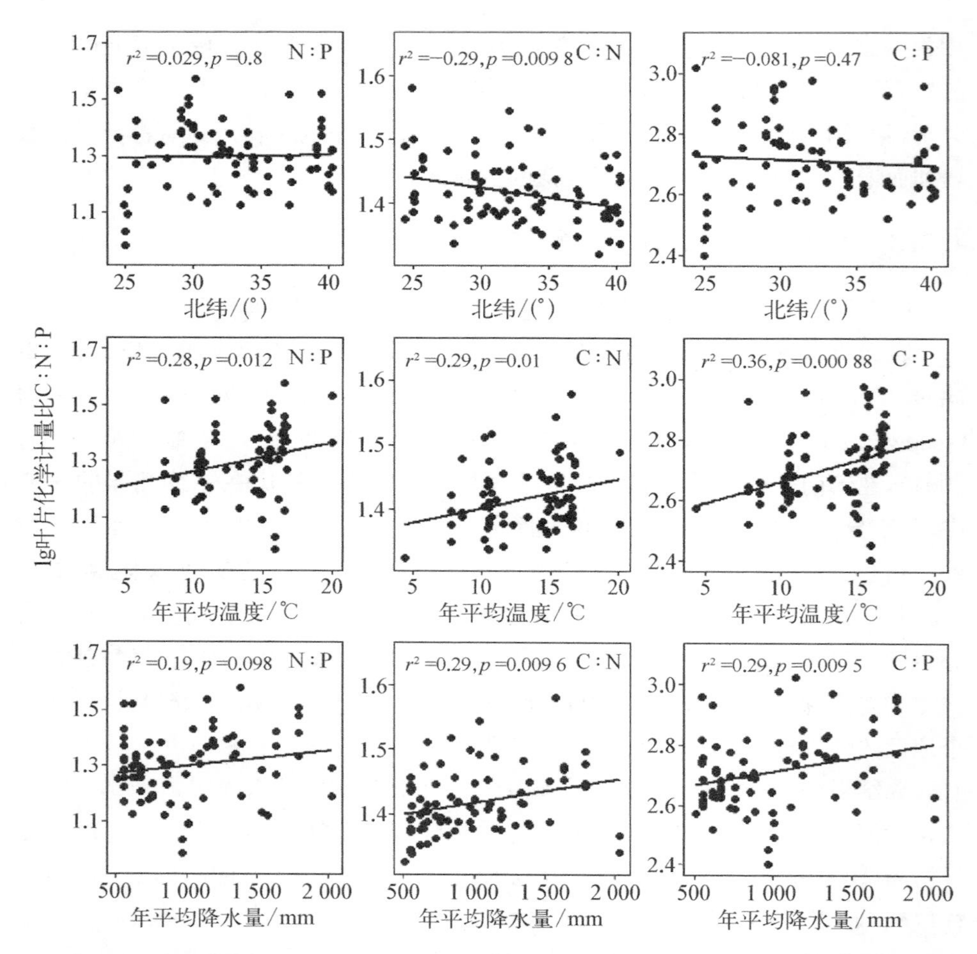

图 4－3　栓皮栎叶 N：P、C：N 和 C：P 与纬度、年平均温度和年平均降水量的关系

栓皮栎叶片 N：P 比、C：N 比和 C：P 比随着年平均温度的增加而显著增加(见图 4－3)，这可能是由于低温区域需要较高的 N 和 P 来满足快速生长，符合生长速率假说(Lovelock et al.，2007)。该研究结果类似于 Reich 等利用数据库研究得到的全球叶片 N：P 与年平均温度格局(Reich et al.，2004；Zhang et al.，2018)。但是 Han 等借助数据库分析，却没发现类似格局(Han et al.，2005)。Zhang 等也发现类似的 C：P 与年平均温度的关系，但是 C：N 无显著变异趋势(Zhang et al.，2018)。以上不同结果可能是不同研究所包括的植物组分差异较大，且植物化学计量特征在物种间存在较大变异导致的。栓皮栎叶片 C：N 比和 C：P 比随着年平均降水量的增加而显著上升，但是 N：P 比无显著

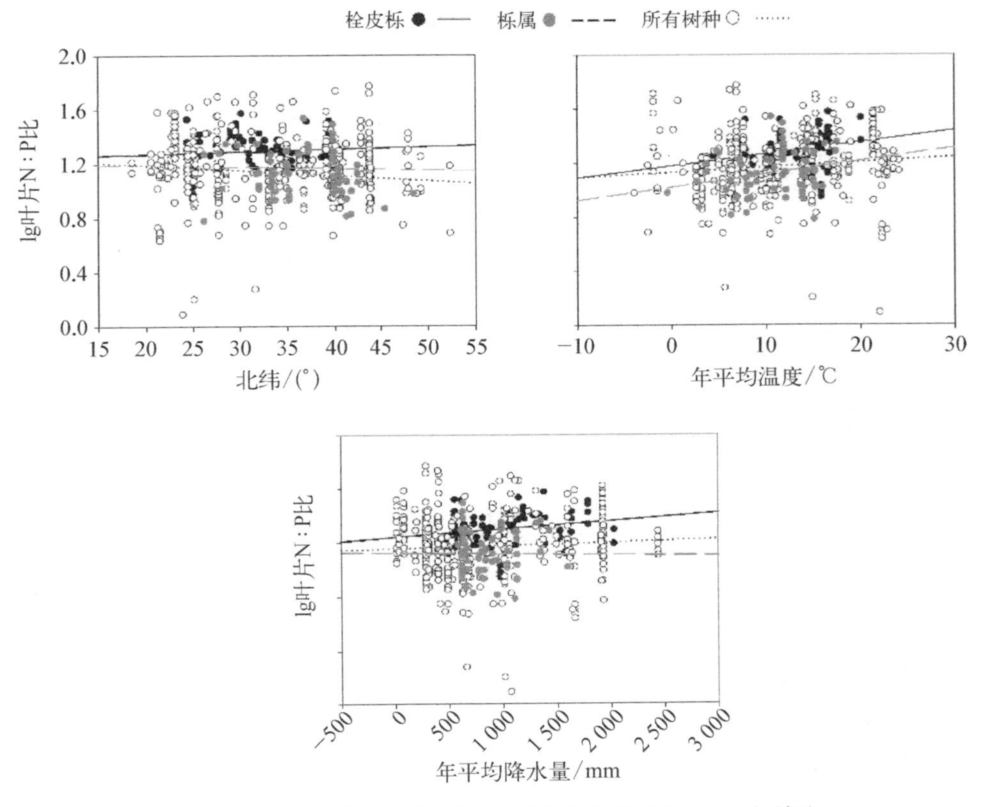

图 4-4 中国植物区系、栎属植物以及栓皮栎叶片 N : P 与纬度、年平均温度和年平均降水量的关系

注：中国植物区系和栎属的数据是从 Wu 等(2012)和 Zhang 等(2012)的补充材料中获取的。虚线表示在统计学上无显著差异($p>0.05$)。

变异格局(见图 4-3)，这主要由于叶片 N 和 P 含量随着年平均降水量的增加而呈现类似的减少格局。由此可见，借助广布种来探讨植物对气候变化的适应是至关重要的，排除了物种组成差异的干扰(De Frenne et al.，2013)。

4.2.3.2 变异特征的驱动因子

分层分析结果表明，分析中包含的环境因子可以分别解释 C : N、N : P 和 C : P 比变异的 18 %、55 %和 36 %(见表 4-5)。叶片 N : P 主要受年平均温度和年平均生长季长度影响，分别解释其变异的 20.76 %和 12.30 %，C : N 比的变异主要受干旱指数影响，可以解释其总变异的 7.10 %，而 C : P 比的变异主要受年平均温度和土壤 C : P 比驱动，分别解释其总变异的 9.57 %和 15.82 %。

表 4－5　气候因子、土壤元素含量及 LMA 对鲜叶 N：P、C：N、C：P 比在区域尺度上变异的贡献

元素	Full Model (r^2)	气候因子贡献率/%						
		MAT	DRT	IA	ASP	GSL	土壤	LMA
N：P	0.55	37.75*	5.85	4.73	6.62	22.36*	21.57	1.12
C：N	0.18	6.18	10.34	39.49*	15.41	12.94	2.77	12.87
C：P	0.36	26.57*	5.01	4.97	2.88	11.97	43.94*	4.66

注：MAT 是年平均温度，DRT 为平均日温差，IA 为干旱指数，APS 为年平均降水量季节性变化，GSL 为年平均生长季长度，LMA 为单位叶面积质量，* 表示该因子对变量的变异具有显著的贡献($p<0.05$)。

4.2.4　营养元素对环境变化的适应策略及其应用

植物元素含量和化学计量特征在一定程度上不仅能反映土壤可利用养分，更重要的是反映了植物在变化环境中的养分需求，是其适应环境变化的一种综合体现(Agren and Weih，2012；Tian et al.，2019)。不仅植物生长发育变化会影响植物养分需求，环境变化也会改变植物养分需求，进而影响元素含量并改变其化学计量组成(Agren and Weih，2012；Tian et al.，2019)。由此可见，区域尺度上养分含量和化学计量特征的变化是其适应环境变化的结果。

针对植物叶片化学计量变异及其驱动因子的研究，已有学者基于数据库分析，提出 4 种假说。首先，热带土壤在长时间尺度上受降水淋洗效应的影响，而且土壤年龄发育早，有效养分偏低，进而驱动植物养分和化学计量特征沿着纬度变化(生物地球化学假说)(Reich and Oleksyn，2004)。其次，根据化学反应原理，任何化学反应速率在低温条件下都降低，但是可以通过提高反应底物的浓度来加速反应。基于该化学反应理论，Reich 和 Oleksyn 提出了在低温条件下，植物的生理生化反应速率较低，为了在有限时间内完成生长发育，植物会通过增加营养物质浓度来弥补高纬度低温地区代谢速率的降低(植物生理-温度假说)(Reich and Oleksyn，2004)。然后，植物营养元素含量和化学计量特征变异格局还受物种组成的影响，相比低纬度，高纬度植物群落多由养分含量高的物种组成，例如落叶树和草本植物(落叶树营养元素含量高于常绿树，草本植物营养元素含量高于木本植物)，导致植物叶片养分含量随着纬度增加而增加(物种组成假说)(Reich and Oleksyn，2004)。最后，叶片经济谱描述了叶片化学计量、结构和功能之间的平衡关系(Wright et al., 2004);而生物地球化学生态位假说声称每个物种应该有一个最佳的元素组成和化学计量特征,因为在协同进化过程中,它要在特定生态位发挥最优功能(Penuelas et al., 2008)。此外,对于自然界中植物生理需求量高、含量高,且易受到限制的元素,其对环境变化的敏感性低,表现更稳定(限制元素稳定性假说)(Han et al., 2011)。

对落叶树来讲,其适应环境的机制很多,这些适应机制也会影响叶片化学计量特征。首先,对于落叶树来讲,有研究表明,生长在贫瘠土壤中的落叶植物,会有更高的养分重吸收率。这些养分会重吸收到再生组织,以供来年生长的利用。由此可见,这些重吸收的养分会像"土壤可利用养分"一样影响植物叶片化学计量特征(Lu et al., 2016),例如落叶松在添加N时会提高叶片P的重吸收率,从而缓解P限制,减缓N添加对N和P不平衡的影响(Lin et al., 2020)。但是也有研究表明,植物化学计量内稳态受养分重吸收的影响较小(Julian et al., 2020)。其次,植物在养分贫瘠的土壤,会通过提高养分的吸收来促进根系的P吸收,例如在低P土壤中,会增加土壤磷酸酶活性,来活化土壤磷(Deng et al., 2016)。最后,植物不同器官(根、茎、叶以及种子)的养分分配也会影响叶片化学计量特征。此外,植物抵御逆境会提高其次生代谢物质,尤其是挥发性物质,这些物质释放的量以及组成也会占用植物的养分,进而影响叶片化学计量特征。

根据生态化学计量内稳态理论,植物化学计量组成存在内稳态,但是植物也会调整其化学计量特征去适应环境变化(Sistla and Schimel, 2012)。例如,氮沉降或者氮肥会提高植物N:P比,降低C:N比,而磷肥则降低C:P比和N:P比,这可能由于植物能保存多余N和P元素,以备这些元素在缺乏时使用,但是这种化学组成弹性具有局限性,随着养分富集的增加而降低(史文辉, 2017)。作为一个适应能力强的广布种,其化学计量特征可能有两种,一种是在外界环境养分利用可变化的情况下具有很强的生理和生化调节作用,从而保持高的内稳态,例如草地优势种——羊草,土壤可利用N在变化6倍的情况下,其内稳态变化较小(Yu et al., 2010);另外一种是具有很强的化学计量组成的弹性,例如栓皮栎在其分布区,其C:P、C:N和N:P的最小值分别是244.25、20.62和8.91,最大值分别是1 047.69、38.05和37.61。栓皮栎叶子化学计量组成的高可塑性,表明其具有一定适应土壤养分变化的能力,例如在云南一些高P地区,栓皮栎为了适应高土壤P含量,叶片P含量相比类似纬度的广西田林约高3倍(2008年广西田林叶片P含量是0.47,同年云南安宁为1.86),导致C:P和N:P分别降低2.7倍和2.8倍。Yu等研究表明草地植物内稳态高的是优势种，其生物量高且稳定，有利于生态系统维持较高的生产力以及保持生产力的稳定性(Yu et al.，2010)。但是，植物具有灵活内稳态不仅反映了它们积累和储存过量元素的生理能力，也表示其具有很强的适应环境中养分变化的能力(Sistla et al.，2015)。

除了适应其分布区可利用养分的变化之外，栓皮栎叶片化学计量组成在区域上的可塑性也是其适应气候变化的重要能力。例如，叶片养分在低温地区(年平均温度 8.56 ℃)高于高温地区(20.05 ℃)，P 和 K 含量分别增加 1.32 倍和 0.35 倍。这正如温度生理调节假说所解释的，栓皮栎为了维持生长速率，适应低温下生化反应速率较低的策略是提高反应底物的养分浓度(Reich and Oleksyn，2004)，并且提高叶片养分含量也有利于降低叶面冻害(Turan et al.，2007)。此外，叶片 K 和 Ca 含量的变化也是其适应干旱的表现，尤其是 K 元素，例如，在干旱的陕西黄龙，栓皮栎叶片 K 含量是降水量高的广西田林的 0.6 倍，这主要由于 K 元素可以调节叶片气孔开关，而且与根系土壤水分吸收具有重要关系(Khosravifar et al.，2008；Sardans et al.，2012)。Ca 为结构元素，沿着纬度和年平均温度无显著的变异格局，但是在干旱地区，其叶片角质层会变厚，可能会导致 Ca 含量增加。Mg 元素不仅是叶绿素的重要组成元素，也在能量运输中起着关键作用，因此，其含量在高纬度低温下显著增加，主要由于栓皮栎在低温下提高了代谢活性(Tian et al.，2019)。

单位面积营养元素含量与单位质量营养元素含量具有差异，可能是由于不同元素在植物体内的功能不同。同生长相关的元素 N 和 P，与温度变化相关性较大，为了维持低温下单位质量代谢速率，植物叶片会增加单位面积的质量，降低表面积能量散失，从而导致相关生长元素变异格局的差异。另外一些和干旱变化相关的元素，例如 K，鉴于其在植物应对干旱中的功能，也会以面积和质量为基础计算含量影响，因为单位面积质量越大，抗干旱能力越强。但是结构元素 Ca 和 Mg 元素的含量会随着面积和质量一起增加，受两者影响较小。

栓皮栎营养元素含量和化学计量特征在各元素间存在较大差异，主要是由于其在植物体内功能的差异，而且受分布区内温度和干旱变化的驱动。这些变化与跨物种研究报告的趋势一致，但变异幅度较小，显示出其仍具有一定内稳态调节能力。与跨物种化学计量变异分析相比，本研究提供了更精细的种内植物化学计量对气候和土壤养分变化的响应。研究结果有助于进一步了解树种化学计量的可塑性及其对气候和土壤养分变化的适应，也有助于改进全球气候-植被模型。此外，鉴于气候变化造成的环境压力日益增加，研究结果还将有助于制定森林保护管理策略，例如施肥管理和气候变化下的树种适应性管理。

根据栓皮栎营养元素含量和化学计量特征在其分布区的变异以及驱动因子分析，在低温区种植栓皮栎，应该保证土壤有充足的N和P等生长相关的元素和酶活相关的元素，例如Mg，来维持低温下生长。另外在干旱的西部，由于栓皮栎对K元素需求量较高，应该保证土壤有充足的K元素，来提高栓皮栎应对干旱的能力。在广西等高降雨区域，应该关注土壤易淋溶元素，例如Mg元素，来提高栓皮栎光合作用，增加其生态功能。在云南高P区域，叶片N∶P比为8.9～10.75，如果N∶P比小于10，则往往生长受N限制(Gusewell, 2004)，结合叶片低N含量，表示该地区栓皮栎生长发育可能受N限制，应该结合土壤可利用氮情况，适当施用氮肥，来促进该区域栓皮栎生长。而广西田林和河北易县，其N∶P在23.14～34.11之间(N∶P>20，受P限制)，而且P含量较低，表明该地区栓皮栎可能受P限制，应适当施用磷肥，来缓解P限制。土壤养分限制，尤其是P限制会降低植物有性繁殖，对于主要依赖于有性繁殖来更新林分的栓皮栎，P限制会影响栓皮栎生态系统的稳定，因此，应合理施用磷肥来提高栓皮栎的有性繁殖。

4.3 海拔梯度上栓皮栎叶营养元素对环境变化的响应

叶片化学计量组成是研究气候变化条件下营养限制、营养循环和植物适应性的重要手段(Baxter and Dilkes, 2012)。在陆地生态系统中，有关叶片生态化学计量变异及其控制因子已经在生态系统(Zhou et al., 2013; Zhao et al., 2014)、区域(Han et al., 2005; Han et al., 2011)和全球尺度(Reich and Oleksyn, 2004; Reich, 2005; Ordonez et al., 2009)层面进行了广泛研究(Elser et al., 2009; Agren and Weih, 2012)。并且，研究提出了包括温度-植物生理假说(Reich and Oleksyn, 2004)、生物地球化学假说(Reich and Oleksyn, 2004)、生长速率假说(Elser et al., 2003)以及限制性元素稳定性假说(Han et al., 2011)等多种假说解释内在机制。然而，前期的研究主要关注与植物生长密切相关的C、N和P，而忽略了环境条件变化下其他元素的功能和响应特征(Xing et al., 2015)。

海拔梯度上，气候因子改变明显，因此，成为研究植物对气候变化响应的“天然实验室”。随着海拔升高，温度降低；在亚热带随海拔升高，降水量也升高。这种沿海拔梯度变化的气候以及土壤条件会影响植物功能性状和化学计量组成(Sundqvist et al., 2013)。前期研究已经报道了不同海拔梯度下川滇高山栎(*Q. aquifolioides*),多型铁心木,黑果越橘(*Vaccinium myrtillus*)和沼垫草(*Nardus stricta*)形态和化学元素的变化特征(Cordell et al., 1999; Li et al., 2006)。例如,随海拔升高,植物比叶面积增加,而叶片 N 含量呈增加(Bowman et al., 1999)、降低(Zhao et al., 2014; Li and Sun, 2016)或无明显变化趋势(Macek et al., 2012);并且,叶片 P 含量也呈现类似的多变情形(Bowman et al., 1999; van de Weg et al., 2009; Fisher et al., 2013)。Körner 认为,叶片 N 含量增加是由于比叶面积增加(Körner, 1989),土壤对叶片 N 和 P 化学计量组成仅发挥了微弱影响作用(Qi et al., 2009)。因此,植物在海拔梯度上的营养关系是复杂的,需要进一步研究。营养元素重吸收是植物的重要营养保护策略(Brant and Chen, 2015)。营养元素重吸收效率同气候、土壤营养和鲜叶营养状态密切相关(Kobe et al., 2005; Tang et al., 2013; Brant and Chen, 2015)。目前,很多结果都来源于全球尺度(Aerts, 1996; Yuan and Chen, 2009; Vergutz et al., 2012)或区域尺度(Jiang et al., 2012)数据的综合分析,然而少有研究报道海拔梯度上植物多元素的营养重吸收特征。

栓皮栎是广泛分布于东亚地区的落叶阔叶树种。Sun 等报道了栓皮栎在全国范围内的多元素化学计量组成和重吸收率特征,表明叶片 N、P、S 和 K 含量以及 N、P、K、Mg 重吸收率均同纬度存在显著正相关关系(Sun et al., 2015a; Sun et al., 2015b)。此外,还有研究报道了不同土壤立地条件下栓皮栎的化学计量组成(Zhou et al., 2015)和重吸收率特征(Ji et al., 2018)。有关栓皮栎化学计量特征和营养适应策略在海拔梯度上的研究报道较少。Lei 等通过移位试验还发现,栓皮栎在野外化学含量差异较大,当移植到苗圃后这种差异消失,气候可能是影响植物化学元素含量变化的重要因子(Lei et al., 2013)。Woods 等通过对比纬度和海拔尺度的研究发现,低温引导的植物化学组成的反应会呈现出相似的海拔和纬度格局(Woods et al., 2003),N 含量不仅会随纬度升高而增加(Wu et al., 2014; Sun et al., 2015a),也会随海拔升高而增加(Körner, 1989)。纬度和海拔尺度上气候因子相对固定,例如温度都会随海拔和纬度的升高而降低,低温会引起植物体内 N 含量增加。对于 P 在纬度和海拔尺度上的变化,尽管其对气候因子的影响有时不敏感,但 P 变化与土壤密切相关,气候条件变化可以通过改变土壤 P 的有效性,间接影响植物体内的 P。植物生长在一个地方后便不能随便移动,当年间环境变化时,它们也不得不通过改变体内化学计量组成与之相适应，但年间气候因子的变化是不固定的，并且水热也有可能不同步。

若植物化学计量组成变化是对气候变化的一种适应，那么植物不论在空间尺度（如纬度和海拔），还是在时间尺度（如年间）上，也都应该展现出相似的生态化学计量特征。山地生态系统对气候变化非常敏感（De Frenne et al.，2013；Sundqvist et al.，2013；Yu et al.，2013），成为检验在全球气候变化条件下植物和环境相互关系的天然实验室。本研究以单一物种栓皮栎为研究对象，借助海拔梯度环境的变化，研究比较栓皮栎在海拔和年间尺度的化学计量组成和重吸收率的时空变异特征。试验在河南宝天曼国家级自然保护区进行，首先沿海拔梯度设置了 4 个样地，对栓皮栎叶片中 14 种化学元素（C、N、P、S、K、Na、Ca、Mg、Al、Fe、Mn、Zn、Cu 和 Ba）含量进行了分析，并评估了它们的重吸收率特征，探讨了海拔梯度上气候、土壤和植物功能性状对它们的影响。最后对比分析了在海拔和年间尺度上气候因子的改变对植物化学计量组成和重吸收率的影响是否具有相似性。

4.3.1 试验设计与分析方法

2014 年，在河南宝天曼国家级自然保护区，分别在海拔 546 m、856 m、1 105 m 和 1 323 m 处设置栓皮栎天然次生林样地。每个样地设有 4 个 20 m×20 m 的样方。每个样方内随机选取 5 个土壤采样点，去除表层凋落物后，取 0～10 cm 土壤后混匀。土样带回实验室后风干，研磨粉碎并过 100 目网筛，编号后保存待进一步化学分析。每个样方内选取 5 株健康和长势均匀的栓皮栎作为样树，用喷漆做好编号标记。在每个样树树冠阳面中上部采集叶片样品，每个样树采集 20 个叶片。8 月底采集鲜叶样品，12 月中旬收集凋落叶样品。用棉球擦洗鲜叶和凋落叶样品表面灰尘，放在 65 ℃烘箱，处理 72 h。将烘干叶片用粉碎机粉碎，过 60 目网筛，编号后保存用于化学分析（杜宝明，2019）。

栓皮栎树龄通过胸径和树龄方程获得。此外，每个样方随机选取 10 株树，每株树再选取 10 片鲜叶用于测量叶片相对含水量和比叶面积。叶面积通过 AM300 叶面积仪测量（ADC BioScientific Ltd.，Herts，UK），叶片干重则是将叶片在 65 ℃烘箱，处理 72 h 后获得，而比叶面积则是单位叶面积干重。关于叶片相对含水量，将鲜叶采集后立即称量，后放在蒸馏水中浸泡 24 h 获得饱和重，最后计算出叶片相对含水量（Schlemmer et al.，2005）。

营养元素重吸收率通过以下公式进行计算：

$$营养元素重吸收率(\%)=\left(1-\frac{X_{sen}}{X_{gr}}\mathrm{MLCF}\right)\times 100 \qquad (式 4-1)$$

式中，X_{gr} 代表鲜叶；X_{sen} 代表凋落叶；MLCF 是叶片重量修正系数，落叶阔叶植物为 0.784(Vergutz et al.，2012)。

土壤和鲜叶样品 C 和 N 含量采用元素分析仪(Vario EL cube，Elementar，Germany)测定。分析时，土壤样品称样量为(20±1) mg，鲜叶称样量为(5±0.5)mg，称量完毕后加入自动进样器，进行分析测试。

样品 P、S、K、Na、Ca、Mg、Al、Fe、Mn、Zn、Cu 和 Ba 含量采用电感耦合等离子体发射光谱仪(Iris Advantage 1000，Thermo Jarrell Ash，Franklin，MA，USA)进行分析。样品称样量为(0.1±0.02) g。土壤样品采用氢氟酸和王水进行消解，植物样品采用硝酸、高氯酸和双氧水消解。土壤样品分析方法如下：将称量好的样品放入聚四氟乙烯的烧杯中，加入 10 mL 氢氟酸和 10 mL 王水，静置 2 h；后将静置好的土壤样品溶液用玻璃盖盖上放置在预先加热的电热板(90 ℃)上，加热 3 h；取下玻璃盖并将其转至 200 ℃电热板上继续加热，至土壤样品溶液全部蒸干，后冷却至室温；再加入 10 mL 氢氟酸和 20 mL 蒸馏水，然后盖上玻璃盖，放在 90 ℃的电热板上加热 3 h；冷却后，定容到 100 mL 容量瓶中，静置后用 ICP 上机测试。植物样品分析方法如下：称取 0.1 g 样品于 100 mL 玻璃锥形瓶中；加入 15 mL 硝酸，静置 24 h；再分别加入 3 mL 高氯酸和 3 mL 双氧水，静置 3 h；将静置好的样品溶液用玻璃盖盖上放在预先加热的电热板(90 ℃)上，加热 4 h；后带玻璃盖转至 200 ℃电热板上继续加热，约 3 h，待溶液颜色澄清时停止加热；冷却至室温后定容到 100 mL 容量瓶中；静止后上机测试。

运用单因素方差分析来检测不同海拔高度间鲜叶和凋落叶中元素含量的显著性。运用线性回归分析不同元素含量和重吸收率与年平均温度、年平均降水量和土壤的相关性。运用聚类分析检验不同元素营养重吸收率之间的变化规律。采用分层分析检验温度、降水量、植物功能性状和土壤对叶片元素含量和营养元素重吸收率的影响。为了提高数据的正态性，数据被 lg 转化。分层分析采用 R 3.2.3，其他分析则采用 SAS 8.1 和 SigmaPlot 10.0。

4.3.2 不同海拔梯度栓皮栎叶元素化学计量组成变化特点及其影响因素

鲜叶中 C、N、P、S、K 和 Cu 含量高于凋落叶，鲜叶中 Ca、Mg、Na、Al、Fe、Mn、Zn 和 Ba 含量低于凋落叶。在鲜叶中，N、S 和 K 含量随海拔升高而升高，

C、Ca、Na、Fe、Mn、Cu 和 Ba 含量随着海拔升高而降低，P、Mg、Al、Zn 含量和 N∶P 比在海拔梯度上则无明显变化趋势。在凋落叶中，K 和 Cu 含量随海拔升高而升高，S、Ca、Al、Fe、Mn 和 Ba 含量随海拔升高而降低，而其他元素随海拔升高的变化趋势不明显（见图 4－5）。通过分层分析发现，叶片元素含量对气候、

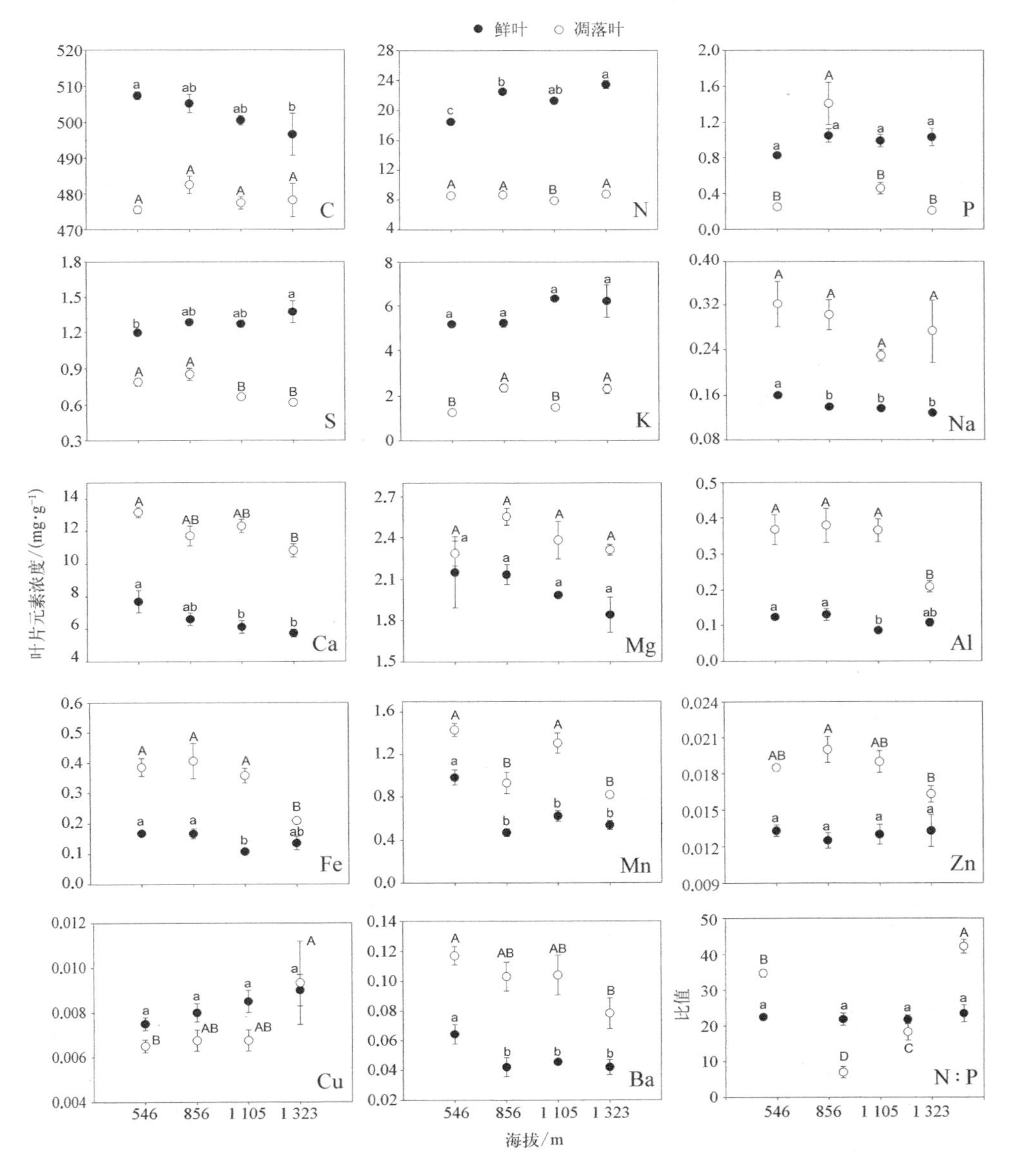

图 4－5 不同海拔梯度鲜叶和凋落叶元素含量和比值变化特征

植物功能性状和土壤的响应不同，它们解释了 N 含量高达 88 %的变异，但解释了 Zn 含量仅 13 %的变异（见表 4-6）。叶片 N 含量与年平均温度、年平均降水量、比叶面积和叶片相对含水量显著相关；叶片 P 含量和 N∶P 比与土壤 P 含量显著相关；叶片 Na 和 Mn 含量与年平均温度、年平均降水量和叶片相对含水量显著相关；Fe 含量与树龄显著相关，而其余元素与气候、植物功能性状和土壤没有显著关系（见表 4-6）。

表 4-6　气候因子、植物性状和土壤理化性质对栓皮栎叶片化学元素组成的贡献率

元素	Full model (r^2)	气候因子/%		植物性状/%			土壤理化性质/%	
		MAT	MAP	树龄	LMA	RWC	pH 值	元素
C	0.35	27.19	27.20	23.99	2.24	15.09	2.23	2.06
N	0.88	20.70*	20.68*	10.22	17.01*	22.98*	5.59	2.82
P	0.76	8.83	8.83	5.03	6.38	11.81	17.50	41.62*
S	0.39	22.98	22.96	13.11	12.52	16.17	7.62	4.64
K	0.65	14.30	14.32	19.08	5.37	7.53	14.77	24.63
Na	0.74	24.75*	24.73*	15.15	7.71	25.44*	2.01	0.21
Ca	0.54	20.76	20.75	15.40	3.38	18.95	15.85	4.91
Mg	0.20	25.08	25.09	23.34	3.76	11.95	2.94	7.84
Al	0.56	15.28	15.30	24.71	14.03	8.27	7.02	15.39
Fe	0.64	18.01	18.03	28.22*	13.82	11.06	1.10	9.76
Mn	0.85	16.52*	16.51*	8.18	19.70	28.75*	7.84	2.50
Zn	0.13	4.64	4.65	5.37	5.59	6.47	48.09	25.19
Cu	0.31	23.54	23.54	18.58	2.26	14.35	7.46	10.27
Ba	0.58	17.78	17.77	9.33	12.35	27.26	5.27	10.24
N∶P	0.54	1.74	1.74	1.38	2.07	1.44	45.95	45.68*

注：MAT 为年平均温度，MAP 为年平均降水量，LMA 为比叶面积，RWC 为叶片相对含水量，* 指示影响显著，$p<0.05$。

随着海拔升高，多数元素表现出明显的变化趋势，表明海拔梯度上栓皮栎化学计量组成对气候变化的敏感性，即具有较强的可塑性。这与 Sun 等在贡嘎山对冷杉（*Abies fabri*）和杜鹃（*Rhododendron williamsianum*）的研究结果相一致（Sun et al.，2011）。这些结果表明，随着环境条件变化，植物可以动态和协同地管理自身化学元素组成。C 含量随着海拔升高而降低，这和 Zhao 等在长白山的研究结果相反(Zhao et al. , 2014),原因可能与植物的水压调节有关(Nandwal et al. , 1998),因为低海拔温度高,需要更多的可溶性糖去维持细胞渗透调节(Chaves et al. , 2002)。此外,植物在高海拔为了适应低温和短的生长季节,需要提高体内 N 含量以增加代谢底物,维持其正常生长(Körner et al. , 1986; Qi et al. , 2009; Li and Sun, 2016)。叶片 P 含量和 N∶P 比在海拔梯度上无显著变化,但叶片 P 含量和土壤 P 含量存在显著正相关关系,这与 van de Weg 等研究结果一致(van de Weg et al. , 2009),原因可能与土壤中有效 P 成分有关。

4.3.3 不同海拔梯度栓皮栎营养元素重吸收率变化特点及其影响因素

C、N、P、S、K、Mg 和 Cu 重吸收率大于零,最高的是 P(海拔 1 323 m),为 83.75 %。然而,Na、Ca、Al、Fe、Mn、Zn 和 Ba 重吸收率小于零,最低为 Al(海拔 1 105 m),为−235.20 %(见表 4 - 7)。N 和 S 重吸收率随海拔升高而增加,C 重吸收率则降低,而其他元素在海拔梯度上无明显变化趋势。通过分层分析发现,海拔梯度气候变异、植物功能性状、鲜叶和土壤最高解释了 92 %的 N 重吸收率,最低解释了 36 %的 Na 重吸收率(见表 4 - 8)。N 重吸收率与年平均温度、年平均降水量、树龄、叶片相对含水量以及鲜叶 N 含量显著相关;P 重吸收率与年平均温度、树龄、叶片相对含水量以及鲜叶 P 含量显著相关; K 重吸收率与年平均温度、年平均降水量、树龄、叶片相对含水量和鲜叶 K 含量显著相关; Al 重吸收率与比叶面积和鲜叶 Al 含量显著相关。其他的元素(除了 Na 和 Cu 外)均和鲜叶元素含量有显著相关性。土壤元素含量不会影响栓皮栎在不同海拔梯度上重吸收率的变化(见表 4 - 8)。

表 4 - 7 不同海拔梯度元素重吸收率特征 单位:%

元素	546 m	856 m	1 105 m	1 323 m
C RE	26.52±0.28a	25.11±0.52ab	25.21±0.44ab	24.48±0.62b
N RE	63.70±0.82b	69.85±0.58a	70.90±0.94a	70.78±0.36a
P RE	76.50±1.13a	−4.61±15.73b	63.42±5.28a	83.75±1.57a
S RE	48.14±2.14b	47.84±2.90b	58.75±1.16a	64.18±2.77a
K RE	81.07±0.80a	64.13±3.59b	81.68±1.27a	69.64±3.98b
Na RE	−56.37±16.97a	−71.19±15.81a	−32.45±6.89a	−69.13±28.59a

续　表

元素	546 m	856 m	1 105 m	1 323 m
Ca RE	−37.85±13.81a	−40.25±9.67a	−61.25±16.74a	−49.00±7.42a
Mg RE	12.37±12.21a	5.83±4.40a	5.81±6.25a	0.28±5.94a
Al RE	−133.60±20.8a	−139.30±37.6a	−235.20±27.6b	−58.17±16.43a
Fe RE	−80.40±12.67a	−101.10±38.4ab	−163.30±24.1b	−30.15±19.08a
Mn RE	−15.87±9.95a	−61.77±27.96a	−68.28±20.99a	−21.96±11.39a
Zn RE	−9.74±2.67a	−27.37±13.22a	−15.02±3.40a	0.50±10.28a
Cu RE	31.75±4.02a	33.38±5.39a	36.22±8.85a	18.58±9.01a
Ba RE	−46.71±13.94a	−113.50±52.3a	−77.32±15.58a	−56.08±32.15a

注：RE 指示重吸收率，C RE 指示 C 重吸收率，下同。不同小写字母 a、b 表示不同海拔梯度营养元素重吸收率差异显著，$p<0.05$。

表 4－8　气候因子、植物性状和土壤元素含量对栓皮栎营养元素重吸收率的贡献率

元素	Full model (r^2)	气候因子/%		植物性状/%				土壤元素/%
		MAT	MAP	树龄	LMA	RWC	叶元素	
C RE	0.76	11.71	11.71	6.54	6.33	12.09	47.07*	4.55
N RE	0.92	16.54*	16.54*	11.16*	5.62	23.17*	22.53*	4.44
P RE	0.89	13.04*	13.05	17.56*	14.71	16.58*	4.72*	20.34
S RE	0.85	21.88*	21.89*	23.72*	2.96	10.39	17.48	1.68
K RE	0.83	12.19	12.18	11.82	33.37*	11.98	15.30*	3.16
Na RE	0.36	8.76	8.76	12.76	21.34	6.03	8.76	33.59
Ca RE	0.82	4.15	4.15	4.77	3.54	2.74	78.51*	2.14
Mg RE	0.85	2.45	2.45	1.65	1.18	2.01	89.21*	1.05
Al RE	0.77	14.25	14.24	11.98	20.23*	10.90	27.14*	1.26
Fe RE	0.80	10.78	10.78	10.04	15.25	8.81	28.89*	15.45
Mn RE	0.69	8.89	8.88	6.48	8.37	11.96	50.34*	5.08
Zn RE	0.74	5.92	5.93	6.54	6.09	3.42	61.96*	10.14
Cu RE	0.40	16.40	16.39	11.04	11.11	9.38	33.18	2.50
Ba RE	0.56	4.91	4.91	4.62	4.55	7.03	64.26*	9.72

注：同表 4－6 中注释。

尽管气候因子、植物功能性状和土壤元素含量解释了不同营养元素重吸收率(Na、Cu 和 Ba 除外)高达 70 %的变异，但土壤对栓皮栎营养元素重吸收率的影响非常弱，这与 Aerts 的研究结果相一致(Aerts, 1996)，但不同于其他研究结果(Sun et al., 2016a)。Sun 等发现，在纬度尺度上，土壤 P、S 和 Mg 含量显著影响栓皮栎营养元素的重吸收率(Sun et al., 2016a)。年平均温度和年平均降水量显著影响海拔梯度上栓皮栎 N、P 和 S 重吸收率，而 Sun 等发现，气候因子与栓皮栎 N、P 和 S 重吸收率无显著相关性(Sun et al., 2016a)。这可能因为在大的地理尺度上植物营养元素重吸收率主要受地质条件影响，而在小的局域尺度上地质条件相对一致，气候条件可能会发挥更大作用。与之前报道的鲜叶元素与营养元素重吸收率无关(Aerts, 1996)不同，本研究发现，多数营养元素重吸收率与鲜叶元素含量显著相关，这也表明植物在生长期的营养状况会影响到生长季节结束时的营养重吸收。另外，树龄也会显著影响 N、P 和 S 重吸收率，但树龄对植物叶片化学计量组成和金属元素重吸收率无显著影响。营养重吸收率是植物重要的营养保护策略，N、P 和 S 的重吸收较多可能是为下一个生长季节储存营养，对气候、鲜叶营养和树龄变化敏感也进一步说明营养元素重吸收率是植物的一种重要营养适应性状(Vergutz et al., 2012)，植物可以根据气候和自身的营养状况来做出合适的营养重吸收决策。

4.3.4 栓皮栎营养重吸收过程中的权衡机制

元素种类不同，其营养重吸收率也各不相同(见表 4-7)，这与前人的研究结果相似(Killingbeck, 1996; Sun et al., 2016a)。根据栓皮栎营养元素重吸收率的高低，运用聚类分析可将营养元素分为 4 类(见图 4-6)。第一组包括 N、K、S 和 P，与氨基酸、蛋白质和核酸代谢有关(Agren and Weih, 2012; Zhang et al., 2012)，可称为“核酸和蛋白元素”。第二组元素是 C、Cu、Mg 和 Zn。其中，Cu 在植物氧化还原系统中发挥着重要作用，并且是多种酶系统的活化剂(Marschner, 2012)；Mg 是叶绿体Ⅱ的组成部分，参与光合和蛋白合成；Zn 是植物 300 多种酶的辅助因子。因此，本组可称为“酶”元素，C 除外，但是 C 也直接参与酶过程(Marschner, 2012)。第三组包括 Ca、Mn、Na 和 Ba。Na 在某种程度上可以取代 K，对植物生长有促进效应；Ca 作为结构成分大量存在于细胞壁上；Mn 在叶绿体层状膜系统中也发挥着结构功能作用；Ba 作为微量元素研究较少。因此，本组被考虑作为“结构性”元素。另外，Al 和 Fe 重吸收率都低于 0，并且两者之间存在显著正相关关系，当它们浓度累积到一定程度时，极易产生毒性危害植物，因此，它们被考虑作为“毒性元素”。

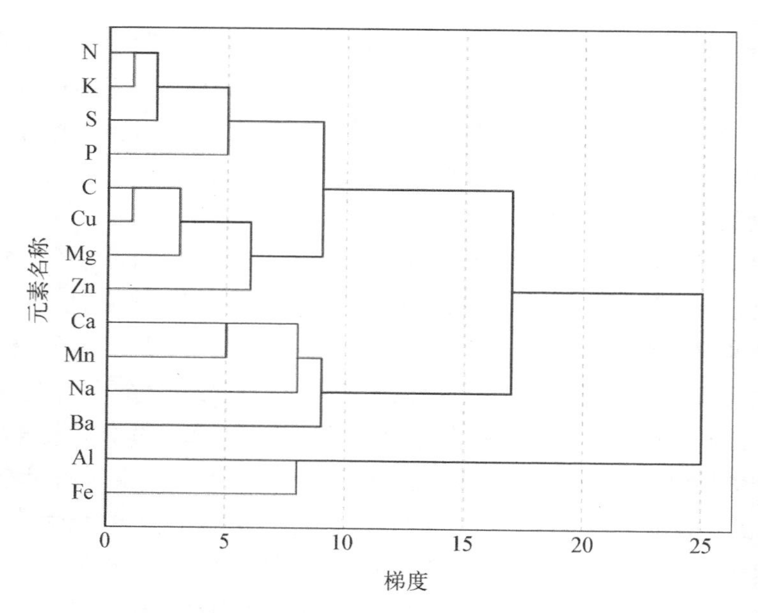

图 4-6　不同海拔梯度元素重吸收率聚类分析

本研究发现，在生长季节末期，植物倾向于吸收核酸和蛋白元素（N、K、S 和 P），但同时也会借助枝条传递，通过凋落叶将体内部分结构性（Ca、Mn、Na 和 Ba）、酶（C、Cu、Mg 和 Zn）以及毒性（Al 和 Fe）元素排出体外。这也表明植物营养重吸收是有选择性的，并且是双向代谢过程。栓皮栎化学计量组成的季节数据也证实这一推测，在生长季节初期，叶片内核酸和蛋白元素含量最高，其他元素含量最低，但随着植物生长，体内核酸和蛋白元素逐渐下降，而结构性、酶和毒性元素则出现不同程度的富集。这可能因为植物在生长季节末期存在一种权衡机制，为了下一生长季节营养需要储备核酸和蛋白营养元素，同时为了腾挪营养空间和除去体内多余的元素，植物需要排出体内部分的结构、酶和毒性元素。又正如上面所讨论的，这种营养再平衡过程与植物再生长密切相关，同时受到气候和植物自身营养状态的影响和限制。

本研究系统展现了海拔梯度上多元素化学计量组成和营养重吸收率的空间变异特征，并对它们的驱动因子进行了系统分析。研究发现如下结论：① 植物在面对海拔梯度气候变异时，可协同管理植物体内的多元素化学计量组成和营养重吸收。② 营养重吸收是一种适应性状，每种元素重吸收率有所不同，在适应气候变化和植物再生长方面，N、P 和 S 更加敏感，可能发挥着重要作用。③ 落叶植物在生长季节后期可能会对各种营养进行权衡评估，实现体内营养的再平衡，进而为下一年生长储备营养。

4.4 叶元素化学计量特征对年间气候变化的响应

植物生长需要16种矿质元素(潘瑞炽，2004；Marschner，2012)，并且在与环境的相互作用过程中需要维持体内化学元素平衡和内稳态(Sterner and Elser，2002)。生态化学计量学为研究这种生态过程中的平衡关系提供了理论支撑。但大多数生态化学计量研究只关注C、N和P，而忽略了其他的元素。这些被忽略的元素在植物的生理生化过程中和植物对气候变化的适应性方面也发挥着重要作用。例如，Mg参与叶绿体组成，可影响蛋白质合成和叶片中光合产物转运；Zn是植物体内功能丰富的酶或辅酶因子，同时也是核糖体的结构组成，影响蛋白合成和P摄取(Marschner，2012)。

植物生长受到各种生物因子和非生物因子的影响，气候和土壤等变化都可影响植物化学计量组成(Sun et al.，2015a)。叶片中N和P含量随着纬度升高而增加(Reich and Oleksyn，2004；Han et al.，2005；Wu et al.，2014；Sun et al.，2015a)，而N∶P则随纬度增加而下降。Sun等发现，植物叶片中P含量与土壤P含量密切相关(Sun et al.，2015a)，而N∶P比降低可能是N含量基本维持不变，但P含量增加所致(Agren，2008)。增温和干旱后，N∶P比增加，植物受到P限制更为剧烈(Penuelas et al.，2008)。另外，叶片水分利用效率也会影响植物化学计量组成。当前有多种假说解释这些潜在机制，其中包括温度-植物生理假说(Reich and Oleksyn，2004)、生物地球化学假说(Reich and Oleksyn，2004)以及生长速率假说(Elser et al.，2003)。然而植物生长在一个地方后并不能因为气候发生改变而随意移动，因此，探讨年间气候变化条件下植物化学计量变异规律，有助于预测未来气候变化下植物的营养管理和适应策略，但目前这方面研究工作仍然报道较少。此外，同一地区不同植物，在长期适应过程中，面对相同或相近的选择压力，其形态结构、生活史特点、生理特征以及基因表达等方面会有趋同适应的特点(Turner et al.，2010；Yeaman et al.，2016)，是否也存在化学计量的趋同适应还需要进一步试验验证。

锐齿栎(*Q. aliena* var. *acuteserrata*)、短柄枹栎(*Q. glandulifera*)和栓皮栎是暖温带落叶阔叶林和亚热带常绿落叶阔叶混交林的优势种或建群种。目前，对锐齿栎和短柄枹栎的化学计量报道较少(除Beon and Bartsch，2003外)，但对栓皮栎化学计量研究已经有了系统报道，涉及不同器官(Sun et al.，2012；Ji et al.，2017)、不同土壤类型(Zhou et al.，2015)和不同纬度带(Sun et al.，2015a)。本研究以河南宝天曼国家级自然保护区中锐齿栎、短柄枹栎和栓皮栎3种栎树为对象，对叶片中14种化学元素(C、N、P、S、K、Na、Ca、Mg、Al、Fe、Mn、Zn、Cu和Ba)进行分析，并连续4年观测。本研究假设是年间气候改变会影响植物化学计量组成，并且3种栎树由于生境相似，其化学计量特征会出现趋同适应的现象。为了验证本假说，我们从如下几方面开展研究：① 分析了不同植物种间和年间化学计量特征，并观察不同植物在面对相同气候改变时其化学元素变化是否具有相似性；② 研究了年平均温度、年平均降水量、水分利用效率以及土壤营养对植物化学计量特征的影响，并探讨了不同植物的营养调控策略。

4.4.1 试验设计与分析方法

4.4.1.1 研究地区与试验材料

本试验在河南宝天曼国家级自然保护区(东经111°47′～112°04′，北纬33°20′～33°36′)进行。研究区域地处北亚热带和暖温带过渡区，为大陆性季风气候，四季分明。海拔500～1 850 m，年平均温度为15.1 ℃，年平均降水量为856 mm，土壤类型主要为山地黄棕壤，地带性植被以落叶阔叶林为主(含有少量常绿植物)(杜宝明，2019)。宝天曼沿海拔梯度分布有大量天然次生栓皮栎林，当海拔高度达到约1 300 m时，又会出现锐齿栎和短柄枹栎等其他栎树种群。本研究以在海拔1 350 m左右3种栎树群落为研究对象，连续开展4年(2013—2016年)化学计量调查，年平均温度和年平均降水量变化特征如图4-7所示。

图4-7 2013—2016年年平均温度和年平均降水量

4.4.1.2　样品采集和处理

3种栎树林分中，每种植物群落建立3个20 m×20 m样方，共建立9个。每年8月底9月初采集土壤和植物鲜叶样品。土壤样品的采集方法是每个样方随机选取5个土壤采样点，在每个样点，去除表层凋落物后，用土钻采集0～10 cm土壤，并装于同一自封袋中混匀。土壤样品带回实验室后放置在阴凉通风处风干，去除石头和根系，用研钵磨碎，过100目网筛后保存待分析。

鲜叶样品的采集方法是每个样方选择5株健康且长势良好的样树，用喷漆编号标记，此后每年都采集相同的植株。在每株样树冠层中部向阳位置，采集25片健康的成熟叶片，每个样方的样品混合后装入档案袋中，带回实验室，然后用湿棉球擦除叶片灰尘。此后，105 ℃杀青15 min，在65 ℃烘箱中烘72 h，烘干后用粉碎机磨碎，过60目网筛，储存于放有硅胶的密封瓶中，待分析。

4.4.1.3　样品化学分析

土壤和鲜叶样品中C和N含量采用元素分析仪直接进行测定。样品中P、S、K、Na、Ca、Mg、Al、Fe、Mn、Zn、Cu和Ba含量采用电感耦合等离子体发射光谱仪进行分析。在测试分析前，土壤样品采用氢氟酸和王水进行消解，植物样品采用硝酸、高氯酸和双氧水进行消解。

4.4.1.4　数据分析

运用多重比较检验3种栎树化学元素组成的年间变化趋势；运用一般线性模型(general linear model，GLM)中的重复测量比较不同元素在种间和年间的差异显著性；利用典型判别分析(canonical discriminant anslysis，CDA)判别植物化学组成的种间和年间差异，并对共线性大的元素进行提取；运用Pearson相关分析检验不同元素间的相关性；为避免气候因子间共线性的影响，采用分层分析检验年平均温度(MAT)、年降水量(TAP)(数据来自河南宝天曼森林生态系统定位观测研究站)、叶片$\delta^{13}C$(用来指示水分利用效率)(Li et al.，2006)和土壤营养对不同栎树鲜叶化学元素含量的影响；运用简单线性回归检验元素与年平均温度和年降水量之间的相关关系。单因素方差分析采用SAS 8.1 (SAS Institute Inc.，Carry，NC，USA)，作图、简单线性回归和Pearson相关分析采用SigmaPlot 10.0 (Systat Software，Inc.，Richmod，CA，USA)，典型判别分析和聚类分析采用SPSS 22.0 (IBM，Chicago，IL，USA)，分层分析采用R 3.3.1(R Development Core Team 2016)。

4.4.2 3种栎树叶元素化学计量组成种间和年间变化特征

3种栎树叶片化学元素含量和比率年间变化特征如图4-8所示。尽管3种栎树叶片化学计量组成种间差异显著，但在经历相同年间气候变化时植物体内C、N、P、S、K、Na、Ca、Mn、Cu含量，C∶N和N∶P比表现出了相似的年间变化趋势(见图4-8)。Lei等通过野外和同质园试验发现，植物在野外时化学含量差异较大，但被种植到苗圃后差异消失，这一结果表明气候可能是影响植物生理生态和化学含量变化的重要因子(Lei et al., 2013)。在同一地区的植物面对相同气候和相似的土壤条件时，若气候条件改变，为了适应气候，则植物化学计量组成也会随之变化，这种变化应适应于不同植物(Körner et al., 1986)，因此，就形成了植物化学计量的趋同适应(马淼等, 2006; Yeaman et al., 2016)。

通过判别分析发现，3种植物种间($F=125.70$, $p<0.0001$)和年间($F=166.94$, $p<0.0001$)都存在显著差异(见图4-9)。在种间，Can 1和Can 2分别解释了67.3%和32.7%的变异，对Can 1贡献大的元素有Mg、Zn和Ba，对Can 2贡献大的元素有C和P(见表4-9)。Mg、Zn和Ba在光合和酶促反应中发挥着重要作用。它们贡献大的原因可能是植物在种系分化时，植物体内这些元素的高低对植物特定功能的发挥有影响。Mg参与叶绿体和核糖体的构建，影响光合作用和蛋白合成，Zn参与糖代谢并作为酶参与大量蛋白质合成，而Ba的功能目前尚不清楚。此外，C和P在种间判别上也有一定的区分作用，这同植物光合产物固定以及蛋白合成等有关，可能与上面元素也有一定的关联。

在年间，Can 1和Can 2分别解释了61.0%和24.3%的变异，对Can 1贡献大的元素有S和Zn，对Can 2贡献大的元素是C和Cu(见表4-9)。S和Zn贡献最大，这可能与植物生长有关。S是半胱氨酸和甲硫氨酸的组成部分，参与蛋白质合成(Marschner, 2012)。并且在本研究中植物叶片S与N和P显著相关。这说明，一是S与N和P相互作用，共同影响年间尺度植物的生长，二是植物在年间生长过程中可能受含S元素的氨基酸的影响比较显著。Zn无论在种间尺度还是年间尺度上都贡献比较大，这可能同植物生长和蛋白合成有关。Zn和P互为拮抗，此外Zn还是核糖体的结构成分，缺Zn后植物蛋白合成受阻(Marschner, 2012)。

2014年植物叶片N∶P比显著高于其他三年($p<0.05$)(见图4-8)。N∶P比值常被用于判断一个地区植物生长是否受到N和P元素限制，主要与当地

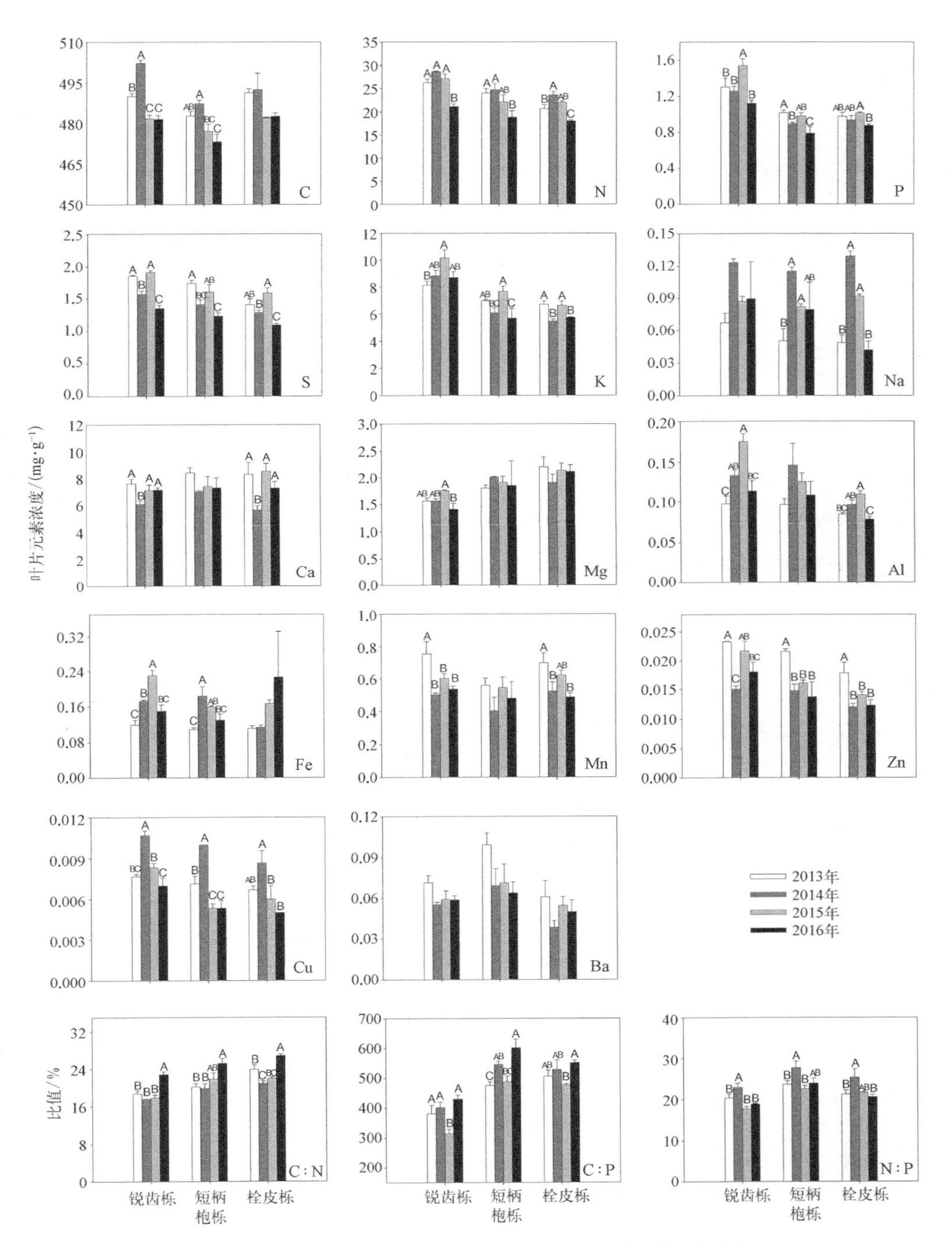

图 4-8 3 种栎树叶片不同元素含量和比值年间变化特征

注：不同大写字母 A、B、C 表示同种植物不同年间的差异显著，$p<0.05$。

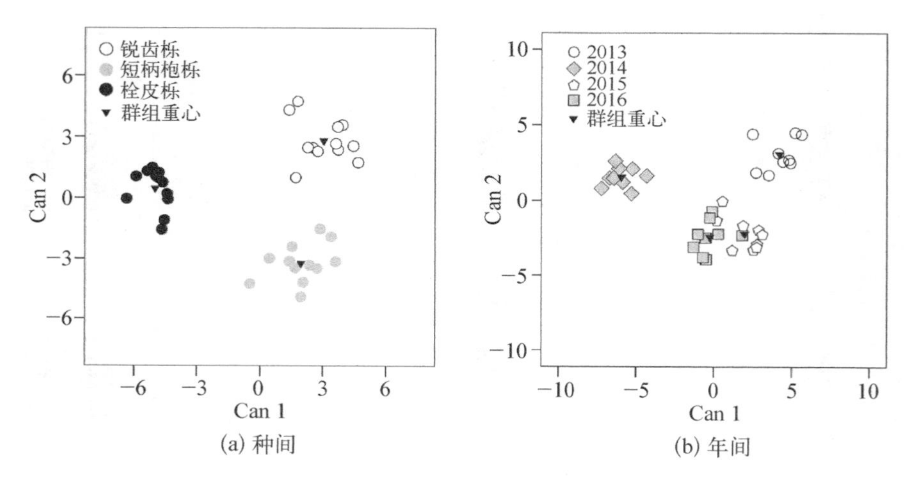

(a) 种间　　(b) 年间

图 4-9　3 种栎树叶片化学元素组成的种间和年间判别分析

地质化学特性、气候特点、植物种类有关。在全球变化的条件下，植物 N 和 P 限制性也会受到人工氮沉降的影响(Koerselman and Meuleman, 1996)。本研究结果表明，本地区栎树植物生长普遍受到 P 限制(N∶P 比值都高于 16)，这与本次研究相邻地区植物生长也受到 P 限制的结果一致(Chai et al., 2015)；而且，随年间气候变化，植物 N∶P 比值也会改变。例如，2014 年植物叶片 N 含量增高，但 P 没有增加，因此，导致了植物体内高 N∶P 比值，这表明基于气候变化影响的 N 含量增加，导致了更高强度的 P 限制。

表 4-9　不同种类栎树叶片化学元素组成的种间和年间判别分析　　单位：%

元　素	种间(3 种)		年间(4 年)		
	Can 1	Can 2	Can 1	Can 2	Can 3
C	−0.50	1.08	−0.01	0.95	−0.69
N	0.73	−0.34	−0.90	−0.13	1.30
P	−0.61	1.60	−0.62	−0.56	−1.64
S	−0.37	−0.81	1.42	0.57	1.33
K	0.56	0.07	0.16	−0.82	1.20
Na	0.29	0.30	−0.84	−0.64	−0.10
Ca	−0.88	0.85	0.69	−0.21	0.21
Mg	−1.27	−0.46	0.02	0.18	0.77

续　表

元　素	种间(3种)		年间(4年)		
	Can 1	Can 2	Can 1	Can 2	Can 3
Al	0.63	−0.34	0.16	0.05	0.08
Fe	0.42	0.22	−0.17	−0.67	0.03
Mn	−0.92	0.30	0.74	0.37	0.62
Zn	1.21	−0.18	1.21	0.27	−1.00
Cu	−0.30	−0.35	−0.65	0.96	0.21
Ba	1.61	−0.76	−0.94	0.50	−1.27
贡献率/%	67.3	32.7	61.0	24.3	14.7

4.4.3　3种栎树叶元素相关性和变异特点

3种栎树叶片中N与S,P与S以及Ba与Ca含量存在显著正相关关系(见图4-10)。而对于和生长密切相关的N和P元素,在锐齿栎中N与C、P、Cu和Mg含量相关,P与K、Mg和Al含量相关;短柄枹栎中N与C、P和Cu含量相关,P与K和Zn含量相关;栓皮栎中N与Na含量,P与Mn和Zn含量相关(见图4-10)。此外,本研究中采用变异系数来比较叶片中不同元素年间变化的稳定性。在锐齿栎中C含量变异系数最低(稳定性最强),其次是N、Mg、S、P,而Fe和Na变异系数最高;短柄枹栎中C最低,其次是Mg、N和P,最高的是Na;而在栓皮栎中C变异系数也是最低的,其次是P、N、Mg、S,最高的也是Na(见图4-11)。总的来说,随叶片元素含量升高,3种栎树元素含量变异系数降低(见图4-12)。

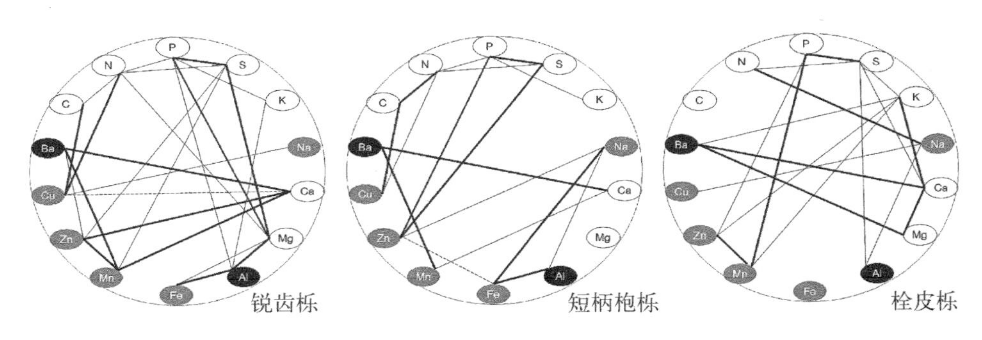

图4-10　3种栎树叶片不同元素含量间的相关性

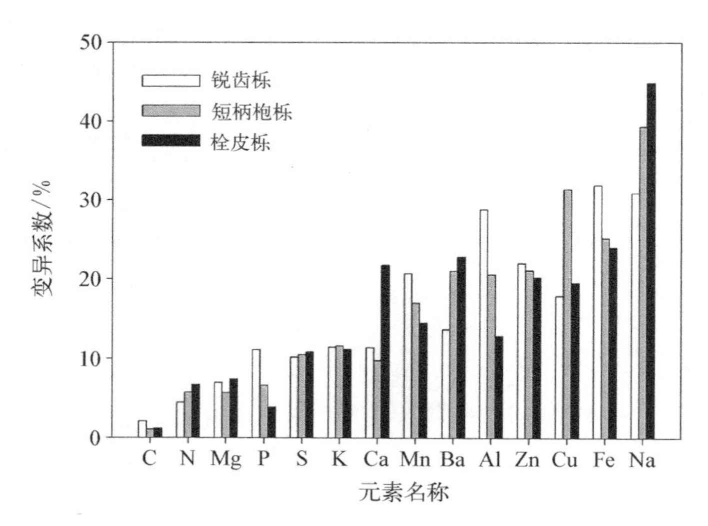

图 4-11　3 种栎树叶片元素含量变异性分析

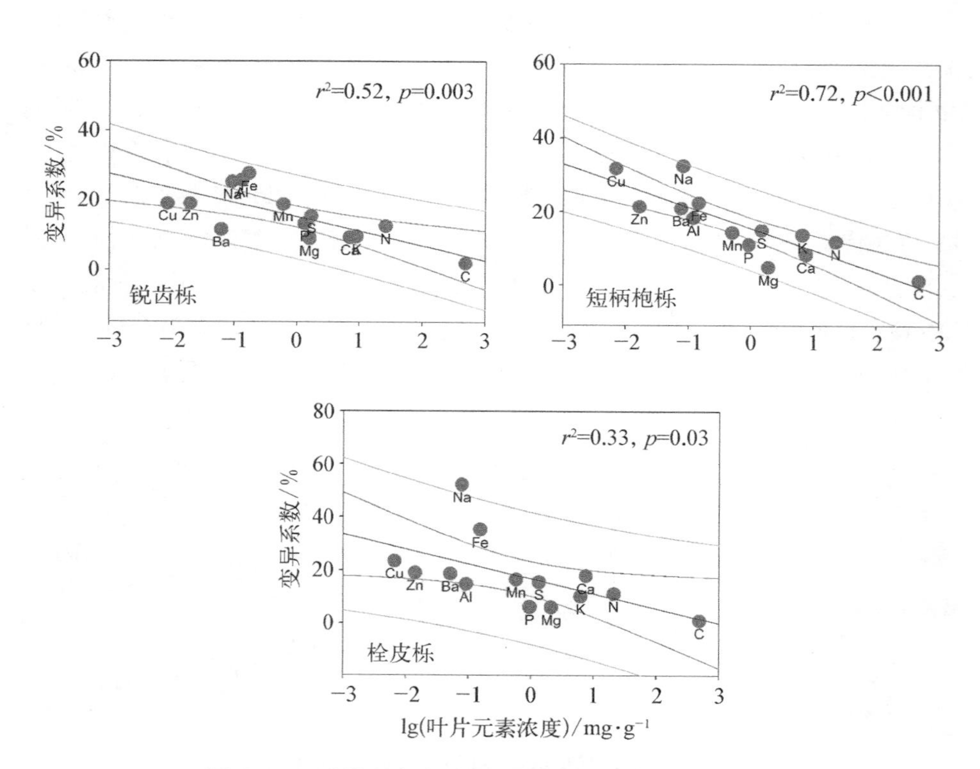

图 4-12　叶片元素含量和元素变异系数间的相关关系

Han 等通过对全国 1 900 种植物中 11 种元素的分析发现，植物需求量高的元素，稳定性也强(Han et al.，2011)。本研究发现，随着元素含量升高，元素变异系数降低，所以也支持此假说。C 稳定性在 3 种植物中最高，这可能由于一是自身比重大，若调节则需要消耗大量能量，这应该不是植物长期进化的优化方案；二是能量稳定也是其他代谢活动的基础。另外，N、P、S 和 Mg 这些同植物生长和光合作用密切相关的元素也基本保持了低变异。Na 在所有植物中变异最大，这与 Agren 等的研究结果一致(Agren and Weih，2012)。本研究也进一步证实了之前的推测，为了维持生物自身的化学平衡和内稳态，植物中通常有大量元素被严格管理，微量元素的管理较弱，而非必需元素仅受到很弱的控制(Karimi and Folt，2006；Zhang et al.，2012)。

4.4.4 气候、水分利用效率和土壤对栎树叶元素化学计量组成的影响

通过分层分析发现，不同植物对年平均温度、年降水量、叶片水分利用效率(用 $\delta^{13}C$ 指示)和土壤营养元素含量的响应不同(见表 4－10)。这 4 个因子分别解释了锐齿栎、短柄枹栎和栓皮栎叶片中 C 含量 75.35 %、48.09 %和 56.07 %的变异，N 含量 93.76 %、63.06 %和 94.73 %；P 含量 41.02 %、83.04 %和 51.80 %以及 C∶N 比 89.26 %、83.50 %和 94.36 的变异。年平均温度对 3 种栎树叶片中 N、S 含量和 C∶N 比有显著影响，年降水量仅对叶片 Al 含量有显著影响。此外，年平均温度还显著影响锐齿栎叶片中的 Mg 含量和 C∶P 比，短柄枹栎叶片中 C、P、K、Zn、Cu 含量和 C∶P 比，以及栓皮栎叶片中 Na 和 Al 含量；年降水量显著影响锐齿栎叶片中 K、Ca、Fe、Mn 和 Ba 含量，短柄枹栎叶片中 Na、Fe 和 Zn 含量，以及栓皮栎叶片中 N、Na、Ca、Zn 含量和 C∶N 比。叶片水分利用效率显著影响锐齿栎叶片中 S 和 Cu 含量以及栓皮栎叶片中 C、N、Na、Cu 含量，以及 C∶N 和 N∶P 比。土壤 N 含量显著影响锐齿栎和栓皮栎叶片元素含量，土壤 P 和 S 含量显著影响短柄枹栎和栓皮栎叶片元素含量。另外，锐齿栎土壤 C 和 Na 含量，短柄枹栎土壤 K 和 Cu 含量，以及栓皮栎土壤 Ca 含量均对叶片对应元素含量有显著影响(见表 4－10)。由于植物生长在一个地方不能自由迁移，因此，必须有能力去适应不同程度的生物因子和非生物因子带来的挑战(Schachtman and Shin，2007)。本研究结果表明，不同植物会有不同的营养适应策略(Sardans and Penuelas，2007；Sardans et al.，2008；Rivas-Ubach et al.，2014)。

表 4-10　年平均温度、年降水量、叶片水分利用效率和土壤营养元素含量对 3 种栎树叶片化学计量组成的影响

元素	植物种类	Full model (r^2)	影响率/%			
			MAT	TAP	$\delta^{13}C$	土壤营养元素含量
C	1	75.35	15.99	4.97	9.92	69.12*
	2	48.09	55.95*	3.88	37.87	2.30
	3	56.07	19.63	7.92	69.60*	2.85
N	1	93.76	48.60*	6.14	21.26	24.00*
	2	63.06	53.93*	4.71	38.07	3.29
	3	94.73	31.80*	13.04*	37.85*	17.31*
P	1	41.02	48.58	10.11	20.02	21.29
	2	83.04	37.24*	5.63	25.02	32.11*
	3	51.80	41.01	1.04	12.41	45.54*
S	1	69.88	46.06*	5.74	34.75	13.45
	2	88.36	37.90*	16.12	28.31*	17.67*
	3	75.47	36.29*	0.69	14.05	48.97*
K	1	57.12	10.28	57.11*	9.06	23.55
	2	85.75	47.77*	10.63	13.88	27.72*
	3	61.78	36.85	40.69	18.63	3.83
Na	1	37.35	23.61	40.09	23.93	12.37
	2	64.69	7.43	74.91*	15.97	1.69
	3	91.60	24.64*	50.35*	22.56*	2.45
Ca	1	66.55	9.19	50.42*	7.55	32.84*
	2	53.69	7.63	30.16	44.72	17.49
	3	74.11	4.92	23.19*	8.25	63.64*
Mg	1	54.49	60.57*	12.86	15.86	10.71
	2	23.40	16.64	57.55	18.82	6.99
	3	19.53	5.46	43.98	1.74	48.82
Al	1	70.06	26.36	50.57*	17.80	5.27
	2	73.85	13.14	61.27*	14.53	11.06
	3	75.06	47.41*	37.48*	13.76	1.35

续　表

元素	植物种类	Full model (r^2)	影响率/%			
			MAT	TAP	$\delta^{13}C$	土壤营养元素含量
Fe	1	71.74	19.28	59.04*	21.28	0.40
	2	87.95	12.96	73.91*	10.51	2.62
	3	26.59	37.33	15.75	35.24	11.68
Mn	1	75.61	15.55	66.96*	15.21	2.28
	2	18.41	5.94	48.86	12.42	32.78
	3	52.57	39.55	46.64	12.76	1.05
Zn	1	55.92	19.42	33.98	12.65	33.95
	2	78.56	16.51*	49.09*	25.74	8.66
	3	66.64	12.66	68.54*	4.44	14.36
Cu	1	64.05	34.25	40.37	9.02	16.36
	2	80.10	33.06*	9.05	31.25*	26.65*
	3	57.87	34.94	3.22	51.63*	10.21
Ba	1	48.76	9.28	77.29*	13.43	n.d.
	2	45.83	10.87	36.18	52.95	n.d.
	3	18.88	4.08	91.64	4.28	n.d.
C∶N	1	89.26	64.82*	9.43	22.21	3.54
	2	63.50	51.85*	5.62	34.31	8.22
	3	94.36	39.35*	24.19*	31.93*	4.53
C∶P	1	53.43	46.01*	13.14	15.13	25.72
	2	65.36	47.04*	14.64	33.04	5.28
	3	45.62	62.19	1.40	17.67	18.74
N∶P	1	35.77	11.34	12.96	7.63	68.07
	2	42.31	9.71	25.15	7.41	57.73
	3	59.08	17.78	22.70	49.39*	10.13

注：1代表锐齿栎，2代表短柄枹栎，3代表栓皮栎。MAT为年平均温度，TAP为年降水量，* 表示有显著影响($p<0.05$)。

此外，为了进一步揭示年平均温度和年降水量对植物叶片化学元素含量的影响，本研究用线性回归单独分析了叶片元素含量和气候因子的关系。结果表明，随着年平均温度升高，3种栎树叶片N、P和S含量降低，而C∶N比升高；随着年降水量增加，叶片Al含量会升高，其他元素变化趋势不一致（或不显著）。已有研究表明，低温和干旱胁迫会增加植物中氨基酸和N含量的累积（Nautiyal，1984）。一方面，本研究中，由植物元素含量和年平均温度、年降水量的回归分析发现，植物N和P含量与年平均温度呈现显著负相关关系，而与年降水量相关性不显著，因此，年平均温度对P含量的制约以及对植物生长的影响要高于年降水量。这可以解释为温度影响植物生理代谢，从而影响植物元素含量（Reich and Oleksyn，2004）。另一方面，年平均温度影响土壤N和P的可获得性，进而影响植物P含量，即温度和土壤共同影响植物体中P含量。本研究发现土壤P也与叶片P表现出显著相关性，进而支持了这一观点。

在年间尺度上，叶片N、P和S含量随年平均温度的升高而降低，这与Reich和Oleksyn提出的温度-植物生理假说相符合（Reich and Oleksyn，2004）。尽管这个假说是通过对全球尺度的生态化学计量研究所得，但也适用于年间尺度。当温度降低时，植物的代谢活动速率降低，为了完成其生活史，植物必须通过提高底物的产量来实现（Reich and Oleksyn，2004）。N、P和S是氨基酸、核酸和蛋白质的重要组成部分，被总称为"蛋白-核酸"元素，和植物生长直接紧密相关（Agren and Weih，2012）。它们在年间尺度上随温度波动也反映出植物在面临气候改变时，首要的任务可能是如何调节这些同自身生长紧密相关的元素，因此，这些元素也会被严格管理。

3种栎树叶片化学计量组成存在显著的种间和年间差异，在种间差异判别中，Mg、Zn和Ba贡献较大；而在年间差异中，S和Zn贡献较大，表明植物叶片化学计量组成受到了遗传和环境的共同控制。不同栎树面对年间的气候改变展现了不同的适应策略，但由于生活在同一地区，面对的选择压力相近，所以3种栎树也表现出一定的化学计量趋同适应特征。此外，植物在对气候变化的长期适应过程中已形成了调控常态，温度和土壤显著影响植物N、P、S含量以及C∶N值，表明植物在响应气候变化时，可能主要调控的是与生长密切相关的元素。3种栎树的N∶P比值均大于16，说明本地区植物普遍受到P的限制，而在气候条件不利的2014年，植物N供应充足，但P未增加，从而导致更强的P限制。年间气候波动会改变植物化学计量组成，这会影响植食性昆虫的食物质量和凋落叶质量，进而影响动植物关系和土壤营养循环，这些问题将会在接下来的章节中分析。

4.5 叶营养元素重吸收率对年间气候变化的响应

养分重吸收是植物重要的营养保存机制(Brant and Chen, 2015),一方面,可以减少植物对土壤养分的依赖(Aerts and Chapin, 2000; Brant and Chen, 2015);另一方面,植物也可以借助叶片、枝条和根系的脱落,将体内有毒物质排出,实现体内营养的再平衡,为下一个生长季节做准备。尽管营养重吸收是植物内循环过程,但植物营养元素重吸收也会影响到凋落物质量、植物适合度和再生产以及生态系统营养循环等外部过程(Aerts, 1996)。目前,植物营养元素重吸收率已经被广泛研究,包括在全球尺度(Kobe et al., 2005; Yuan and Chen, 2009; Reed et al., 2012; Vergutz et al., 2012)、区域尺度(Freschet et al., 2010; Liu et al., 2014; Sun et al., 2016a)、局域尺度(Jiang et al., 2012)层面以及一些控制试验(Yuan and Chen, 2015)上。对植物年间营养重吸收动态报道较少,并且多数研究只关注N和P重吸收,而忽视了其他营养元素的重吸收。在现有的多元素重吸收研究中发现,N、P、S和K重吸收率较高,而Ca、Mg、Al和Fe等元素重吸收率较低甚至是负数(Killingbeck, 1993; Vergutz et al., 2012; Liu et al., 2014; Estiarte and Penuelas, 2015)。气候、土壤、鲜叶元素含量、植物类型等多种因素影响着植物营养元素重吸收(Aerts, 1990; Pugnaire and Chapin, 1992; Kobe et al., 2005; See et al., 2015)。

气候影响植物化学计量组成,对植物营养元素重吸收也发挥着重要作用。在全球尺度上,N重吸收率随温度和降水量升高而降低,而P重吸收率则随温度和降水量的增加而增加(Yuan and Chen, 2009)。Sun等也发现,栓皮栎N、P、S和K重吸收率与温度和生长季节长度呈现负相关关系(Sun et al., 2016a)。随着全球变暖加剧,植物生长季节延长,叶片凋落时间推后,营养元素重吸收率可能随之下降;但当极端天气,如干旱出现时,植物叶片提前凋落,营养元素重吸收率可能会升高(Rivero et al., 2007)。目前,对空间尺度上营养元素重吸收率的研究较多,对时间尺度上的报道则较少。现有报道中,Killingbeck发现,N和P重吸收率为正数(但年间差异较大),Cu重吸收率则是3年为正数,2年为负,并且元素重吸收率之间也相互关联,Cu与Zn,N与Cu和Zn均存在显著正相关关系,但P与这些元素则无显著相关性(Killingbeck, 1993)。植物在气候变化时不能移动,因此,研究年间气候改变对植物营养元素重吸收率的影响有助于了解植物的营养适应策略。

除了气候因素外，植物鲜叶和土壤营养元素含量及状态也会影响营养元素重吸收率（Chapin et al.，1980；Chapin and Moilanen，1991；Wright and Westoby，2003；Kobe et al.，2005；Liu et al.，2014；Brant and Chen，2015）。有研究发现，在低土壤营养条件下，植物会提高重吸收率以减少对土壤的依赖程度（Aerts，1996），一个全球的 Meta 分析结果也表明，增加土壤营养可以减少植物 N 和 P 的重吸收率（Kobe et al.，2005）。然而也有研究发现，土壤营养元素含量和植物营养元素重吸收率之间并没有相关性（Aerts，1996；Aerts and Chapin，2000）。植物叶片营养状态对营养元素重吸收率的影响也存在着不一致性。一般情况下，随着鲜叶元素含量升高，N 和 P 营养重吸收率下降，但也有研究发现，植物营养元素和元素重吸收率并无直接关系（Chapin，1980；Chapin and Moilanen，1991；Aerts，1996）。在叶片衰老过程中，叶片扮演着营养源的角色，活跃的库可以提高植物叶片营养元素重吸收率，因此，营养的源库关系也可以影响营养元素的重吸收率（Cole and Rapp，1981）。Cole 和 Rapp 发现，植物营养元素重吸收主要是被转运过程控制，而不是植物鲜叶营养元素含量（Cole and Rapp，1981）。因此，有研究认为，营养元素重吸收是植物对环境的一种重要营养适应性状（Vergutz et al.，2012）。

本研究以河南宝天曼国家级自然保护区中锐齿栎、短柄枹栎和栓皮栎 3 种栎树为研究对象，每年 8 月底 9 月初采集鲜叶样品，12 月中旬采集凋落叶样品，对样品中 14 种化学元素（C、N、P、S、K、Na、Ca、Mg、Al、Fe、Mn、Zn、Cu 和 Ba）进行分析，并进行从 2013 年到 2016 年连续 4 年的观测。本研究假设是：植物营养元素重吸收率存在显著的种间和年间差异，并且为了维持内稳态管理，营养元素重吸收率也应遵循限制元素稳定性假说，此外，由于对相同年间气候的适应，不同元素重吸收率可能会出现趋同适应现象。为了检验此假说，本研究首先利用鲜叶和凋落叶元素含量评估了不同营养元素的重吸收率，然后分析了它们的种间和年间变异特征，并检测了年平均温度、年降水量、叶片和土壤中营养元素含量对营养元素重吸收率的影响。

4.5.1 试验设计与分析方法

本试验研究的植物材料为锐齿栎、短柄枹栎和栓皮栎 3 种栎树。每种植物群落建立 3 个 20 m×20 m 的样方。每个样地放置 6 个 1 m×1 m 的凋落物框，凋落物框高 1 m，网兜距离地面高约 50 cm。凋落叶收集完成后带回实验室，称重。混匀后，每个样方选取 70～80 片凋落叶，用棉花蘸上蒸馏水，擦洗灰尘。后放在 65 ℃烘箱烘 72 h。烘干后用粉碎机磨碎，过 60 目网筛，储存在放有硅胶的密封瓶中，待分析。鲜叶和凋落叶样品 C 和 N 含量采用元素分析仪进行测定。样品 P、S、K、Na、Ca、Mg、Al、Fe、Mn、Zn、Cu 和 Ba 含量采用电感耦合等离子体发射光谱仪进行分析（杜宝明，2019）。

营养元素重吸收率通过公式 4－1 进行计算。

运用多重比较检验不同植物不同营养元素重吸收率年间差异是否显著，运用聚类分析检验不同植物不同元素重吸收率之间的分类属性，运用一般线性模型中的重复测量比较不同元素在种间和年间的差异显著性，运用 Pearson 相关分析检验不同植物不同元素之间的相关性，运用简单线性回归分析不同植物不同元素重吸收率同年平均温度、年降水量，以及鲜叶、种子和土壤元素含量之间的相关性，运用多元线性回归分析模拟气候变化对不同植物不同元素重吸收率的影响，运用逐步回归分析检验气候因子之间的共线性问题。单因素方差分析采用 SAS 8.1，简单线性回归和 Pearson 相关分析采用 SigmaPlot 10.0，其他分析采用 SPSS 22.0。

4.5.2　3 种栎树营养元素重吸收率的种间和年间变化特征

营养元素重吸收率一般被认为是植物对土壤元素的获得性与植物需求性不平衡的一种调节机制（Brant and Chen，2015）。通过连续 4 年对 3 种栎树的调查研究发现，3 种栎树元素重吸收率有两个重要特点：第一，3 种栎树植物种间营养元素重吸收率无显著差异（除 Zn 外）（见表 4－11）。该结果表明，3 种栎树生长于相似的立地条件之下，由于对当地环境的长期适应，不同植物已经形成了基于元素重吸收的趋同适应性（Reich，2005；Yeaman et al.，2016）。第二，3 种栎树元素重吸收率均表现出了显著的年间差异（见表 4－11）。此外，在 3 种栎树中，P、K、N、S、Mg、C 和 Zn 重吸收率大于零，Mn、Na、Ca、Ba、Fe、Cu 和 Al 重吸收率小于零（见图 4－13）。按元素重吸收率从大到小排序，依次是 P>K>N>S>Mg>C>Zn>Mn>Na>Ca>Ba>Fe>Cu>Al。

表 4－11　3 种栎树不同元素重吸收率种间和年间差异性分析

元　素	植物种类	年　间	种类×年间
C	0.10	62.28*	2.68
N	2.66	29.04*	2.36

续 表

元　素	植物种类	年　间	种类×年间
P	2.91	26.01*	3.04
S	4.17	25.68*	2.68
K	1.33	2.96	1.46
Na	0.13	6.04*	0.87
Ca	0.17	30.32*	1.87
Mg	2.06	8.26*	2.01
Al	0.72	16.95*	4.07*
Fe	3.02	73.40*	6.08*
Mn	1.73	8.53*	0.47
Zn	8.09*	5.23*	1.42
Cu	0.50	116.75*	7.27*
Ba	0.03	7.37*	1.24

注：种类自由度=2,6;时间自由度=3,4;种类×时间自由度=6,10 (Type I)；* 表示差异显著，$p<0.05$。

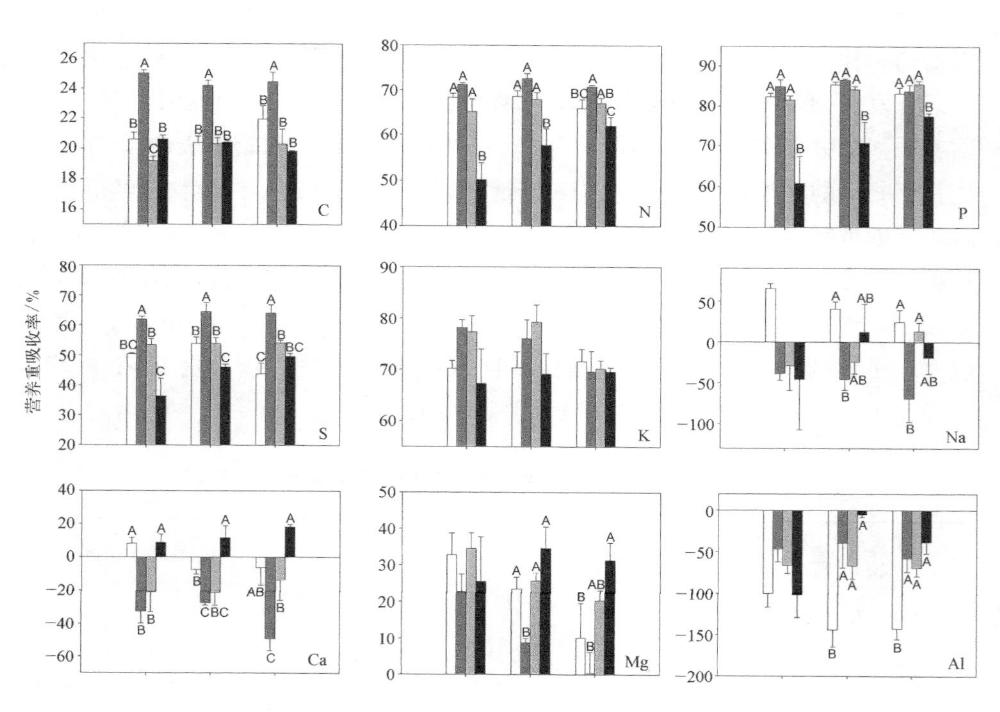

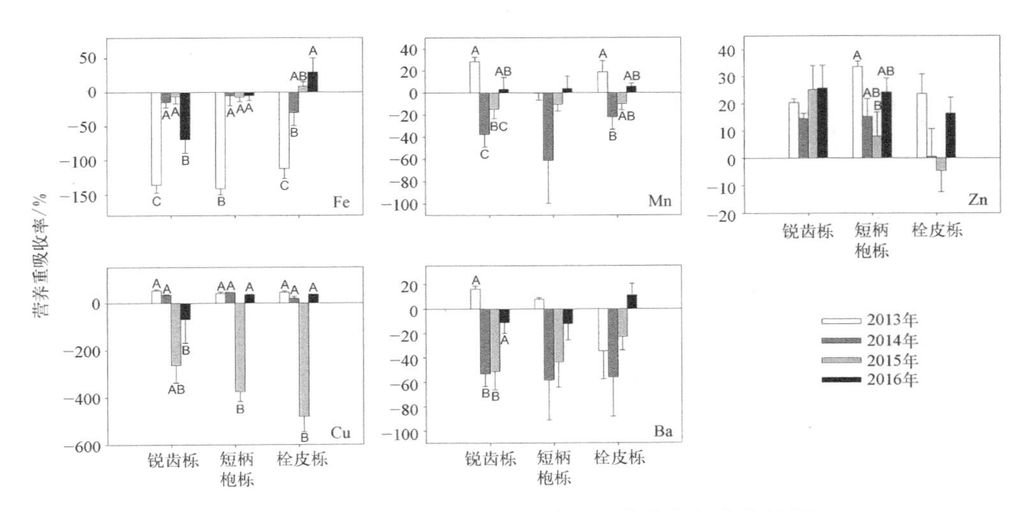

图 4-13 3 种栎树叶片不同元素重吸收率年间变化特征

注：不同大写字母 A、B、C 表示同种植物不同年间的差异显著，$p<0.05$。

4.5.3 3 种栎树营养元素重吸收率聚类、相关性和变异特点分析

通过聚类分析，14 种元素可分为 4 类，分别是核酸-蛋白元素（N、P、S 和 K），光合-酶元素（C、Mg 和 Zn），结构性元素（Ca、Mn、Ba 和 Na）以及毒性元素（Al、Fe、和 Cu）（见图 4-14）。在生长季节末期，核酸-蛋白以及光合-酶元素被不同程度地重吸收，而结构和毒性元素则会被植物排出体外（见图 4-13）。核酸-蛋白元素直接影响植物生长（Elser et al.，2007），因此，在生长季节结束时，这些元素会被植物再吸收储存在枝条或根中，用于下一生长季再生长的需要，所以也表现出了高重吸收率（Hagen-Thorn et al.，2006；Vergutz et al.，2012；Liu et al.，2014；Du et al.，2017）。光合元素尽管重吸收率低，但也是植物生长不可或缺的（Marschner，2012），因此也会呈现出正吸收。之前研究也发现，核酸-蛋白元素不仅可从凋落叶中被再吸收，也会从凋落的枝条和死亡的根系中被再吸收（Freschet et al.，2010；Brant and Chen，2015），当然前者的重吸收是最主要的（Killingbeck，1996）。

结构和毒性元素在凋落叶中经常会被聚集而表现出负的吸收，已被许多研究所证实（Killingbeck，1993；Liu et al.，2014；Du et al.，2017）。这些元素经常可被自由地转移进入木质部，但重新再转移至韧皮部时会受到限制。植物体中结构和毒性元素通过凋落叶的排出，可为核酸-蛋白以及光合-酶相关元素释

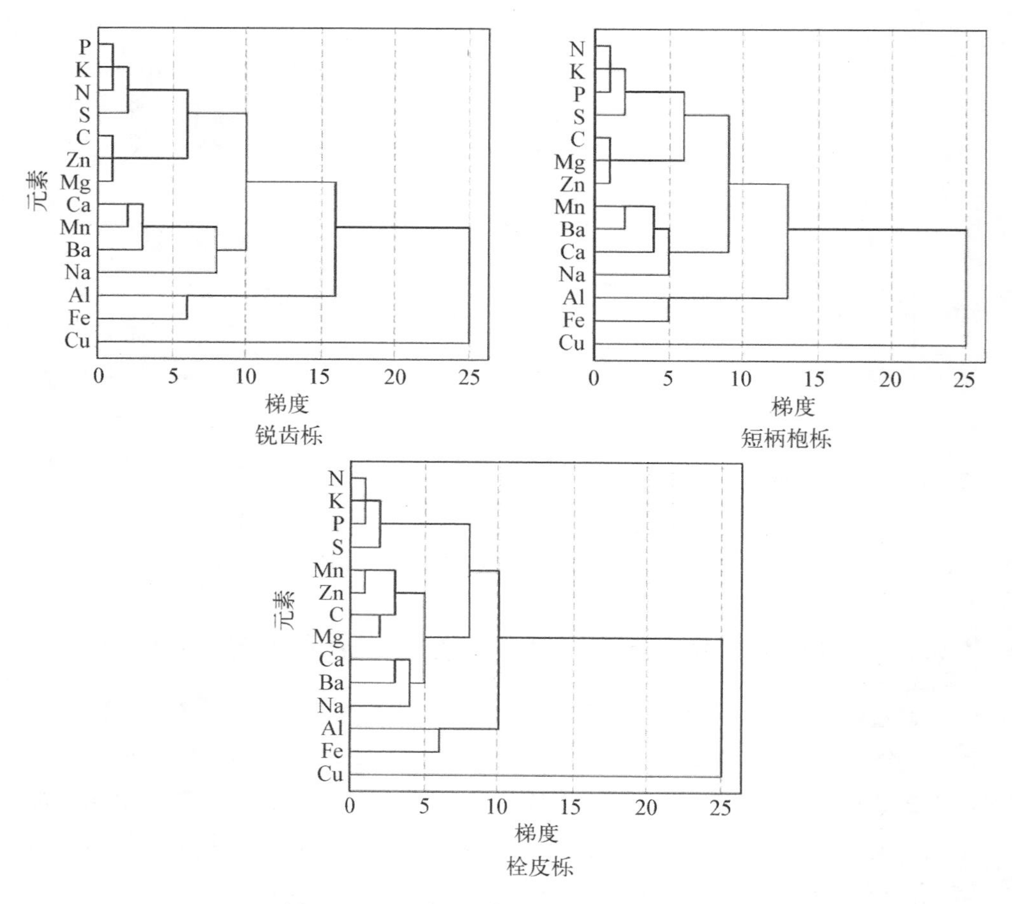

图 4-14　3 种栎树元素重吸收率聚类分析

放出更多的空间，也可起到解毒的功效。这一推测也被季节性研究数据所支持，在生长季节初期，植物叶片有较低的结构和毒性元素以及较高的核酸-蛋白和光合-酶元素，但随着生长季节延长，结构和毒性元素逐渐累积，而核酸-蛋白以及光合-酶元素则基本越来越低。这也表明尽管植物营养元素在生长季节是动态变化的，但在生长季节结束时，植物会根据当年的生长情况和下一年生长的需要对植物体内的元素做出存留权衡和吸收决定（Niinemets and Tamm，2005；Du et al.，2017）。在做出元素存留权衡时，生长季节的气候，土壤、鲜叶和种子元素含量等都可能被植物所参考。

不同元素重吸收率间相互关联，N 重吸收率与 P 和 S 重吸收率显著正相关，Al 与 Fe 重吸收率显著正相关（见图 4-15）。此外，Ca 也不是我们想象中仅可发挥结构性作用的元素(Marschner, 2012),它还是植物生长和发展的核心调控因子(Hepler, 2005)。本研究发现,Ca 的重吸收与很多元素有关,特别是 Ca 重吸收率与 N 和 C 重吸收率在短柄枹栎和栓皮栎中存在显著的负相关关系(见图 4-15),同时 N 重吸收率又与 P 和 S 的重吸收率存在显著正相关关系。因此,我们推断 Ca 在调控整个植物营养元素重吸收率过程中发挥着重要作用,这需要在将来的研究中进一步验证。

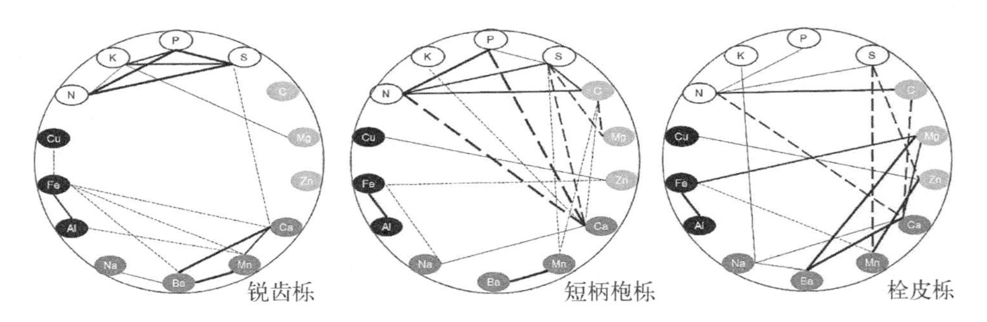

图 4-15 3 种栎树叶片不同元素重吸收率之间的相关性

通过对 3 种栎树年间的观察发现,K 重吸收率变异系数最低,Na 最高。不同元素重吸收率变异性从低到高依次是 K<C<P<N<S<Mg<Al<Zn<Ba<Fe<Ca<Cu<Mn<Na。营养元素重吸收率越高,其变异性越小(见图 4-16)。这与观察到的核酸-蛋白元素对气候比较敏感其实并不矛盾。元素对气候敏感是植物顺势调节自身营养管理模式,适应气候变化的一种生长策略。而低的变异性是因为这些元素在植物体内含量较高,低的变异性有助于植物维持其自身内稳态和化学计量平衡。此外高重吸收率元素的高稳定性,支持了之前的假说,即大量元素被严格管理,而微量元素和非必需元素则管理较弱(Karimi and Folt, 2006)。同时它也强力地支持了 Han 等提出的限制性元素稳定性假说,即营养需求和含量越高的元素在植物体内越稳定(Han et al., 2011)。之前研究只是在元素层面进行了验证,本研究则从营养元素重吸收率层面进行了验证,这也说明了在植物长期进化适应过程中,植物形成了优化的元素管理模式,并且生态化学计量特征和营养元素重吸收率也可能是紧密关联的(Kobe et al., 2005; Liu et al., 2014; Du et al., 2017)。

4.5.4 气候、植物功能性状和土壤对栎树营养元素重吸收率的影响

通过对比分析发现,相比于其他元素,N、P 和 S 重吸收率对年平均温度的

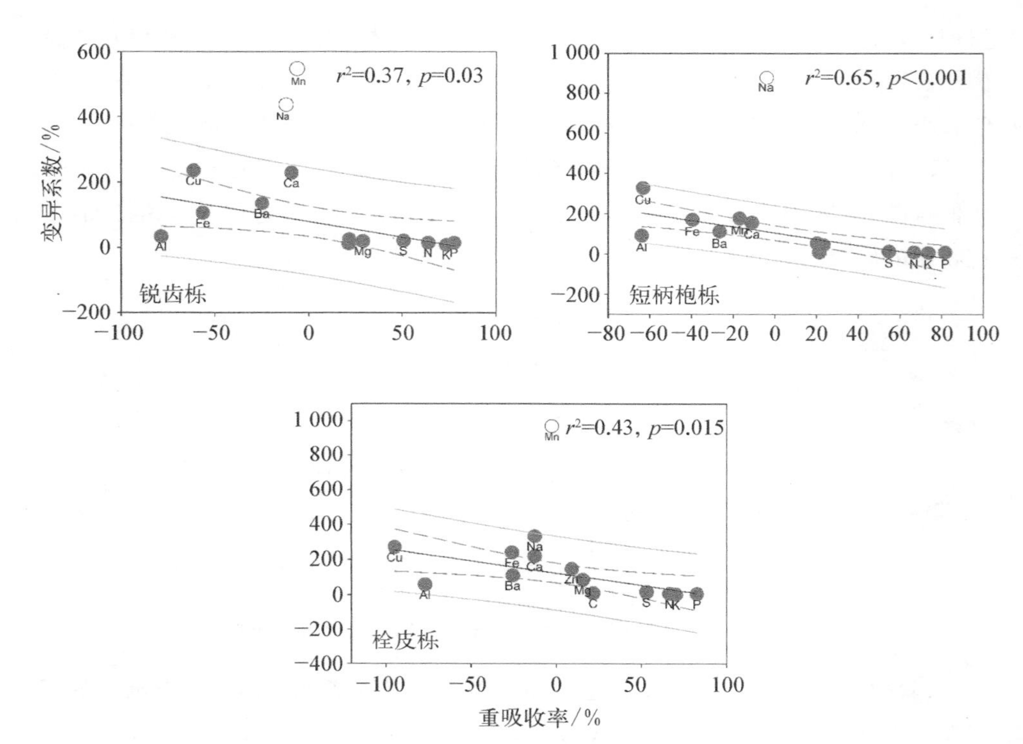

图 4-16 叶片元素重吸收率和元素变异系数之间的相关关系

变化更加敏感(见表 4-12),并且该发现也被在区域尺度和海拔梯度上的试验所证实(Sun et al., 2016a; Du et al., 2017)。N、P 和 S 是氨基酸、蛋白质和核酸的重要组分,所以这些元素的改变都同植物生长密切相关(Elser et al., 2000; Marschner, 2012)。这可能也说明了植物在经历气候改变时,其首要任务是调控与植物生长紧密相关的元素,即植物在遇到环境改变时首先保证其生长,这也可能是植物的一种适应和进化策略。

表 4-12 3 种栎树不同营养元素重吸收率与温度、降水量、鲜叶和种子元素之间的相互关系

元　素	MAT			TAP			叶片元素			种子元素		
植物种类	1	2	3	1	2	3	1	2	3	1	2	3
C	x	x	x	—	x	—	+	++	+	++	+	+
N	——	——	——	x	x	x	++	++	++	x	x	x

续 表

元　素	MAT			TAP			叶片元素			种子元素		
植物种类	1	2	3	1	2	3	1	2	3	1	2	3
P	－－	－－	－－	x	x	x	x	＋＋	＋＋	x	x	x
S	－－	－－	x	x	x	x	x	x	x	＋	＋	＋＋
K	x	x	x	x	x	x	＋	x	x	x	x	x
Na	x	x	x	x	x	x	x	x	x	x	x	x
Ca	x	＋＋	＋	x	x	＋	＋＋	x	＋	x	x	x
Mg	x	＋	＋	x	x	＋	＋	x	＋＋	x	－－	x
Al	x	x	x	x	x	x	x	＋	x	x	x	x
Fe	x	x	x	x	x	x	＋＋	＋＋	＋	x	x	x
Mn	x	x	x	x	x	x	＋	＋＋	＋	x	x	＋
Zn	x	x	x	x	x	x	x	x	x	x	x	x
Cu	－	x	x	－－	－－	－－	x	＋	x	x	＋	x
Ba	x	x	x	x	x	x	＋＋	＋＋	＋	x	x	x

注：1. ＋ 和 ＋＋ 分别表示在 0.05 和 0.01 水平下显著正相关，－和－－分别表示在 0.05 和 0.01 水平下显著负相关，x 表示无显著相关性。

2. 1 代表锐齿栎，2 代表短柄枹栎，3 代表栓皮栎。

3. MAT 为年平均温度，TAP 为年降水量。

N、P 和 S 重吸收率随温度升高而降低，这已经被之前的很多研究证实(Yuan and Chen, 2009; Vergutz et al., 2012; Sun et al., 2016a; Du et al., 2017)。但是降水量对这些元素重吸收率的影响没有一致的趋势(Yuan and Chen, 2009)。在全球尺度上，Yuan 和 Chen 发现，P 重吸收率随降水量增加而增加(Yuan and Chen, 2009)；而 Vergutz 等则报道，随着降水量增加，N、P 和 S 重吸收率降低(Vergutz et al., 2012)。同一地区不同海拔尺度上的研究中发现，P 和 S 重吸收率随降水量增加而升高。这些研究结果不同于我们的发现，N、P 和 S 与降水量无显著相关性，但 C 和 Cu 则随降水量增加而降低。这些混乱的结果可能是由温度和降水量的耦合关系引起的。温度和降水量在年间尺度上的耦合关系不明显，但在海拔尺度上，研究地区的降水量会随着温度的降低而升高，而在纬度尺度上，温度随着纬度增加而降低，降水量在中纬度湿润区增加，而在干旱区却是降低的，在高纬度地区降水量又增加(IPCC, 2015)。通过逐步回归分析，排除气候因子间的共线性问题后可发现，N、P 和 S 重吸收率是被年平均温度而不是降水量所影响,但C重吸收率是受到了降水量的控制(结果未呈现)。C重吸收率会随降水量增加而减少,这可能是当植物生长条件适宜时以C为主的防御性物质下降所致的(Van den Ende, 2014)。

在本研究中,土壤对营养元素重吸收率无显著影响。但除了气候因子和土壤外,营养元素重吸收率还与鲜叶和种子元素含量具有相关性。值得一提的是,研究发现鲜叶元素含量与营养元素重吸收率大多呈正相关关系(见表4-12)。然而之前的研究大多认为,植物鲜叶元素含量高时通常会导致低的营养元素重吸收率(Kobe et al., 2005; Ratnam et al., 2008; Vergutz et al., 2012),或者它们两者之间无显著相关性(Chapin, 1980; Chapin and Moilanen, 1991; Aerts, 1996)。本研究分析了鲜叶元素含量和气候因子之间的关系,发现了它们的关系与叶片营养元素重吸收率和气候变化的关系相一致。这表明鲜叶元素含量和营养元素重吸收率均被气候因子所影响,三者之间形成了一种耦合关系。这种关系会导致植物在生长季营养含量越高,在生长季节末期为了维持源库平衡关系,其重吸收的营养就越多。此外,种子中C和S含量也会影响到叶片中营养元素重吸收率(见表4-12),这是因为当种子中这些元素含量越高时,植物在生长季节结束时可能因为过多的消耗而需要重吸收的营养也更多。

探讨气候变化与植物营养元素重吸收率的关系是研究植物对气候变化响应的重要内容之一,因为植物元素重吸收率影响凋落物分解、元素循环、土壤C储量动态等生态系统过程。根据赵国强等预测,未来二十年该研究地区的年平均温度将升高0.9℃,降水量将减少6.4 mm(赵国强等, 2012)。据此,本研究对植物体内C和容易限制生长的元素(N、P和S)进行了预测评估,在未来20年本地区C重吸收率将下降3.1%,而N、P和S重吸收率则会下降更多,分别是25.8%、30.7%和26.4%。然而,营养元素重吸收率的下降并不意味着这些元素会通过凋落叶直接输入森林土壤中,导致森林生态系统营养循环的大幅波动和森林C库增加。因为凋落叶中的C含量与温度和降水量并没有显著相关性。但C和N重吸收率的变化会改变凋落物的质量,导致C∶N值下降。这种改变可能会影响到凋落物分解和森林生态系统中CO_2的排放(Prescott, 2010)。另外,我们研究发现,鲜叶中N∶P值尽管年间变化显著,但与年平均温度和年降水量没有显著相关性,这也表明N和P的重吸收不会改变本地区受P限制的情形($N:P_{mass}>16$为P限制)。

3种栎树营养元素重吸收率种间差异不显著,但年间差异显著。植物倾向于吸收多的核酸-蛋白以及光合-酶元素,以储存营养为下一生长季做准备,同时植物为了降低体内不必要元素的营养空间和毒性危害，则会将结构性和毒性元素不同程度地随叶片凋落排出体外。因此，本研究认为，植物在生长季节末期存在营养再平衡过程，不同类的营养会被权衡管理。此外，C重吸收率会随着降水量增加而降低，N、P和S重吸收率会随着温度增加而下降，表明植物在响应气候变化时，其与生长有关的元素更加敏感。重吸收率越高的元素，其变异系数越低，这说明从植物营养元素重吸收率层面得到的结果也支持了限制元素稳定性假说。另外，本研究也预测了未来20年，植物C、N、P和S重吸收率会随着温度增加和降水量减少而降低，但不会导致土壤C库增加和改变本地区受P限制的局面。

5 营养元素在食物链上的传递与环境适应机制

5.1 引言

植物化学计量组成与植食性动物的营养需求是不平衡的(Elser et al., 2000a; Cross et al., 2003; Anderson et al., 2005; Cherif et al., 2013; Hessen et al., 2013),这种不平衡影响了取食动物的生长、种群动态以及和其他物种间的相互作用(Moe et al., 2005)。为了应对营养不平衡的食物源,植食性消费者可以通过一系列的措施,如取食前(如食物的选择)和取食后(如同化和排泄)调节,来实现自身的化学平衡和内稳态管理(Schindler and Eby, 1997; Sterner and Elser, 2002; Persson et al., 2010; Hessen et al., 2013)。在面对气候变化时,植物化学计量组成也会发生变化,因此,植食性消费者不仅要适应变化的气候因子,还要适应变化的食物质量(孙道,2013)。在面对时间和空间尺度的气候变化时,植食性昆虫如何维持自身内稳态以及如何通过调节自身的化学计量组成来适应变化的气候条件和食物营养,目前仍不清楚。栗实象甲是壳斗科植物中普遍存在的寄生昆虫,其从卵到幼虫爬出种子的这段时期被限制在同一个种子中,这为研究气候变化条件下植物和昆虫相互作用以及协同进化提供了良好的范式。本章重点研究时空尺度上栎树种子和象甲重要元素含量的变异及其驱动因素,探讨叶、种子和寄生象甲元素化学计量组成之间的关系,从营养元素在食物链上的传递角度出发揭示植物和昆虫之间的协同进化机制,不仅具有重要的昆虫生态学理论意义,也在应对气候变化、指导森林资源经营等方面具有重要的实践意义。

5.1.1 种子化学计量特征

随着环境因子的变化，植物种子化学计量组成也会产生一定程度的变异(He et al.，2005；Rotundo and Westgate，2009；De Frenne et al.，2011)。种间种子化学计量组成的差异，可能反映了不同植物在进化过程中，为了满足繁殖需要而形成的种子化学计量特点；种内种子化学计量组成的变异，可能反映了一种植物在不同地理种群对当地环境的适应(Samarah et al.，2004；Groom and Lamont，2010；De Frenne et al.，2011)。作为繁殖器官的植物果实或种子，其主要功能是为形成的胚提供一个适宜的环境，以便在发育成幼苗前保存活力；同时，在幼苗能够独立进行光合作用前，种子为胚的发育生长提供所需的营养物质。因此，气候变化引起植物种子化学计量组成的变化，会影响植物繁殖以及群落更新(Huxman et al.，1998；Steinger et al.，2000；Bai et al.，2003；Hovenden et al.，2008)，也会影响到以植物果实或种子为食的植食性动物的种群动态(Loladze，2002；Bloom et al.，2010)。在过去十几年里，已经开展了很多关于植物不同部位化学计量组成的研究(Gusewell，2004；Agren，2008)，例如，有关于植物叶片(McGroddy et al.，2004；Reich and Oleksyn，2004；Han et al.，2005；Liu et al.，2006；Yuan and Chen，2009；Han et al.，2011)和根系(Jackson et al.，1997)的研究。然而，关于植物种子化学计量的变异及其与环境因子关系的研究还很少。在大地理尺度上，目前仅有一篇文献报道了多年生草本科植物栎木银莲花(*Anemone nemorosa*)种子化学计量组成的变异，结果表明该植物种子 N、Ca 含量以及 N：P 比值随着纬度增加而显著降低，而 C：N 比值却显著增加(De Frenne et al.，2011)。

植物种子化学计量组成的变异不仅受到种间或基因型生理差异的影响，还受到环境因子的影响(Rotundo and Westgate，2009)。例如，山龙眼科植物种子 P 元素储存随着土壤 P 含量的变化而变化(Groom and Lamont，2010)，一些植物种子的重要营养元素含量会随着气候因子(如温度、干旱指数)的变化而变化(Gibson and Mullen，2001；Samarah et al.，2004)。研究表明，一些谷类作物的化学元素含量不仅受到土壤中可利用营养元素的含量和气候因子的影响，还会受到栽培技术措施的影响(Rotundo and Westgate，2009)。

已有研究表明，植物叶片 N 和 P 含量随着纬度增加而增加，这种现象被认为是由温度、土壤基质年龄以及物种组成的差异造成的(温度-植物生理假说和生物化学地理假说)(Reich and Oleksyn，2004)。另外，一些研究也表明，植物化学防御策略，例如，以生物碱（含 N）为基础的化学防御和以单宁（含 C）为基础的化学防御，也会随着纬度变化而变化，进而导致植物叶片化学计量组成的变异（Van de Waal et al.，2009；De Frenne et al.，2011）。在过去一段时期，很多研究主要集中在 N 和 P 化学计量上。一方面是由于 N 和 P 在生物体内具有不可取代的作用，另一方面是由于生物对其需求与土壤中可利用的 N 和 P 含量差异很大，致使植物生长发育往往受 N、P 或者两者的共同限制（Harpole et al.，2011；Agren et al.，2012；Marklein and Houlton，2012；Sistla and Schimel，2012）。但是，生物生长发育也需要其他多种营养元素（Vitousek and Howarth，1991）。目前由于人为干扰，导致土壤中其他一些可利用元素含量发生变化，进而导致植物以及动物的一些元素缺乏。因而，未来研究也应该关注其他矿质元素的变异及其影响因素。目前，除了 N 和 P 之外，仅有几篇文献研究其他矿质元素的变异和影响因素，但是还没有提出被广泛接受的相关假说（Johansson，1995；De Frenne et al.，2011；Han et al.，2011）。与植物生长部位相比（如叶片、细根），植物种子可能具有不同的化学计量组成特点、变异格局及其影响因子（Fenner，1986；De Frenne et al.，2011）。

5.1.2 陆生植食性寄生昆虫化学计量特征

已有研究表明，在一个栖息地里或者不同栖息地之间，动物化学计量组成会存在显著的种内变异（Hamback et al.，2009；El-Sabaawi et al.，2012b）。在局域尺度上，影响一种动物化学计量组成变异的原因可能有以下几个方面：个体发育阶段的差异（Villar-Argaiz et al.，2002；Laspoumaderes et al.，2010；Nakazawa，2011）、食物元素含量的差异（Schade et al.，2003；Persson et al.，2010）、环境条件的差异（如温度）（Chrzanowski and Grover，2008）以及营养物质储存的变异（为了应对食物的时空变化）（Sterner and Schwalbach，2001；Ventura and Catalan，2005；Hood and Sterner，2010）等。然而，对于分布广的昆虫，对其化学计量组成特点、变异格局及其驱动因子的研究还很少。

在区域尺度上或者全球尺度上，温度是植物化学计量组成变异的重要影响因子（Reich and Oleksyn，2004；Han et al.，2005；Han et al.，2011）。在大地理尺度上，温度可以通过控制代谢速率来驱动生物生理的变化，进而改变生物对元素需求的比例（Gillooly et al.，2001；McFeeters and Frost，2011）。很多研究结果表明，随着温度升高，植物叶片 N 和 P 含量降低，但是 C 含量基本稳定（Han et al.，2005；Han et al.，2011；Yu et al.，2011；Sun et al.，2012）。基于气候的植物化学计量组成变异，也会导致植食动物的化学计量组成发生变异(Loladze，2002；Tao and Hunter，2012)。而且，对于滞育的动物，其体内能量储存(以C为主要成分的脂类)可能会改变动物化学计量组成与温度的关系，这是因为动物能量储存会受到温度影响(Hahn and Denlinger，2007，2011)。因而，温度变化不仅可能会直接通过影响动物代谢和能量储存改变滞育动物化学计量组成，也可能间接通过改变其食物化学计量组成来改变滞育动物化学计量组成。

5.2 区域尺度上栓皮栎种子和栗实象甲化学计量特征及其影响因素

象甲是完全变态的植食性昆虫。在中国大陆，象甲及其寄主栓皮栎的分布区横跨温带和亚热带(北纬24°～42°和东经96°～140°)(孙逍，2013)。在长期进化过程中，栓皮栎种子和象甲形成了共生关系，为在区域尺度上研究植物种子和植食性动物化学计量组成的变异以及探讨其变异原因提供了基础。

本节主要是在区域尺度上，重点以栓皮栎种子和寄生象甲幼虫为研究对象开展研究，探讨的科学问题主要包括以下几个部分。

(1) 以栓皮栎种子为对象，科学问题包括2个方面：① 在区域尺度上，植物种子不同元素(C、N、P、S、K、Mg和Ca)含量及其比值的变异特点；② 植物种子C、N、P、S、K、Mg和Ca含量的变异格局及其与环境变量(土壤可利用元素、温度以及降水量)的关系。

(2) 以象甲幼虫为研究对象，科学问题包括4个方面：① 在区域尺度上，完全变态植食性昆虫(冬眠前的幼虫和新羽化的成虫)的不同元素含量(C、N、P、K、Ca、Mg、Fe和S)和比值的变异特点及其与环境变量的关系；② 象甲幼虫能量储存的变异格局；③ 完全变态植食性昆虫两个发育阶段(冬眠前的幼虫和新羽化的长虫)的化学计量组成特点和脂类物质储存的差异；④ 象甲头部和身体剩余部分的化学计量组成特点及变异格局。

5.2.1 试验设计与分析方法

5.2.1.1 研究区域

本研究区横跨温带和亚热带两个气候带，基本覆盖了栓皮栎在中国大陆的分布区。21个采样点地理位置如表5-1所示。在这个分布区内,其年平均温度和年平均降水量变化范围分别是7.2～23.6 ℃和411～2 000 mm(王婧等,2009)。在温带分布区,地带性植被是温带落叶阔叶林,栓皮栎是优势树种,土壤类型主要为褐土。在温带和亚热带的过渡带区,地带性植被是落叶和常绿阔叶树混交林,主要土壤类型为棕壤。在亚热带区域,地带性植被是常绿阔叶林,黄壤和红壤是其典型土壤类型。在本试验中,试验林分均为天然次生林,没有受到强烈的人为干扰。

表5-1 栓皮栎种子采样点的地理位置

样地标号	地　　点	地理位置		
		纬度/(°)	经度/(°)	海拔/m
1	辽宁大连	39.11	121.80	180
2	北京平谷	40.25	117.12	260
3	山东烟台	37.29	121.75	223
4	河北邢台	37.09	113.83	801
5	河南三门峡	34.49	111.22	1 121
6	山东泰山	36.20	117.11	354
7	安徽萧县	34.02	117.06	117
8	河北易县	39.48	115.48	516
9	河南信阳	32.12	114.01	131
10	江苏苏州	31.30	120.43	198
11	安徽霍山	31.35	116.08	659
12	江苏句容	32.13	119.20	160
13	江苏无锡	31.17	119.60	145
14	安徽金寨	31.16	115.77	720
15	浙江舟山	29.96	122.04	92
16	浙江舟山	29.98	122.07	84
17	浙江舟山	30.02	122.07	76
18	甘肃天水	34.38	106.67	1 028
19	陕西安康	32.66	109.03	370
20	云南昆明	25.14	102.74	1 955
21	云南丽江	26.87	99.87	1 988

5.2.1.2 样品采集和预处理

在栓皮栎种子成熟季节，在每个采样点随机收集种子，同时在每一采样点采集 0～10 cm 的表层土壤样品，带回实验室用于分析(Kang et al.，2011)。在实验室内，将土壤样品放在通风、阴凉处自然风干，研磨、过筛以备用。

选取没有象甲寄生的橡实，用于栓皮栎种子元素含量的测定。将这些种子去除外壳，把种子(子叶和胚)一起放在 65 ℃烘箱里烘至恒重。将烘干的种子样品，采用小型粉碎机进行粉碎。把粉碎后的种子样品放入密封袋，再放入存有硅胶的塑料袋，储存在 4 ℃的冰箱中待测。

在实验室，将栓皮栎种子放入托盘，每天收集一次爬出的象甲幼虫，并喷洒少量的水，以防止橡实干燥。据观察，大约一周后，象甲幼虫基本爬出种子。

把每次收集的象甲幼虫，根据个体重量，去除过小和过大的个体，使剩余幼虫体重基本保持在 70～110 mg(鲜重)之间。将个体大小基本一致的象甲幼虫分为 2 组。一组用于孵化成虫，一组用于幼虫元素含量的测定。

将用于孵化成虫的第一组幼虫，放入装有土壤的塑料容器(50 cm×50 cm)中。放入后，象甲幼虫会钻入土壤进行冬眠，在容器表层覆盖一层纱布，并定期喷洒水，防止土壤过干。到第二年春天，象甲蛹陆续羽化成成虫，随时羽化，随时收集。由于成虫个体小，而且羽化个体少，很多地方的样品不够同时测量脂肪和元素含量。因而，选择 3 个成虫羽化较多的样地，将收集到的成虫按照体重分成两批，一批放入液氮瓶，1 个小时后转入−80 ℃的冰箱保存，以便测量脂肪含量；另外一批放入 50 ℃烘箱中烘 72 h，然后每隔 24 h 称量 1 次，连续称 3 次，直到恒重(Boswell et al.，2008)。对于成虫样品少的采样点，筹集到的成虫样品只用于测量成虫元素含量。把烘干的成虫分别放入磨管中，加入 5 个磁珠，每次研磨 30 秒，重复 3 次以保证研磨均匀。

将用于幼虫元素含量测定的第二组幼虫，用超纯水清洗干净，用吸水纸吸掉多余的水分。清洗干净的象甲幼虫分成两批，一批放入研磨管中，然后放入液氮瓶，1 个小时后转入−70 ℃的冰箱保存，以便测量脂肪含量。另外一批放入 50 ℃烘箱烘干至恒重。把烘干的样品，根据颜色(头部是棕褐色，而身体部分是乳白色)分成头部和身体部分，然后称重。之后分别放入磨管中，研磨均匀，对于头部，要重复研磨 6 次。将所有研磨均匀的样品放入硅胶袋，保存在 4 ℃的冰箱中。

对于幼虫整体元素含量依据公式 5－1 进行计算：

$$y=\frac{(w_1\times x_1)+(w_2\times x_2)}{(w_1+w_2)} \quad (式 5-1)$$

式中，w_1 和 x_1 分别是头部质量和营养元素(C、N、P、K、Ca、Mg、Fe 和 S)含量，而 w_2 和 x_2 分别是除头部外，身体部位的质量和营养元素含量。

另外，选取安徽省金寨试验点的幼虫进行脂类测定，研究幼虫脂类储存对其化学计量组成的影响。将个体大小基本一致的幼虫分成 8 份，在 50 ℃烘箱中烘至恒重后，称重。然后放入研磨瓶，加入磁珠，盖上瓶盖称重。采用均质仪进行研磨。研磨后加入氯仿甲醇，混合均匀后，离心，取上清液。把上清液放入 50 ℃烘箱，挥发氯仿甲醇。同时把离心后的样品也放在 50 ℃烘箱中烘至恒重，然后称重。测量脂肪提取后残留物中的 C、N、P、K、Ca、Mg、Fe 和 S 的含量。

5.2.1.3 化学分析

栓皮栎种子和象甲中的 C、N 和 S 含量，用元素分析仪测定，P、K、Ca 和 Mg 含量采用电感耦合等离子体发射光谱仪进行测定。

根据 Nestel 等测定苍蝇(*Ceratitis capitata*)脂类含量的方法(Nestel et al.，2003)，进行修改后，用于象甲幼虫的脂类含量测定。根据样品量，在每个测试样品中加入 4～6 个磁珠，加入提取液 2 %的 Na_2SO_4 进行研磨。采用比色法测定脂肪的含量。所有试验对照品均购买于 Sigma 公司。

5.2.1.4 气候因子数据

在样品野外采集时，用全球定位系统(Thales USA)测定每个林分样地的地理坐标和海拔。根据样地的地理坐标以及海拔高度数据，利用全球气候数据库(http://www.worldclim.org/)获得各林分样地的年平均温度(MAT/℃)、年平均降水量(MAP/mm)、平均日温差(DRT/℃)、年平均降水量季节性变化(每月平均降雨系数/每月降雨变化的平均)(APS/%)。对于年平均生长季长度(GSL/d)，根据 756 个气象站五十年左右的数据(1954—2007 年)，采用插值法获得每个样地的年平均生长季长度。各个采样点的气候指标如表 5－2 所示。

表 5－2 栓皮栎种子采集点气候因子数据

编号	MAT/℃	DRT/℃	MAP/mm	APS/%	GSL/d
1	10.39	7.50	651.99	104.84	234
2	9.89	11.83	576.73	140.77	234
3	11.78	6.94	702.62	90.51	258
4	10.82	12.28	550.31	109.34	255
5	12.05	10.39	673.62	77.90	269

续 表

编 号	MAT/℃	DRT/℃	MAP/mm	APS/%	GSL/d
6	11.24	10.01	771.11	112.35	233
7	14.29	9.78	872.82	94.98	280
8	9.64	12.32	518.04	141.17	237
9	15.49	8.84	1 001.85	62.10	297
10	15.67	7.67	1 175.64	53.77	310
11	14.49	8.96	1 319.38	54.37	303
12	15.22	8.09	1 099.75	56.92	298
13	15.13	8.08	1 257.62	51.73	303
14	14.70	8.29	1 336.68	56.93	308
15	16.33	6.19	1 275.75	39.88	334
16	16.33	6.19	1 275.75	39.88	334
17	16.33	6.28	1 275.75	39.33	334
18	10.60	9.43	550.85	82.22	260
19	14.84	9.45	901.62	72.37	305
20	15.62	10.41	930.15	92.49	355
21	13.17	11.40	968.73	97.36	304

注：MAT 为年平均温度，DRT 为平均日温差，MAP 为年平均降水量，APS 为年平均降水量季节性变化，GSL 为年平均生长季长度。

5.2.1.5 数据分析

利用栓皮栎种子营养元素含量以及象甲幼虫营养元素含量，根据以下计算公式来计算内稳态：$y = cx^{1/H}$（对于栓皮栎种子，y 是种子元素含量，x 是土壤元素含量；对于象甲，y 是幼虫元素头部、身体，或者整个幼虫的元素含量或比值，x 是栓皮栎种子元素含量或比值；c 是常数；H 是内稳态系数）(Sterner and Elser, 2002)。一般内稳态是通过室内控制试验来测定的，但是根据 Small 和 Pringle 的研究以及 Yu 等的研究，也可以应用类似方法计算野外条件下象甲的内稳态(Small and Pringle, 2010; Yu et al., 2011)。

为了保证数据呈现正态分布，在进行统计分析前，对原始数据进行以 10 为底的对数转化。采用线性回归分析栓皮栎种子营养元素含量与土壤营养元素含量之间的关系，象甲营养元素含量与橡实营养元素含量的关系，栓皮栎种子和象甲营养元素含量以及比值与环境变量的关系。同时也计算象甲成虫营养元素含量与象甲幼虫营养元素含量的关系。气候因子之间存在密切的线性相关性。因此，为了避免气候因子的共线性关系，利用"hier. part package' version 0.5－1"软件包和 R 软件进行分层分析(Heikkinen et al.，2004)。并且采用路径分析法进一步分析气候因子对栓皮栎种子和象甲的直接作用和通过影响可利用的营养元素(栓皮栎种子：土壤营养；象甲：食物化学计量组成)的间接作用。所有分析均采用 R 2.2.1(R Development Core Team 2016)。

5.2.2 种子和象甲化学计量特点

5.2.2.1 种子化学计量组成特点

本次试验区内，栓皮栎种子大量矿质元素含量以及它们的比值均存在显著的变异，但是，不同元素含量的变异程度不同。例如，栓皮栎种子 C 含量变异较小(428.55～443.13 mg·g^{-1})，而且其变异系数最低(0.7 %)。栓皮栎种子 Ca 含量的变异范围从 0.064 mg·g^{-1} 到 0.12 mg·g^{-1}，其变异系数最大(20 %)(见表 5－3)。根据其变异系数，可以将这些栓皮栎种子元素的变异分成 4 类：含量较稳定的元素(C，CV<5 %)，低变异的元素(K 和 S，CV 为 5 %～10 %)，中等变异的元素(P、Mg 和 C∶P，CV 为 11 %～15 %)和高变异的元素(N、Fe、Ca，C∶N 和 N∶P，CV>15 %)(见表 5－3)。此外，C 与 K，N 与 K、Ca、Mg，Mg 与 K、Ca、S 元素之间存在显著的相关关系(见表 5－4)。

研究表明，栓皮栎种子 N 平均含量是 8.43 mg·g^{-1}，低于栎属其他树种种子的 N 含量(10～21 mg·g^{-1})，栓皮栎种子 P、K、Mg 和 Ca 含量和栎属其他树种种子 P、K、Mg 和 Ca 含量差异不大(见表 5－5)。根据本次测定，栓皮栎种子的 Redfield 比是 1 008∶17∶1，明显低于已知的植物其他组织的 Redfield 比值(如鲜叶为 1 212∶28∶1，凋落叶为 3 007∶45∶1，根系为 1 161∶24∶1)(Jackson et al.，1997；McGroddy et al.，2004)。

在植物的生活史中，植物种子最主要的功能是完成植物的繁殖。因而，植物种子化学计量组成应该最大限度地满足这一功能的需要。C 元素是能量储存物质(糖类和脂类)的重要组成元素，N 和 P 分别是蛋白质和核酸的重要组成元素。因此，与植物营养组织相比，种子具有较低的 C∶P 和 N∶P 比值，表明作为繁殖器官，种子具有不同于植物生长组织的化学计量特点；而且，还表明了种子作为重要的繁殖器官需要较高的 P 含量，以满足未来幼苗发育生长的需要。

表 5-3 栓皮栎种子、象甲幼虫和成虫营养元素含量和脂肪含量的统计分析

元素	种子					象甲幼虫					象甲成虫				
	平均值/($mg \cdot g^{-1}$)	最大值/($mg \cdot g^{-1}$)	最小值/($mg \cdot g^{-1}$)	SD	CV%	平均值/($mg \cdot g^{-1}$)	最大值/($mg \cdot g^{-1}$)	最小值/($mg \cdot g^{-1}$)	SD	CV/%	平均值/($mg \cdot g^{-1}$)	最大值/($mg \cdot g^{-1}$)	最小值/($mg \cdot g^{-1}$)	SD	CV/%
C	436.16	443.13	428.55	0.68	0.7	604.76	623.18	590.11	2.18	2	532.97	557.74	510.47	2.92	2
N	8.43	11.06	5.86	0.34	18	50.70	63.01	43.52	1.10	10	80.77	87.27	71.22	0.98	5
P	1.13	1.4	0.95	0.03	13	4.18	5.90	3.48	0.12	13	4.62	5.15	3.61	0.1	9
K	10.3	12.21	9.08	0.20	9	6.07	7.83	5.37	2.60	11	5.88	6.76	4.68	0.15	10
Ca	0.89	0.12	0.064	0.04	20	4.43	15.40	1.30	18.25	77	5.82	35.02	1.22	1.98	136
Mg	1	1.12	0.78	0.02	11	1.78	4.07	1.30	8.39	36	1.25	1.6	1.06	0.04	11
Fe	0.03	0.06	0.02	0.00	30	0.27	1.90	0.08	36.35	154	0.14	0.28	0.09	0.01	33
S	1.92	2.27	1.58	0.04	10	3.47	5.55	2.95	0.17	20	3.2	3.47	2.85	0.04	5
比值															
C∶N	53.46	75.66	38.74	2.17	19	12.05	14.12	9.39	2.36	11	6.62	7.83	5.93	0.12	8
C∶P	390.82	460.54	305.78	10.66	13	146.84	175.54	101.71	2.70	12	116.7	154.41	100.48	3.41	12
N∶P	7.49	10.9	5.05	0.30	18	12.27	14.71	8.82	2.86	13	17.47	19.72	16.15	0.21	5
脂肪						181.37	210.33	157.22	3.04	8	29.06	32.63	23.69		

注：CV 是变异系数，SD 为标准误差，C∶N、C∶P、N∶P 是质量比。

表 5-4　栓皮栎种子 C、N、P、S、K、Ca、Mg、Fe 和 S 间的皮尔森相关系数

元素	N	P	K	Ca	Mg	Fe	S
C	−0.22	−0.15	−0.61*	0.14	−0.11	0.04	0.03
N		0.35	0.46*	−0.46*	0.53*	−0.03	−0.08
P			0.13	−0.15	0.24	−0.26	0.38
K				−0.39	0.45*	−0.18	−0.17
Ca					−0.53*	0.38	0.37
Mg						0.07	−0.53*
Fe							−0.12

注：* 表示显著性水平 $p<0.05$。

表 5-5　几种主要栎属树种种子元素含量　　　单位：$mg \cdot g^{-1}$

树　种	地　点	N	P	K	Mg	Ca	来　源
栓皮栎	中国	8.43	1.13	10.30	1.00	0.89	本研究
夏栎(*Q. robur*)	地中海欧洲	21.18	0.90	7.84	0.74	1.09	Nikolic et al., 2006
北美红栎(*Q. rubra*)	美国伊利诺伊州	10.00	0.87	9.23	0.62	0.62	Havera and Smith, 1979
白栎(*Q. alba*)	美国伊利诺伊州	11.20	0.99	9.18	0.70	0.38	Havera and Smith, 1979
大果栎(*Q. macrocarpa*)	美国伊利诺伊州	9.50	0.91	11.80	0.70	0.54	Havera and Smith, 1979
黑栎(*Q. velutina*)	美国伊利诺伊州	12.90	1.14	9.50	0.82	0.99	Havera and Smith, 1979
白栎	土耳其	—	—	9.65	—	—	Özcan and Baycu, 2005
红栎	土耳其	—	—	10.98	—	—	Özcan and Baycu, 2005
常绿栎	土耳其	—	—	15.94	—	—	Özcan and Baycu, 2005
以色列栎(*Q. ithaburensis*)	地中海欧洲	—	0.67	1.49	—	—	Rababah et al., 2008
巴勒士登栎(*Q. calliprinos*)	地中海欧洲	—	0.81	0.91	—	—	Rababah et al., 2008

5.2.2.2　象甲化学计量组成的特点

与栓皮栎种子营养元素含量相比，象甲幼虫 C、N、P、Ca、Mg、Fe 和 S 含量分别增加了 39 %、501 %、270 %、398 %、78 %、800 %和 81 %，而 K 的含量却降低

了 41 %(见表 5-3)。象甲幼虫 C∶N 和 C∶P 比值分别比栓皮栎种子低 78 % 和 63 %,N∶P 比值比栓皮栎种子高 63 %(见表 5-3)。象甲成虫 N 含量($80.77\ mg\ g^{-1}$)和 P($4.62\ mg \cdot g^{-1}$)均显著高于幼虫 N($50.70\ mg \cdot g^{-1}$)和 P($4.18\ mg \cdot g^{-1}$)含量($p<0.000\ 1$),但是,成虫 C 含量($532.97\ mg \cdot g^{-1}$)却显著低于幼虫 C 含量($604.76\ mg \cdot g^{-1}$)($p<0.000\ 1$)(见表 5-3)。此外,象甲幼虫头部和身体部分的化学计量组成存在很大差异。例如,幼虫头部矿物质营养元素含量高于身体剩余部位,而幼虫头部 C 含量却低于身体剩余部位(t 检验,$p<0.05$)(见表 5-6)。

表 5-6 象甲幼虫身体部位和头部营养元素含量和比值

元素	幼虫身体					幼虫头部				
	平均值/($mg \cdot g^{-1}$)	最大值/($mg \cdot g^{-1}$)	最小值/($mg \cdot g^{-1}$)	SE	CV%	平均值/($mg \cdot g^{-1}$)	最大值/($mg \cdot g^{-1}$)	最小值/($mg \cdot g^{-1}$)	SE	CV/%
C	616.51	640.55	567.34	4.27	3	593.02	610.11	565.17	2.18	2
N	48.93	63.04	41.92	1.18	11	61.83	69.32	56.40	0.75	6
P	4.15	5.96	3.43	0.13	14	4.62	5.27	3.85	0.08	8
K	6.04	7.74	5.05	0.18	12	6.14	8.06	4.94	0.16	11
Ca	3.59	10.64	1.2	0.57	68	6.40	26.49	1.29	1.57	104
Mg	1.69	4.15	1.22	0.16	40	2.00	3.89	1.46	0.13	29
Fe	0.17	0.92	0.07	0.05	112	0.50	4.20	0.09	0.22	189
S	2.26	2.64	1.95	0.04	8	2.67	3.42	1.99	0.08	13
C∶N	14.89	17.71	10.80	0.41	13	11.22	12.56	9.86	0.16	7
C∶P	390.37	476.03	260.04	11.85	14	333.16	401.50	276.83	7.00	10
N∶P	26.40	32.52	19.35	0.78	14	29.74	36.08	25.94	0.60	9

在区域气候梯度上,根据变异系数,象甲幼虫大部分元素含量的变异都高于栓皮栎种子元素含量的变异。例如,象甲幼虫 K、Ca、Mg、Fe 和 S 含量变异程度(CV, 11 %~154 %)高于栓皮栎种子相应元素的变异程度(CV,9 %~30 %)(见表 5-3)。象甲幼虫化学计量组成的变异也高于象甲成虫化学计量组成的变异。例如,幼虫 N 和 P 含量(N, CV=10 %; P, CV=13 %)的变异高于成虫的变异(N, CV=5 %; P, CV=9 %)。此外,幼虫头部元素(Ca、S 和 Fe 除外)的变异程度低于身体部分的变异(见表 5-6)。

一般而言,在一个生态系统中,植物(生产者)中C含量通常高于采食它的动物(一级消费者)(Sterner et al., 2002)。但是,在本次试验中,我们观察到象甲幼虫(一级消费者)C含量却高于其食物——栓皮栎种子C含量。据我们查阅文献所知,这种现象尚属首次报道。象甲幼虫寄生于栓皮栎种子内,完成幼虫发育后,才离开种子,种子是其单一的食物来源。这意味着在种子内象甲幼虫需要合成大量富含C的脂类作为能量储存物质。

在动物体内储存能量的有机物质中,脂类、碳水化合物和蛋白质是最重要的三大类大分子化合物。在3类物质中,脂类物质不仅提供能量,而且能降低冰点,防止动物身体在低温条件下被冻僵。蛋白质既可以提供能量,同时分解后也可为新的合成代谢提供N源。碳水化合物的主要功能是能量储存。因此,3类物质的储存比例,也会影响到元素的化学计量组成。

与食叶类昆虫相比,象甲幼虫作为植物种子的寄生虫,其化学计量组成表现出相对低的变异。例如,蟋蟀身体中C含量的变异(Bertram et al., 2008)或者古比鱼中C含量的变异(El-Sabaawi et al., 2012a)是象甲中C含量变异的3倍。与Bertram等的研究相比(Bertram et al., 2008),一种象甲成虫(*Sabinia setosa*)身体中P含量的变异(CV, 16 %~22 %)高于本次试验中象甲成虫身体中P含量的变异。造成这种差异的主要原因可能为本试验中象甲成虫是新羽化的,还没有进行采食,并且处于相同发育阶段,拥有类似的身体大小;而Bertram等的研究采用的象甲成虫样品来自野外(Bertram et al., 2008),没有控制发育阶段和身体大小,可能已经补充过能量和营养。

本次试验结果还表明,相对于成虫而言,象甲幼虫化学计量组成呈现较高的变异。这可能由于在部分能量被消耗后,温度变异引起的能量储存导致的化学计量组成变异也被削弱了。在提取脂类物质后,象甲幼虫残留物质中C和N含量类似于新羽化的成虫中的,这进一步支持了上面的解释。根据本试验结果,昆虫羽化可能缓冲了环境对成虫化学计量组成的影响,使成虫能够分配更多物质用于繁殖,从而优化其适应性。

5.2.3 环境因素对种子和象甲化学计量组成的影响

5.2.3.1 种子化学计量组成变异及其与环境因子的关系

随着纬度增加,栓皮栎种子N、K和Mg含量增加,而S和Ca含量降低(见图5-1)。栓皮栎种子C∶N和S∶N比值与纬度呈负相关关系($r^2=0.44$, $p=0.0011$和$r^2=0.68$, $p<0.0001$),而N∶P比值与纬度呈正相关关系

($r^2=0.35$，$p=0.004\ 9$)(见图 5-2)。随着纬度增加，栓皮栎种子 C 含量基本保持稳定。此外，栓皮栎种子 K 和 Mg 含量分别随着土壤中 K 和 Mg 含量增加而增加，而 N 和 Ca 含量分别随着土壤中 N 和 Ca 含量增加而降低(见图 5-3)。

根据分层分析，气候因子和土壤中可利用元素含量均能影响栓皮栎种子元素的变异(见表 5-7)。结果表明，栓皮栎种子 N、P、K 和 Mg 含量的变异主要由年平均降水量和年平均气温的变异引起的。栓皮栎种子 Ca 含量的变异是由年平均温度和土壤 Ca 含量变化引起的。路径分析结果表明，年平均温度和年平均降水量对栓皮栎种子化学计量组成变异的直接作用大于两者通过土壤而引起的间接作用，但是年平均温度和年平均降水量对栓皮栎种子 Mg 含量的间接作用也很大(见图 5-4)。

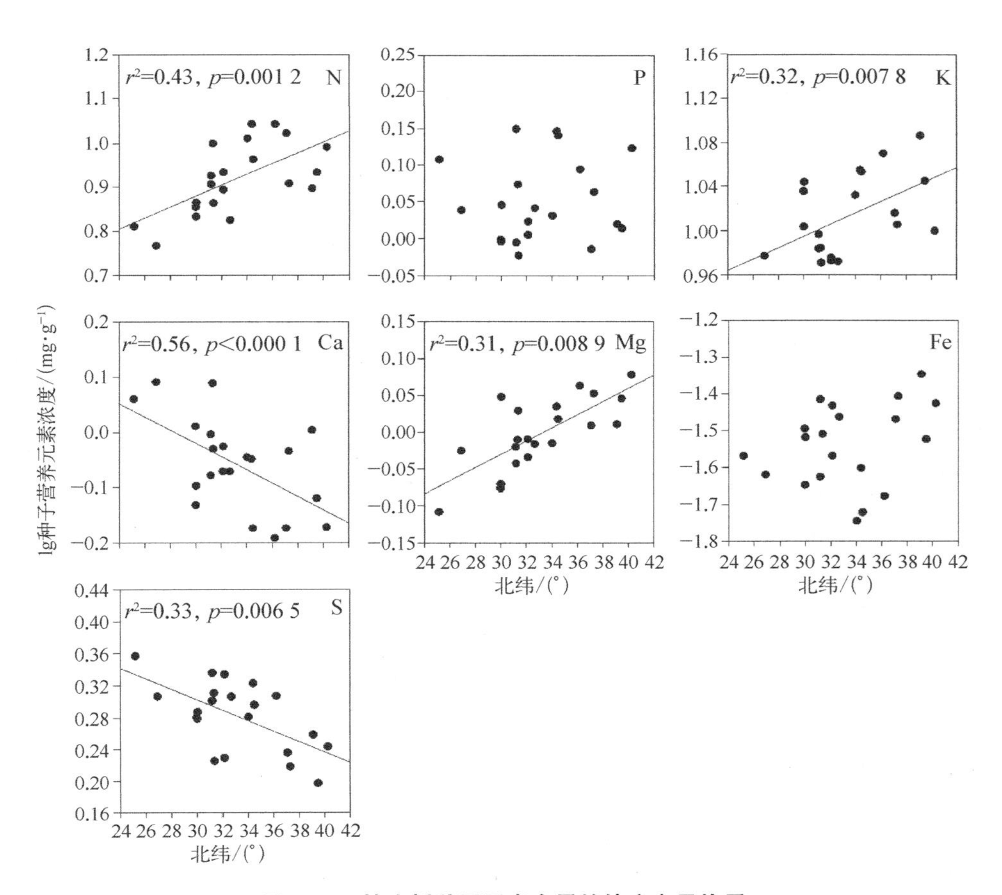

图 5-1　栓皮栎种子元素含量的纬度变异格局

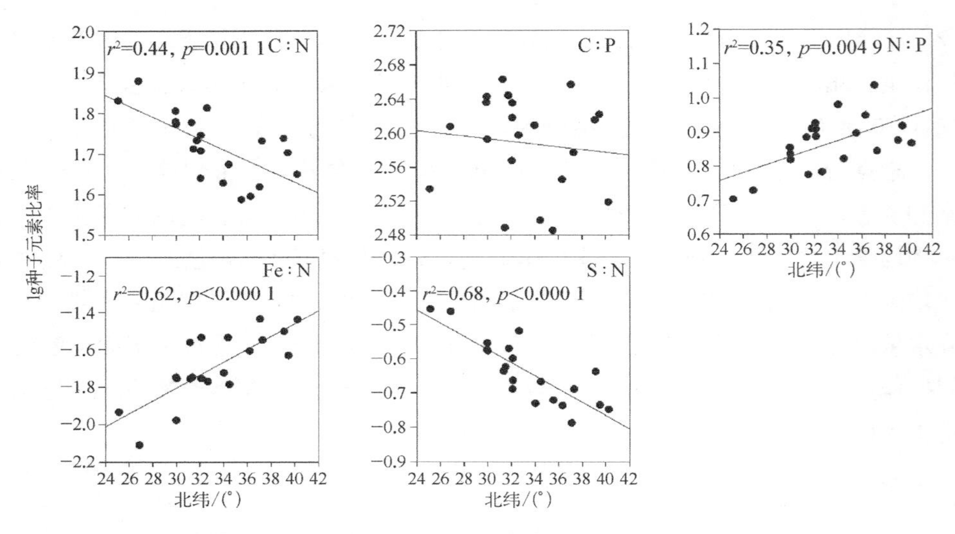

图 5-2　栓皮栎种子元素化学计量比值的纬度变异格局

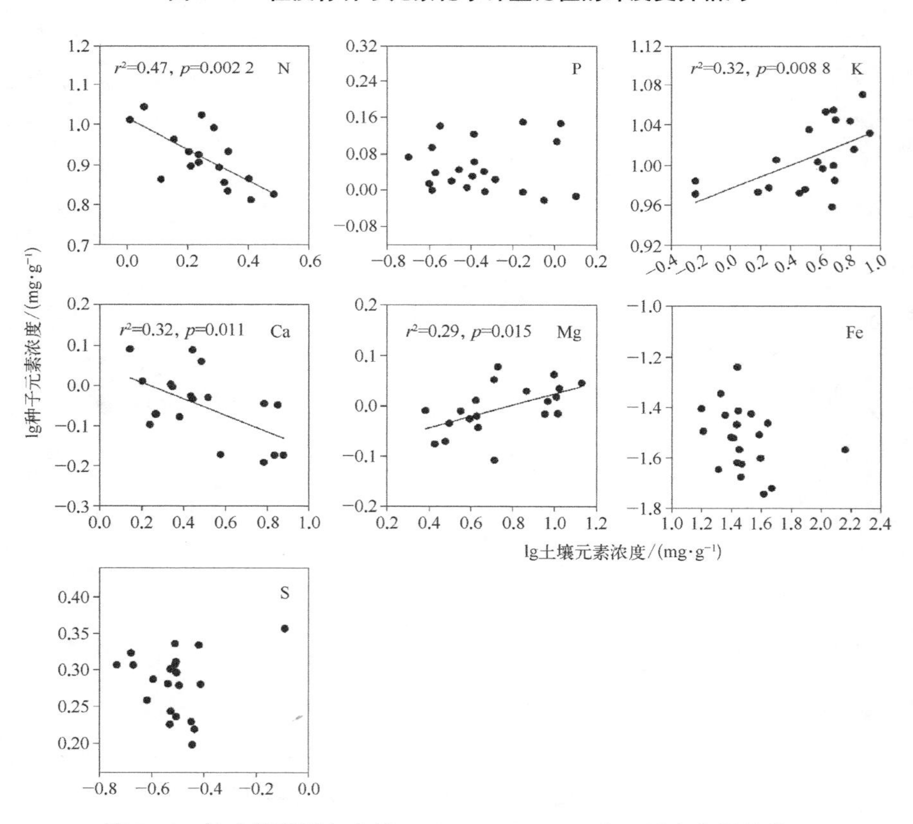

图 5-3　栓皮栎种子与土壤 N、P、K、Ca、Mg、Fe 和 S 元素含量的关系

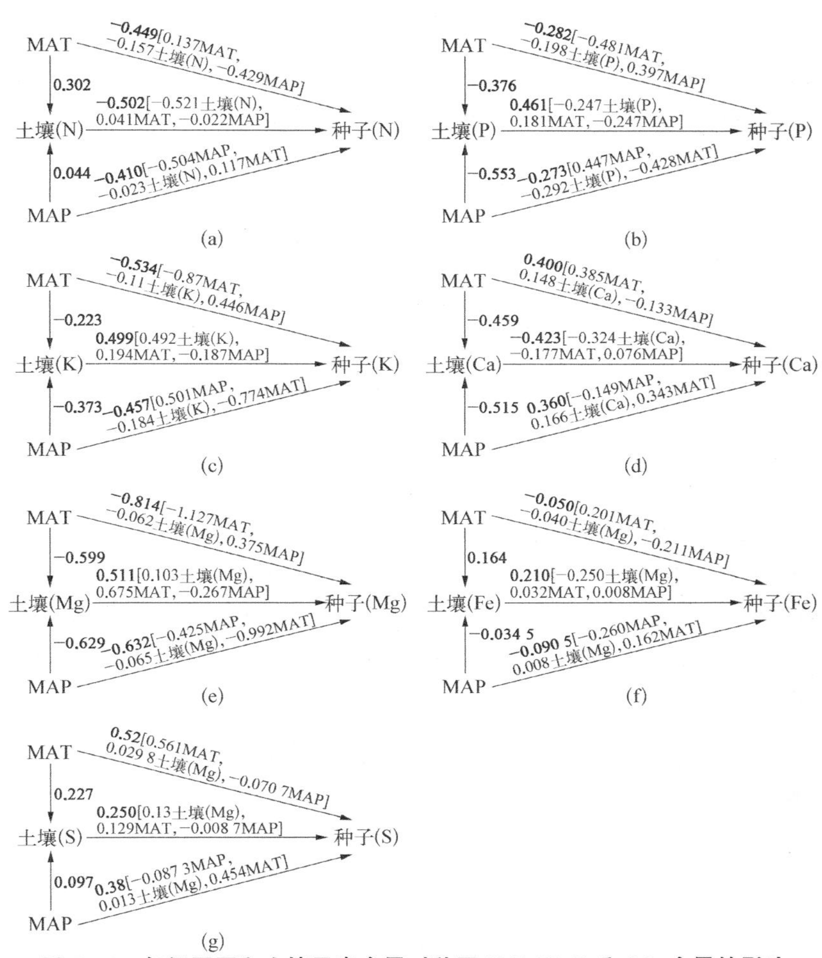

图 5-4 气候因子和土壤元素含量对种子 N、P、K、Ca 和 Mg 含量的影响

注：1. 第一个黑体数字表示皮尔森相关系数，方括号里的数字代表不同因子的直接作用和间接作用。

2. MAT，年平均温度；MAP，年平均降水量。

3. 元素含量单位为 $mg \cdot g^{-1}$。

表 5-7 气候因子、土壤元素含量以及鲜叶元素含量对栓皮栎种子元素含量变异的影响

种子元素	Full Model (r^2)	贡献率/%						
		MAT	DRT	MAP	APS	GSL	土壤元素	叶片元素
N	0.67	16.51	4.75	17.15	7.71	43.59	1.30	8.99
P	0.49	3.21	2.69	14.35	6.36	2.95	4.57	65.87

续 表

种子元素	Full Model (r^2)	贡献率/%						
		MAT	DRT	MAP	APS	GSL	土壤元素	叶片元素
K	0.52	26.61	18.88	14.32	11.64	26.75	1.80	0.00
Ca	1.00	4.38	1.44	1.75	1.91	8.39	82.13	0.00
Mg	0.64	19.67	2.90	9.88	9.77	34.43	1.72	21.63
Fe	0.37	6.93	18.52	7.70	7.06	5.76	20.70	33.33
S	0.25	3.73	21.86	19.93	9.05	2.77	42.66	0.00

注：MAT为年平均气温，DRT为平均日温差，MAP为年平均降水量，APS为年平均降水量季节性变化，GSL为年平均生长季长度。

5.2.3.2 象甲幼虫化学计量组成与栓皮栎种子元素含量之间的关系

象甲幼虫N、P、Mg和S含量以及比值分别与栓皮栎种子N、P、Mg和S含量以及比值呈正相关关系(见图5-5和图5-6)。对于象甲成虫而言，仅有S元素含量与种子S元素含量具有显著正相关关系，其他元素或者元素比值与种子元素含量均无显著相关关系(见图5-5和图5-6)，但是成虫C、N和P分别与幼虫C、N和P含量呈显著正相关(见图5-7)，其他元素或者元素比值与幼虫相应元素和比值无显著关系(见图5-7和图5-8)。

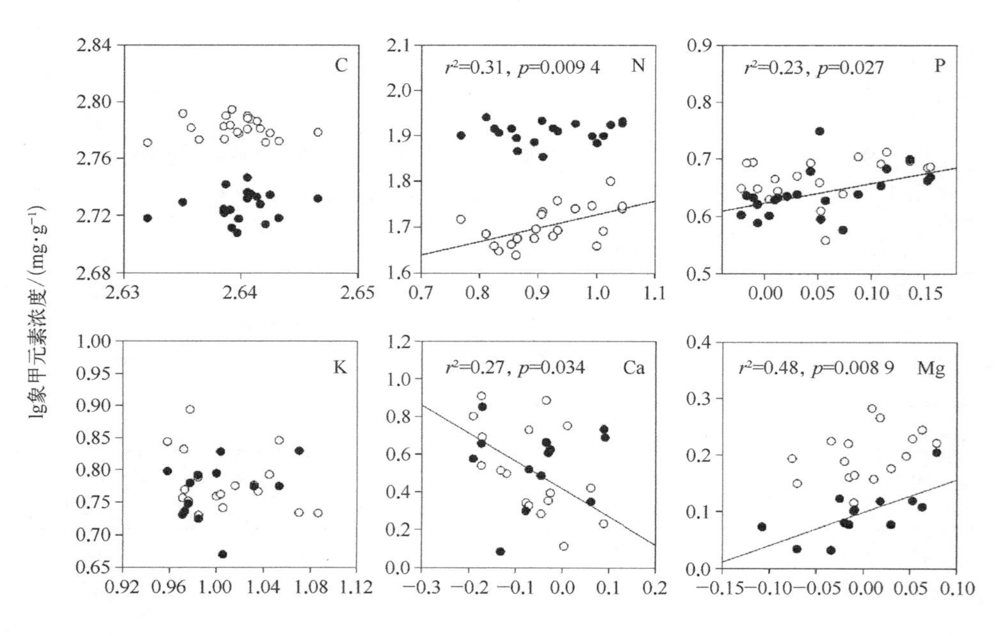

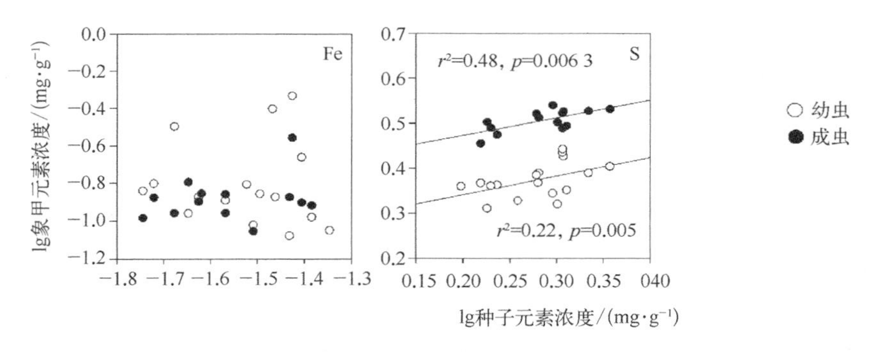

图 5-5 象甲幼虫和成虫营养元素含量与栓皮栎种子营养元素含量的关系

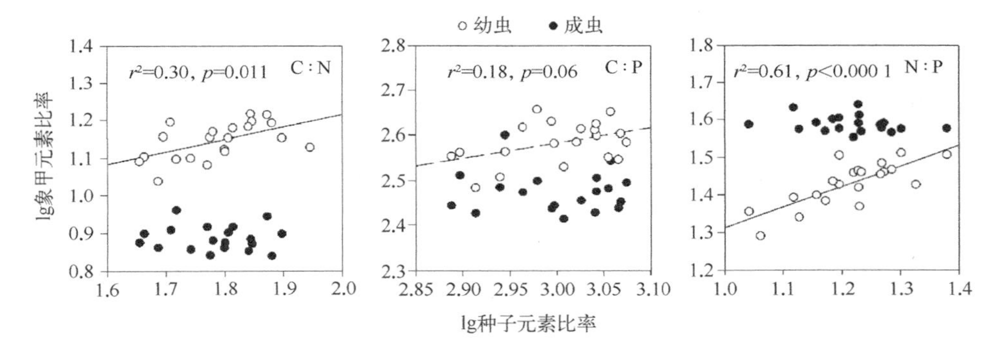

图 5-6 象甲幼虫及成虫与栓皮栎种子 C∶N、C∶P 和 N∶P 比值之间的关系

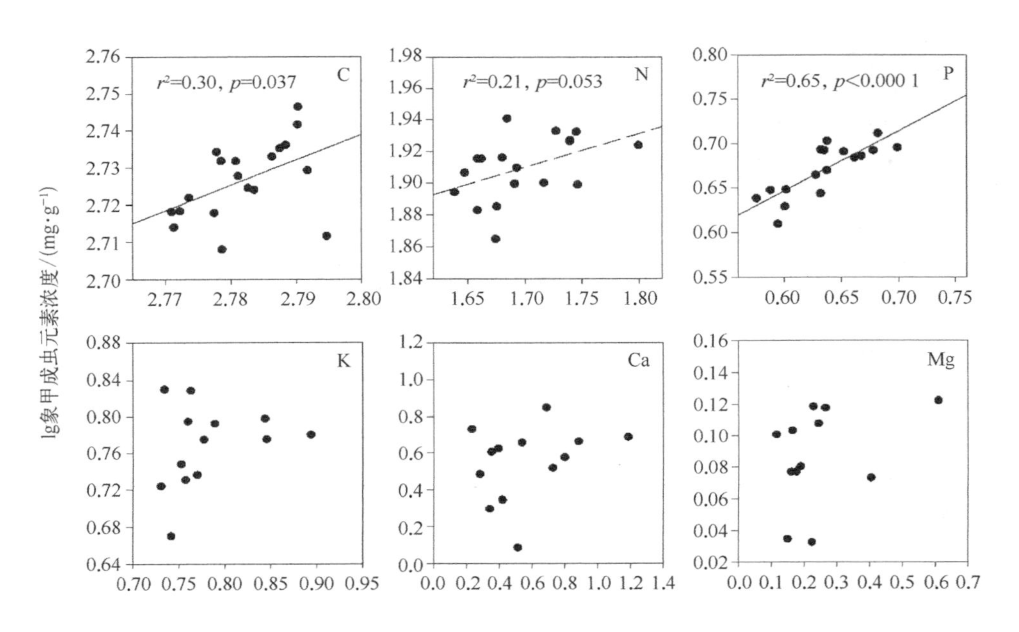

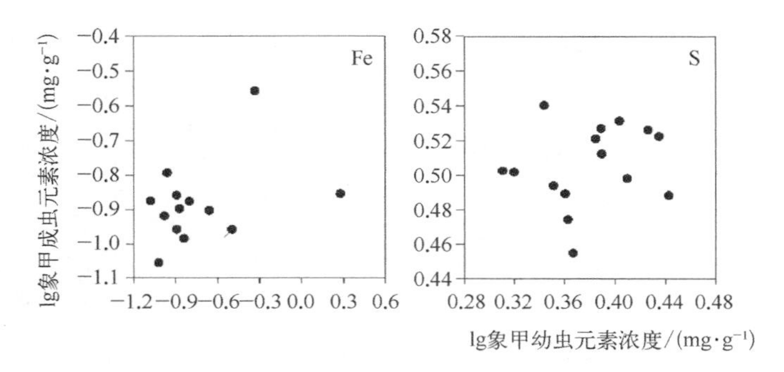

图 5-7 象甲幼虫与成虫营养元素含量的关系

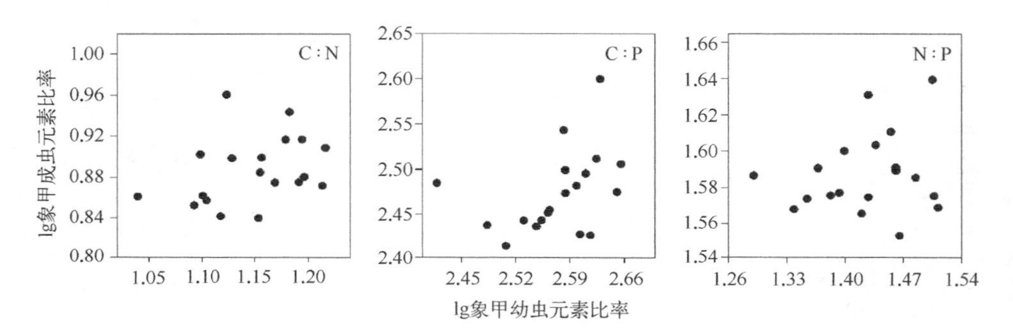

图 5-8 象甲幼虫与成虫 C∶N、C∶P 和 N∶P 比值之间的关系

5.2.3.3 象甲幼虫化学计量组成与气候因子的关系

象甲幼虫营养元素含量和比值的变异与气候因子(MAT、MAP、DRT、APS 和 GSL)、栓皮栎种子营养元素含量及幼虫本身脂肪含量有关,这些因子可以解释象甲幼虫营养元素变异的 23 %至 84 %(见表 5-8)。根据分层分析(见表 5-8),象甲幼虫 C、N、P、K、Mg 和 Fe 含量主要受气候因子的影响,而 Ca 和 S 主要分别受栓皮栎种子 Ca 和 S 含量的影响。

表 5-8 气候因子、栓皮栎种子营养元素含量和幼虫脂肪含量对幼虫化学计量组成变异的影响

幼虫元素	Full Model (r^2)	贡献率/%						
		MAT	DRT	MAP	APS	GSL	幼虫脂肪	种子元素
C	0.78	8.33	47.15*	13.27	14.15	6.04	7.73	3.33
N	0.74	21.03*	16.34*	15.30	13.96	15.04	5.47	12.86

续 表

幼虫元素	Full Model (r^2)	贡献率/%						
		MAT	DRT	MAP	APS	GSL	幼虫脂肪	种子元素
P	0.80	10.18	28.52*	4.41	7.95	15.55	19.94*	13.45
K	0.72	9.77	28.50*	3.33	6.34	30.98*	15.89	5.19
Ca	0.23	7.11	3.80	15.63	5.71	8.66	14.07	45.02
Mg	0.57	14.35	36.81*	14.23	15.00	8.71	5.55	5.35
Fe	0.44	15.49	23.27*	11.39	24.27	14.85	9.63	1.10
S	0.59	5.13	8.84	6.92	1.89	3.73	3.62	69.87*
C∶N	0.75	18.79*	19.17*	16.86	14.93	13.86	6.35	10.04
C∶P	0.84	9.16	38.10*	3.72	9.15	12.03	14.97	12.87
N∶P	0.83	8.32	10.20	7.89	5.85	17.04	7.11	43.59*
Lipid	0.71	9.58	21.42*	30.99*	20.38	7.39		10.24

注：* 表示影响显著，$p<0.05$。

平均日温差是影响象甲幼虫营养元素含量变异的主要气候因子。由于其他气候因子与年平均温度和平均日温差密切相关，并且呈现多重共线性相关（见表 5－9）（Han et al.，2011），因此，在本试验中，我们将重点分析与温度相关的变量（MAT 和 DRT）对象甲幼虫化学计量变异的影响。随着年平均温度的升高，幼虫 C 含量升高，而 N、P、Ca 和 Mg 含量降低（见图 5－9）。幼虫 C 含量与平均日温差呈现显著负相关关系，而幼虫 N、P、K、Ca、Mg、Fe 和 S 含量与平均日温差呈现正相关关系（见图 5－10）。象甲成虫 C、N 和 P 化学计量组成与年平均温度和平均日温差没有显著相关关系（见图 5－11 和图 5－12）。

表 5－9　5 个气候因子之间的相关性系数

变　量	DRT	MAP	APS	GSL
MAT	−0.62	0.73	−0.74	0.75
DRT		−0.64	0.76	−0.41
MAP			−0.83	0.78
APS				−0.65

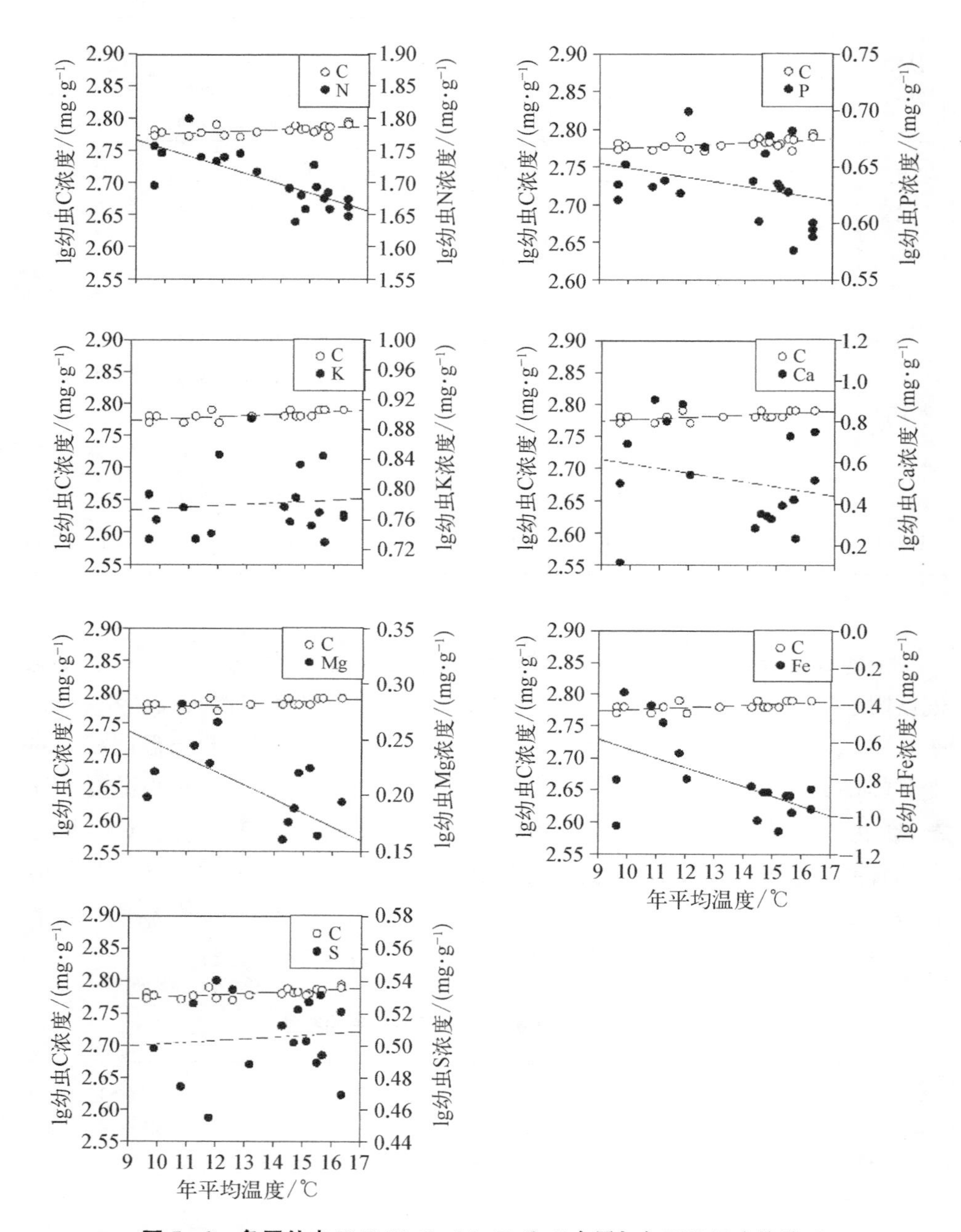

图 5-9　象甲幼虫 N、P、K、Ca、Mg、Fe 和 S 含量与年平均温度的关系

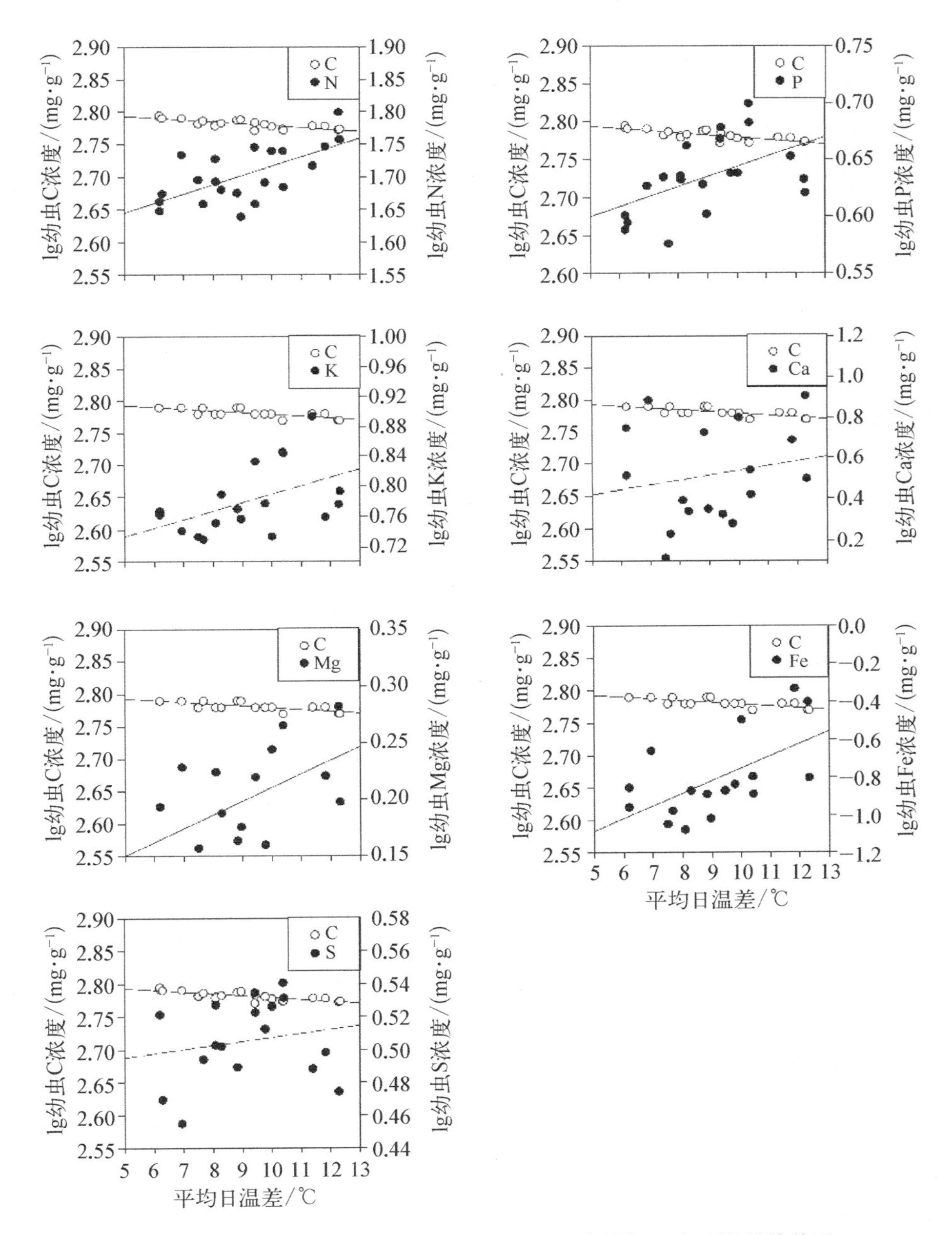

图 5－10　象甲幼虫 N、P、K、Ca、Mg、Fe 和 S 含量与平均日温差的关系

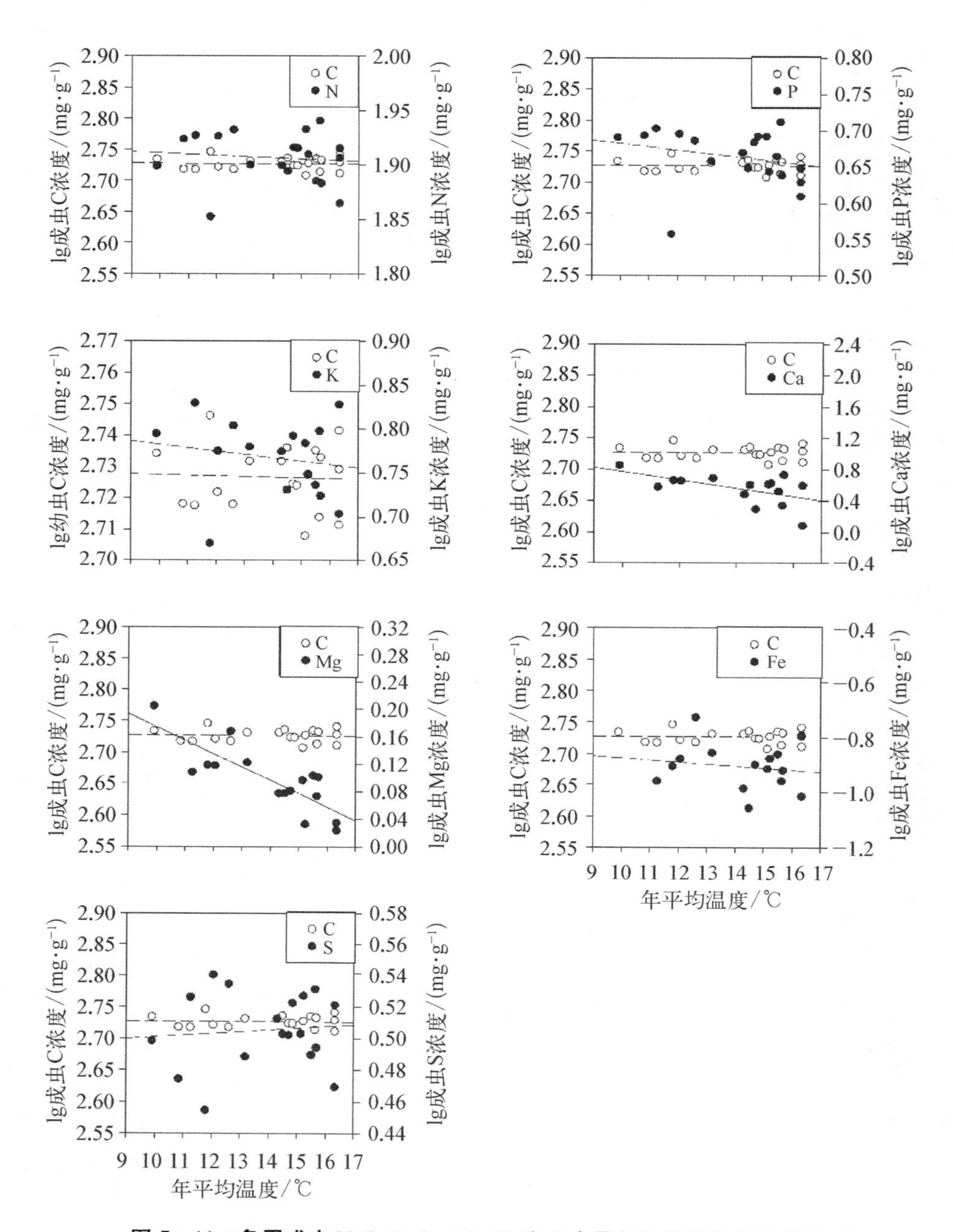

图 5-11　象甲成虫 N、P、K、Ca、Mg、Fe 和 S 含量与年平均温度的关系

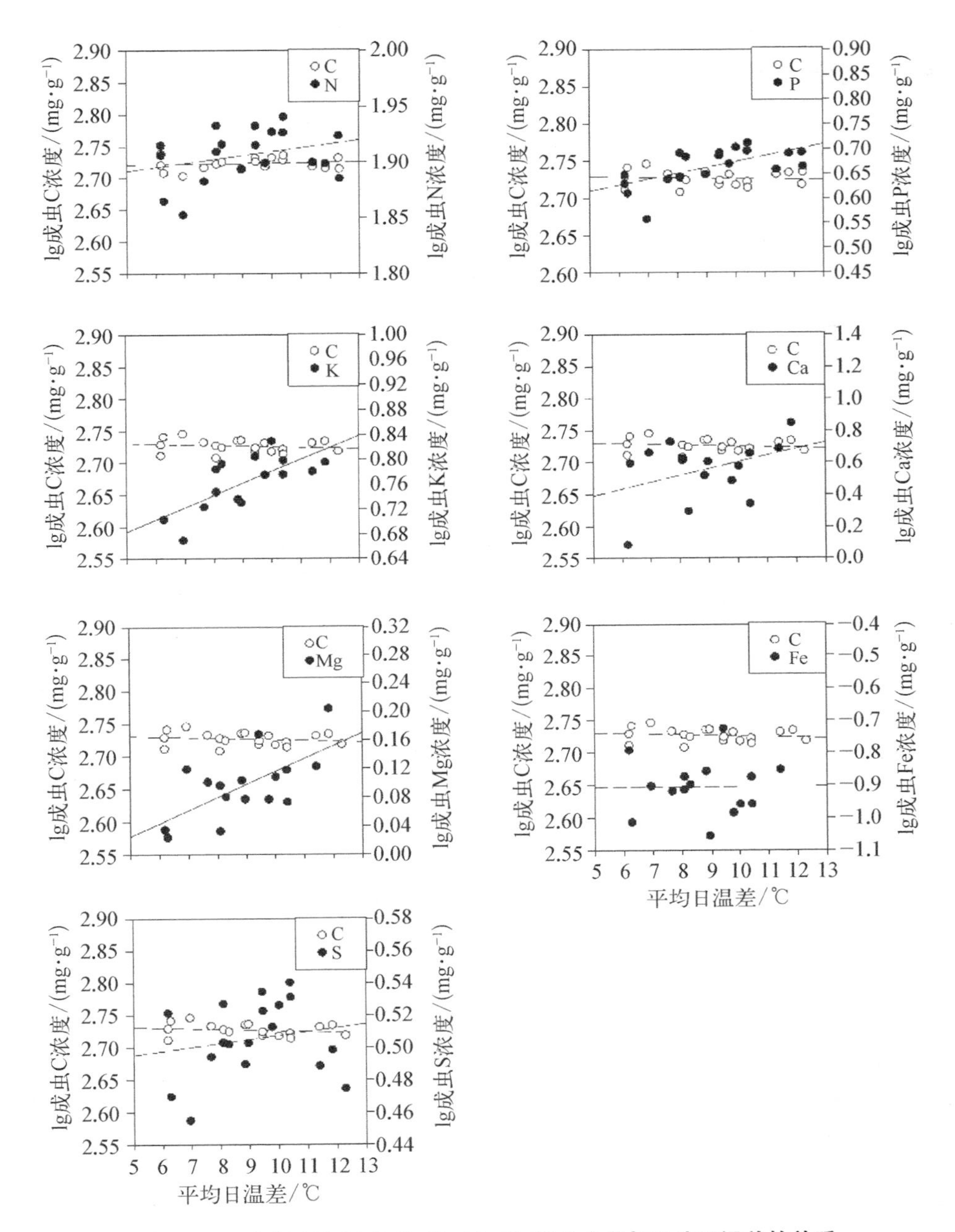

图 5-12　象甲成虫 N、P、K、Ca、Mg、Fe 和 S 含量与平均日温差的关系

5.2.3.4 气候和种子元素含量对象甲化学计量组成影响的路径分析

根据路径分析，平均日温差对象甲化学计量的直接影响大于间接影响（通过橡实化学元素组成来影响象甲的化学计量组成），进一步说明了温度相关因子是驱动象甲幼虫在大地理尺度上变异的主要因子（见图 5-13）。平均日温差是驱

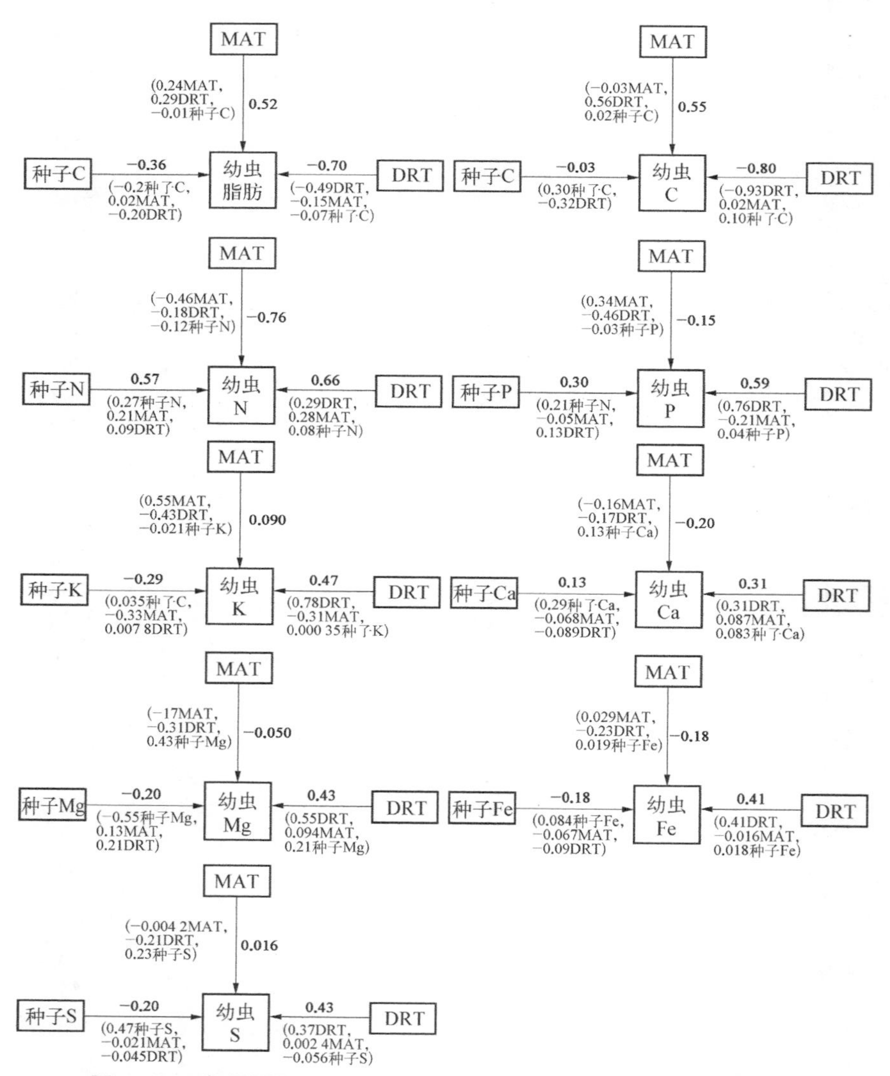

图 5-13 气候因子(MAT 和 DRT)和栓皮栎种子营养元素含量对象甲幼虫 N、P、K、Ca 和 Mg 元素含量的影响

注：1. 第一个黑体数字表示皮尔森相关系数，括号里的数字代表不同因子的直接作用和间接作用。

2. 营养元素含量单位为 $mg \cdot g^{-1}$。

动象甲 C 和脂类变异的主要因子，而 N 和 P 含量的变异是温度相关因子和橡实化学计量组成共同作用的结果。

5.2.3.5 象甲脂类含量与温度的相关性

与幼虫脂类含量(188.2 mg·g^{-1})相比，成虫脂类含量(北京，23.69 mg·g^{-1}；安徽霍山，32.63 mg·g^{-1} 和昆明，30.85 mg·g^{-1})降低了约 84 %，说明大量的脂类在象甲幼虫冬眠以及羽化过程中被消耗掉。在区域尺度上，象甲幼虫脂类含量表现出明显变异，而且与温度相关变量(年平均温度和平均日温差)呈现显著相关关系(见图 5-14)。

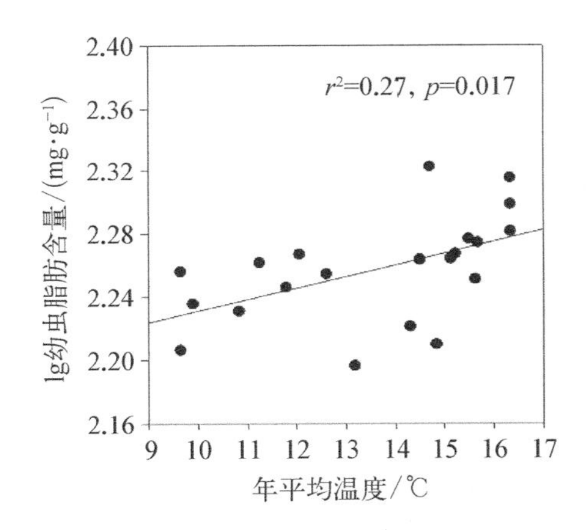

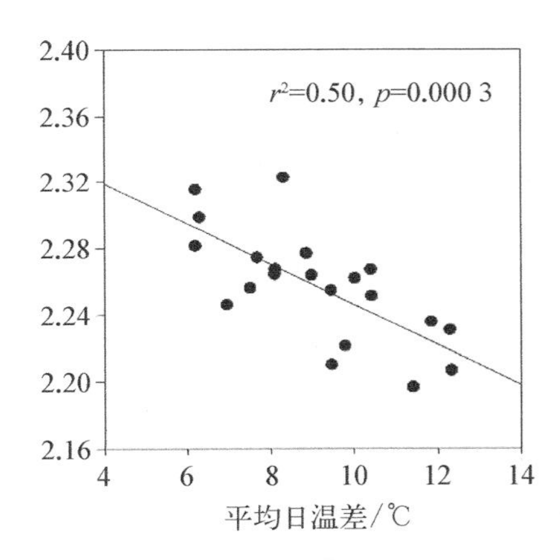

图 5-14 象甲幼虫脂肪含量与年平均温度和平均日温差之间的关系

C 是幼虫脂类主要的成分，脂类 C 平均含量高达 768.1 mg·g^{-1}，而脂类 N 和 P 含量低于机器的检测范围。在幼虫脂类提取后，残留物质(RBM)中的 C 和 N 含量分别是 522.1 mg·g^{-1} 和 85.2 mg·g^{-1}，与象甲新羽化成虫中的类似(见图 5-15)。

5.2.3.6 影响栓皮栎种子化学计量组成变异的因素

栓皮栎种子储存的营养元素(尤其 N 和 P)对种子萌发和幼苗生长具有重要意义(Brookes et al., 1980)。根据 Han 等研究可知，中国森林土壤缺乏 P(Han et al., 2005)。在这种情形下，按照植物优先分配策略理论，植物会分配更多的 P 给繁殖器官，以便满足栓皮栎种子在条件适宜时快速萌发以及使胚能快速发育成为独立生长的幼苗的需求(Tyler et al., 1998)。由于这种分配策略存在，栓皮栎种子 P 含量沿着纬度(在不同土壤 P 含量条件下)的变异格局会受到干扰。也就是说，虽然栓皮栎叶片 P 含量随土壤 P 含量的降低而降低，但是，植物

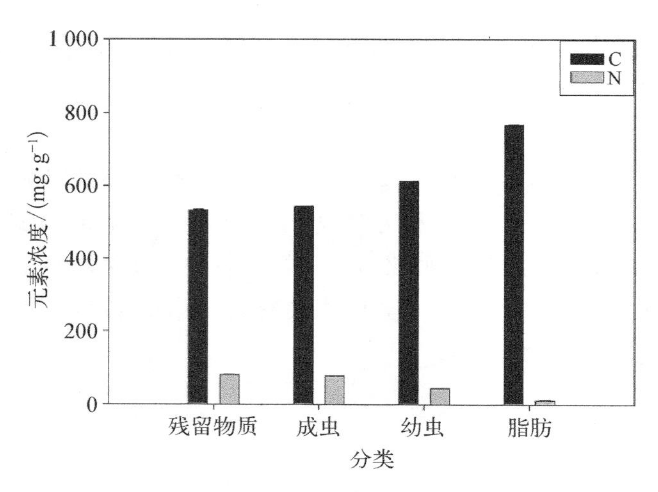

图 5-15 象甲成虫、幼虫、幼虫脂肪和脂肪提取后剩余的残留物质中 C 和 N 含量

优先分配策略导致栓皮栎种子 P 含量与土壤 P 含量无显著关系。

同样，按照植物优先分配策略理论，高土壤 N 含量会导致植物投资较少量 N 给种子。因而，栓皮栎种子 N 含量随着土壤 N 含量的增加而降低。在本研究中，尽管土壤 N 含量和栓皮栎种子 N 含量呈现负相关关系，但是，高纬度地区栓皮栎种子 N 含量依然高于低纬度地区栓皮栎种子 N 含量。这种现象可能由于在高纬度地区，较冷气候条件刺激植物分配更多的蛋白质给植物种子，以便于快速生长发育(Piper and Boote, 1999)。

同样，在高纬度地区，较低的降水量和温度也会导致植物分配较多的营养元素给繁殖器官，以满足在干旱和低温环境下的生存需要，一旦条件适宜，种子就能快速萌发和快速形成幼苗根系(Gibson and Mullen, 2001; Samarah et al., 2004)。幼苗发育对 Ca 的需求较低(Brookes et al., 1980)，而且一旦幼苗根系发育完全，就可以从土壤中获得 Ca 来满足其后续的发育。因此，在高纬度地区(高土壤 Ca 含量)，植物分配较少的 Ca 给植物种子。本研究表明，栓皮栎种子 Ca 含量与土壤 Ca 含量存在显著负相关关系。总之，栓皮栎种子化学计量在其分布区存在的变异是很多环境因子综合影响的结果。本试验结果表明，植物通过优化种子化学计量组成来增加幼苗生长发育的适应性，从而导致植物种子化学计量组成与纬度的关系变得更为复杂。

因此，通过上述讨论可知，用来描述植物叶片元素含量与环境因子关系的植物温度-生理假说(或者生物化学地球假说)(Reich and Oleksyn, 2004)，不能用于解释栓皮栎种子化学计量组成在区域尺度上的变异格局。进一步讲，植物种子和叶片化学计量组成的差异还要受到它们两类器官自身功能的影响。叶片是植物光合作用的主要场所，种子的大部分物质和蛋白质是由叶片输送的，叶片是有机物质的合成器官；而果实或种子是有机物质和营养元素的储存器官。因而，叶片化学计量组成变异主要受一些生化反应以及与生化反应有关的环境因子的影响；但是，繁殖器官主要受到植物分配策略以及与植物分配策略有关的环境因子的影响。

在所有生命元素中，相对而言，N 和 P 元素是与植物繁殖过程关系最密切的元素。上面的讨论也表明，在区域尺度上，栓皮栎种子 N 和 P 含量以及 N∶P 比的变异格局是植物繁殖策略和环境因子相互作用的结果。本试验数据不能直接证明植物分配策略对栓皮栎种子化学计量变异的作用，但是，可以通过借助植物叶片营养元素含量对种子化学计量组成的影响，来分析植物分配策略对植物种子化学计量组成的影响。同时，本试验所观察到的栓皮栎种子化学计量组成的变异也不能用植物化学防御机制来解释，因为栓皮栎种子化学防御的主要物质是单宁，单宁主要由 C、H 和 O 组成，基本不含其他元素（Xiao et al.，2008）。因而，在纬度尺度上，单宁含量的变异不会影响到其他元素含量的变化。

本试验结果表明，随着纬度增加，栓皮栎种子 N 含量和 N∶P 比值增加，而 C∶N 比值降低。本试验所观察到的变异格局与 De Frenne 等研究的栎木银莲花种子的变异格局相反（De Frenne et al.，2011）。他们的研究表明，栎木银莲花种子 N 含量和 N∶P 比与纬度呈现显著负相关关系，而 C∶N 比值与纬度呈显著正相关关系。试验结果的差异可能由以下两种原因导致：① 栎木银莲花是多年生禾本科植物，生长在林冠下面，而栓皮栎是多年生木本植物，多是建群树种，处于林冠层。因此，两种植物可能具有不同的营养分配和繁殖策略，进而这些生物学特性影响了种子化学计量组成沿着纬度的变异格局。② 两个试验的采样范围以及样地分布区的气候因子和土壤营养元素含量不同。例如，在中国高纬度地区，土壤 N 含量较高（Han et al.，2005），而在 De Frenne 等的研究中，高纬度地区土壤 N 含量则较低（De Frenne et al.，2011）。

5.2.3.7 影响象甲幼虫元素含量变异的因素

象甲幼虫化学计量组成和与温度相关的环境变量（MAT 和 DRT）具有显著的相关关系，也分别和栓皮栎种子化学计量组成具有显著的相关关系。但是，新羽化成虫的元素含量仅同幼虫化学计量组成存在显著关系，而同环境因子（栓皮栎种子元素含量和气候因子）没有显著的相关关系。这种差异表明，温度相关的能量储存和食物化学计量组成是导致象甲幼虫化学计量组成变异的主要因子。

已有研究表明，食物营养元素含量和比值是动物化学计量组成变异的重要驱动因子(Kay et al., 2006; Small and Pringle, 2010)。与这些研究结论一致，本研究表明，栓皮栎种子 S、Ca 含量和 N∶P 比值在大尺度上的变异，也是分别驱动象甲幼虫 S、Ca 含量和 N∶P 比值变异的重要因子(见表 5-8)。而象甲幼虫 C 含量的变异主要受温度相关因子的影响。象甲幼虫 C 含量随着温度的增加而增加。可能由于在温暖地区，象甲幼虫需要储存更多的能量，来满足在滞育过程中高基础代谢的需求。植物温度-生理假说(Reich and Oleksyn, 2004)认为，温度通过影响叶片生理和生化过程来驱动植物化学计量组成的变异。本试验表明，温度不仅可以直接通过调节动物化学过程和对能量储存的需求来影响动物化学计量组成，而且还能通过改变植物化学计量组成来影响动物化学计量组成。

动物采取能量储存方式应对逆境条件是非常普遍的自然现象。由于消费者经常会遇到食物资源的时空变化以及其他环境因子变化，因此，需要采取能量储存的策略来应对环境变异(Hood and Sterner, 2010)。沿着纬度或者海拔梯度，一个重要环境变量(温度)会发生明显变化，因而，基于温度的能量储存(储存能量的大分子物质含量、不同大分子物质的比例等)也会变化(Schultz and Conover, 1997)。

5.2.4 种子和象甲幼虫化学计量组成的内稳态

根据 Persson 等对内稳态强度的分类：在区域尺度上，栓皮栎种子元素含量保持较强的内稳态($1/H$, 0～0.16)(见表 5-10)；幼虫多数元素呈现了弱的内稳态($1/H$, 0.29～0.41)，Fe 具有内稳态，仅 Ca 元素具有高的可塑性(见表 5-10)。

表 5-10　栓皮栎种子，象甲幼虫整体、头部以及尾部的内稳态

元　素	种　子	象甲幼虫		
		整个虫体	头　部	虫　体
N	0.08*	0.29**	0.06*	0.33**
P	0.04*	0.33**	0.26**	0.33**
K	0.00*	0.35**	0.17*	0.45**
Ca	0.00*	1.48****	2.31****	1.30****
Mg	0.05*	0.40**	0.12*	0.28**

续 表

元 素	种 子	象甲幼虫		
		整个虫体	头 部	虫 体
Fe	0.20*	0.10*	0.77****	0.06*
S	0.16*	0.41**	0.46**	0.38**

注：*，内稳态；**，弱的内稳态；***，弱的可塑性；****，可塑性。

若将幼虫分为两个部分，除了P、Ca和S元素之外，幼虫头部和虫体(除去头部)元素的内稳态出现了明显差异。例如，象甲幼虫头部N、K、Mg元素含量表现出较强的内稳态(1/H，0.06～0.17)，而虫体内这些元素呈现出弱的内稳态(1/H，0.28～0.45)。形成最为强烈对照的是Fe元素，在头部表现为可塑性(1/H＝0.77)，而在虫体部分则表现为内稳态(1/H＝0.06)(见表5-10)。

本试验结果表明，象甲幼虫身体偏离了严格的内稳态，而大量能量被消耗后，新羽化成虫的内稳态相对稳定。这些结果表明幼虫能量储存是导致其偏离内稳态的重要因子。Small和Pringle研究表明，P的富集会导致无脊椎动物的元素组成偏离内稳态(Small and Pringle, 2010)。但是，至今为止，本研究首次报道了能量储存对动物内稳态的影响。

象甲头部内稳态高于其身体部分的内稳态，可能由于大量脂类物质储存在其身体部位，导致其偏离内稳态。Yu等报道了植物不同部位(如地上部分和地下部分)具有不同的内稳态(Yu et al., 2011)。根据我们的野外试验和Fenner的控制试验，植物种子和叶片也呈现不同的内稳态(Fenner, 1986)，如表5-11所示。本试验结果表明，由环境因子引起的(食物营养过剩、食物元素组成以及数量的时空变化等)生物营养物质储存的变异可能会导致生物偏离严格的内稳态。

表5-11 植物不同器官化学计量组成的内稳态

物 种	器 官	N	P	K	Ca	Mg	S	来 源
欧洲千里光 (*Senecio vulgaris*)	叶片	0.31	0.30	0.15	−0.04	0.28	0.63	Fennr (1986)
	种子	0.03	0.01	0.08	−0.22	−0.09	−0.02	

续　表

物　种	器　官	N	P	K	Ca	Mg	S	来　源
栓皮栎	叶片	0.08	−0.09	−0.25	0.11	0.60	−0.03	
	种子	0.06	−0.01	0.02	−0.15	0.04	−0.12	本研究
麻栎	叶片	0.17	0.16	0.00	0.01	0.47	0.25	
	种子	0.37	0.11	0.11	−0.01	0.16	−1.03	

在区域尺度上，通过调查栓皮栎种子和象甲营养元素含量的变异及其影响因素，得出以下结论：

(1) 与植物生长器官(叶片和细根)相比，栓皮栎种子的 Redfield 比值较低，反映了作为繁殖器官的种子具有较高的 P 需求。

(2) 在区域尺度上，栓皮栎种子 N、Mg、K、Ca 和 S 含量显示了显著的纬度变异格局，其主要影响因素为温度和土壤元素含量。但是，栓皮栎种子元素含量都表现出较强的内稳态。

(3) 在区域尺度上，象甲幼虫营养元素含量存在很大的变异，而且其化学计量组成具有很高的可塑性。但是，象甲幼虫不同部位存在局部内稳态现象。

(4) 温度相关的能量储存不仅是象甲幼虫化学计量组成变异的重要因子，而且驱动象甲幼虫偏离严格内稳态，是导致象甲幼虫局部内稳态的主要因子。

与区域尺度上栓皮栎种子和象甲幼虫化学计量组成的变异相比，局域尺度上的变异较高，并且象甲幼虫化学计量组成偏离了严格内稳态。此结果表示气候因子是其化学计量组成变异的重要因子。此外，在局域尺度上，象甲幼虫化学计量组成的变异低于种子，但是，在海拔梯度上或者区域尺度上的结果相反，说明了象甲对气候因子的变异具有较高的敏感性。

5.3　种子化学计量特征对年间气候变化的响应

作为植物重要的繁殖器官，种子在成熟前需要储存丰富的营养，以保证后期种子萌发和幼苗的初期生长。储存的营养物质主要包括：糖类、脂肪、蛋白质、矿质元素和植物激素等。在种子发育过程中，营养物质的储存是动态变化的。若从营养物质储存的种类来考虑，种子第一阶段通常储存糖类，第二阶段储存脂类和蛋白，第三阶段种子水分丢失，干重增加并趋于稳定(高荣岐和张春庆，2002)。在*Vicia sativa*种子中，K、Ca和Mn移动性弱，在初期时含量最高，而N、P、Cu和Zn移动性强，在种子发育后期含量最高(Caballero et al., 1996)。种子营养物质的储存与幼苗生长密切相关(Bonfil, 1998)。通常种子越大，其N和P含量越高，越有利于幼苗生长。N和P对光合作用至关重要，高N和P供应可以确保光合作用进行，从而获得更多的C以支持根系和幼苗成长(Lamont and Groom, 2013)。种子在贫瘠土壤中往往个体更大，营养更丰富(Lamont and Groom, 2013)，以至于在植物幼苗初期，土壤影响对其微乎其微(Villar-Salvador et al., 2010)，这可能因为前期种子中储存了大量营养。

在纬度梯度上种子受到温度、降水量等气候因子的综合影响，N、K和Mg含量在栓皮栎种子中随纬度增加而增加，而S、Ca含量和C：N比则随之降低(Sun et al., 2012)。栎木银莲花种子中N、Ca含量和N：P比则随纬度增加而减少，而C：N比值随之增加(De Frenne et al., 2011)。种子中K和Mg含量与土壤营养元素正相关，而N与Ca负相关；土壤中P含量和温度联合影响种子N：P比值(De Frenne et al., 2011)。基于控制试验发现，N添加和增温可以改变种子化学计量组成。温度升高后，小麦产量提高，但K、Ca和Mg含量降低(Li et al., 2016)；N添加后，种子中N含量升高，但对叶片无影响(De Frenne et al., 2018)。此外，种子对环境的响应存在种间差异，即使亲缘关系相近，它们的化学计量组成对环境的响应也不相同(Caron et al., 2014)。此外，种子和叶片元素含量也不同(Caballero et al., 1996)，栓皮栎种子中K含量高于叶片，而其他营养元素如C、N、Ca和Mg含量均明显低于叶片(孙道，2013; Sun et al., 2015a)。研究植物在面对年间气候变化时，其种子化学计量组成将如何改变，以及植物又是如何协调营养生长和生殖生长间的营养关系，对了解植物营养适应和繁殖策略有重要意义。

栎树种子一般从6月到8月呈现快速生长，8月底种子中水分含量开始下降，进入9月后迅速下降，10月种子含水量会下降到40%左右，期间种子从绿色变成了褐色。种子内脂肪和糖类从8月开始积累，可溶性糖在7月到9月积累，此后迅速下降转变成不溶性糖。种子中N、P、Ca和Mg含量从7月生长期到10月成熟期逐渐下降。

栎树种子富含淀粉和其他营养物质，是许多昆虫、鸟类和啮齿类动物的重要食物，并且产量和质量也影响到取食昆虫和动物的种群动态。象甲类昆虫普遍寄生于种子内取食子叶，影响种子发芽和森林生态系统幼苗更新，同时也会影响其他动物和鸟类取食。在长期进化过程中,植物也形成了许多防御机制,例如产生单宁和酚类化合物进行化学防御;也可以通过大小年结实进行生活史策略防御,因为大年结实可以充分满足捕食者的需求,从而使更多的种子保留下来。因此,探讨栎树种子化学计量组成的年间变异特征,不仅有助于了解植物的营养繁殖策略,也有助于了解植物和昆虫之间的协同进化关系。

本研究以位于暖温带-亚热带过渡区的河南宝天曼国家级自然保护区为试验基地,选取当地森林优势树种锐齿栎、短柄枹栎和栓皮栎3种栎树种子为研究对象。在每年8月底9月初收集完叶片后,于10月中旬收集种子样品,对种子14种元素(C、N、P、S、K、Na、Ca、Mg、Al、Fe、Mn、Zn、Cu和Ba)含量进行分析,进行连续4年的调查。本研究的假设是为响应年间气候变化,植物种子化学计量组成也会像叶片一样发生变异,而且种子和叶片营养元素呈现相关性。为了验证本假说,我们分析了不同栎树种子种间和年间化学计量变异特征,并检测了植物叶片和种子之间的相关性,分析了年间温度、降水量、叶片以及土壤营养元素含量与种子化学计量性状的关系。

5.3.1 试验设计与分析方法

5.3.1.1 样品采集和处理

本试验在河南宝天曼国家级自然保护区中进行。种子化学计量研究从2013年到2016年持续4年,研究植物材料为锐齿栎、短柄枹栎和栓皮栎3种栎树种子。每种植物群落建立3个20 m×20 m的样方。每年10月中旬收集种子样品。每个样方放置6个1 m×1 m的凋落物筐,凋落物筐高1 m,网兜距离地面高约50 cm。每7天收集一次,然后带到试验室,统计每年种子数量(杜宝明,2019)。由于凋落物筐中的种子数量不能满足样品分析和后续的收集栗实象甲的试验,因此,在每年种子凋落高峰期刚过时在地上收集种子,每个样方收集1.5 kg左右。将种子带回实验室,并将每个样方的种子混匀,然后用四分法,分出1/4用于化学分析,剩下的种子放置在塑料盆中用于收集栗实象甲幼虫样品。选择健康的种子去掉种皮后,在65 ℃烘箱烘96 h。烘干后用粉碎机磨碎,过60目网筛,储存于放有硅胶的密封瓶中,待分析。

5.3.1.2 样品化学分析

种子样品中C和N含量采用元素分析仪测定。样品中P、S、K、Na、Ca、Mg、Al、Fe、Mn、Zn、Cu和Ba含量采用电感耦合等离子体发射光谱仪进行分析。种子样品采用硝酸、高氯酸和双氧水进行消解。

5.3.1.3 数据分析

运用多重比较检验3种栎树种子年间差异和变化趋势;采用典型判别分析(CDA)判别植物种子种间和年间的化学计量组成差异,并对共线性大的元素进行提取;运用Pearson相关分析检验不同植物种子元素间的相关性;为避免气候因子的共线性影响,采用分层分析检验年平均温度、年降水量、鲜叶和土壤元素含量对不同植物种子元素含量的影响;运用简单线性回归分别分析年间温度和降水量与各种元素之间的变化关系;运用线性回归分析建立种子元素含量与年平均温度和降水量的线性模型,并对未来气候变化后的元素化学计量组成进行初步预测。单因素方差分析、线性回归和典型判别分析采用SPSS 22.0,作图、简单线性回归和Pearson相关分析采用SigmaPlot 10.0,分层分析采用R 3.3.1。

5.3.2 种子化学计量组成种间和年间变化特征

3种栎树种子化学计量组成表现出相似的年间变化趋势(见图5-16)。2013年种子N含量最低,而C∶N比值最高;2014年3种栎树种子C、N、P、S、K、Na、Mg、Zn和Cu含量最高,而C∶N和C∶P比值最低;2015年种子C含量最低。这一相似的年间变化趋势,说明在长期的当地趋同适应进化过程中,3种栎树形成了相似的营养分配策略。此外,在2014年,3种栎树种子大部分元素显著高于其他年份,而C∶N和C∶P值则显著低于其他年份。这可能和壳斗科植物大小年结实有关。2013年是3种栎树的结实大年,此后2014年种子产量明显降低。由于种子产量急剧下降,植物可以将更多的营养分配到有限的种子中。N和P含量升高,直接导致植物中C∶N和C∶P值下降。另外,2014年温度和降水量低于其他几年,植物在环境条件不理想的情况下,会通过降低种子产量和提高种子质量,来提高种子的生存能力(Villar-Salvador et al., 2010; Lamont and Groom, 2013)。

根据典型判别分析,3种栎树种子化学计量组成存在显著种间(Wilks' Lambda $F=114.81$, $p<0.0001$)和年间(Wilks' Lambda $F=175.65$, $p<0.0001$)差异(见图5-17)。在种间差异中,Can 1和Can 2分别解释了91.9%和8.1%的变异,对Can 1贡献最大的元素有P、K、Zn和Ba(见表5-12)。P的贡献较大可能和种子大小有关,例如,栓皮栎种子重量显著高于锐齿栎和短柄枹栎,大的种子往往需要储存更多的营养(Lamont et al., 2013)。K在植物体内可起到调节渗透压和平衡阴阳离子的作用,可以提高植物对环境胁迫的适应能力(Marschner, 2012)。Zn是300多种酶的辅因子。Ba的作用目前不清楚。这

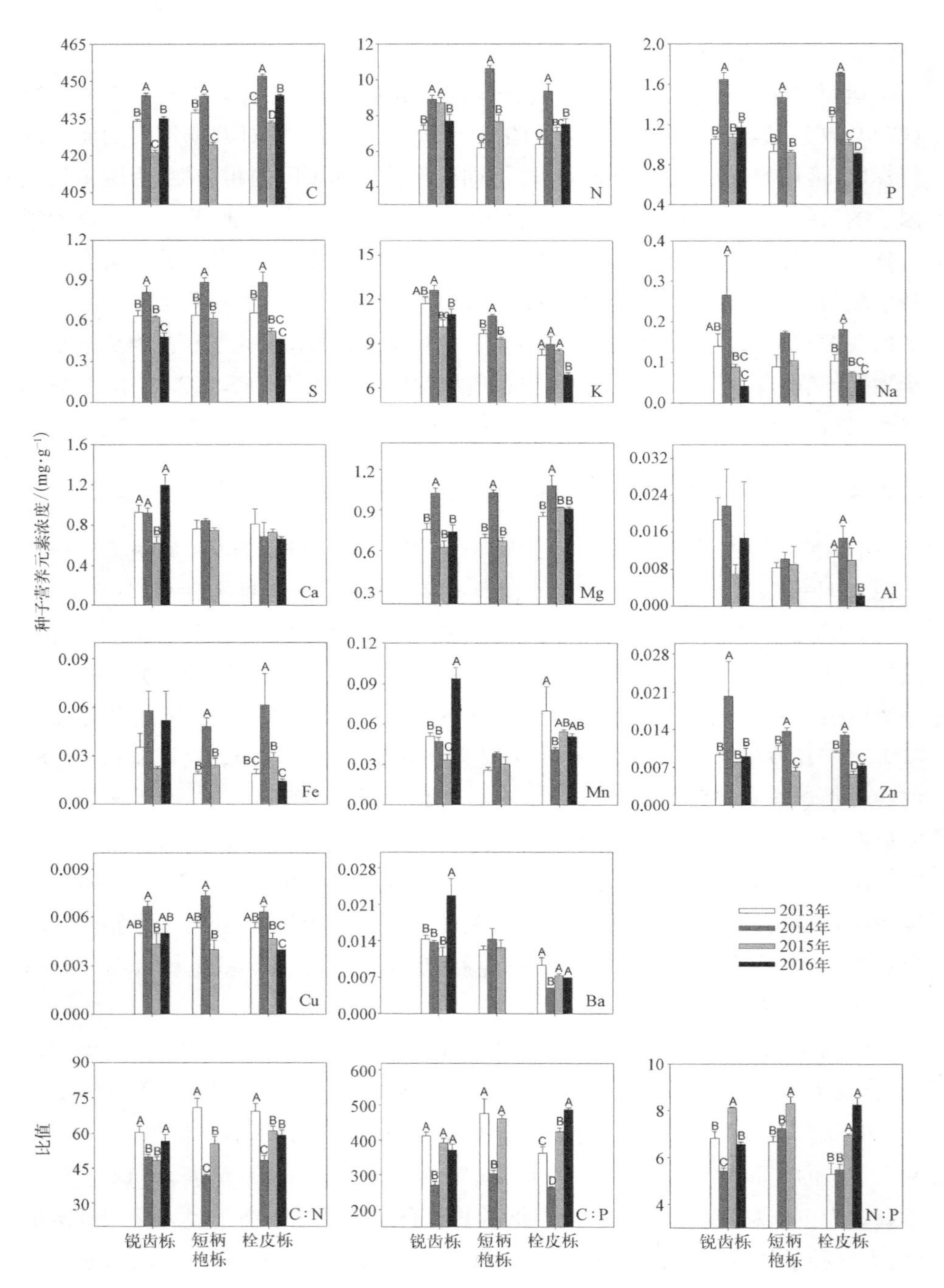

图 5-16 3 种栎树种子不同元素含量和比值年间变化特征

注：不同大写字母 A、B、C 表示同种植物不同年间的差异显著，$p<0.05$。

些元素可能对种子在休眠期间的抗性和在发芽长成幼苗后的生长都有不可忽略的作用，表现出功能方面的种间特异性。在年间差异中，Can 1 解释了 81.3 %的变异，对 Can 1 贡献最大的元素主要有 C 和 K(见表 5 - 12)。这两种元素可能与种子的抗逆性有关。保证种子安全是植物自身的重要任务，年间气候发生变化时，植物的防御策略(主要与 C 相关)也会跟随做出相应调整。此外，Can 2 也解释了 13.4 %的变异，其涉及的元素主要同植物光合作用有关。环境改变时，种子中和光合作用相关的营养储存也会随之变化，当种子有条件萌发时，植物可以正常进行光合作用和生长。

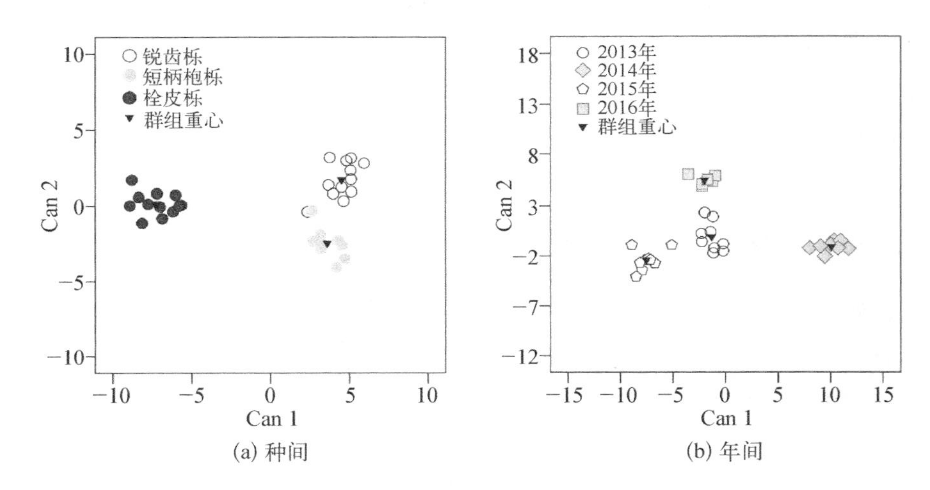

(a) 种间　　(b) 年间

图 5 - 17　3 种栎树种子化学元素组成的种间和年间判别分析

表 5 - 12　3 种栎树种子化学元素组成的种间和年间差异性判别分析

元素	种间		年间		
	Can 1	Can 2	Can 1	Can 2	Can 3
C	−0.66	0.70	2.06	1.85	0.93
N	0.34	0.97	0.26	1.08	−0.82
P	−1.69	1.93	0.36	−0.12	−0.34
S	0.95	−2.65	0.43	−1.20	0.47
K	1.64	0.93	1.13	−0.02	0.70
Na	−0.54	0.60	0.03	0.02	0.32
Ca	0.05	0.42	−0.19	1.59	−0.38

续 表

元 素	种 间		年 间		
	Can 1	Can 2	Can 1	Can 2	Can 3
Mg	−0.65	−1.60	0.43	−1.91	−0.79
Al	−0.98	0.92	−0.60	−0.09	0.35
Fe	0.83	−0.95	0.54	−0.76	−0.46
Mn	−0.97	0.70	−0.78	0.44	0.24
Zn	1.76	−0.15	0.89	−0.02	−0.20
Cu	−0.60	−0.60	−0.17	0.01	0.14
Ba	1.36	−1.04	0.66	−0.39	0.34
贡献率/%	91.9	8.1	81.3	13.4	5.3

5.3.3 种子化学元素相关性和变异特点

3种栎树种子元素含量之间高度相关，其中栓皮栎和短柄枹栎元素之间的复杂性高于锐齿栎；除了锐齿栎中S和Mn以及栓皮栎中Mg和Ba呈负相关关系外，其他元素之间均为正相关关系（见图5-18）。锐齿栎、短柄枹栎和栓皮栎P与C、N、S、K、Cu和Mg显著相关，S与P、K、Na和Mg显著相关，N与P显著相关。此外，短柄枹栎中N还同K、Na、Mg、Fe、Mn和Cu相关，栓皮栎中N同C、Na、Mg、Mn和Ba显著相关（见图5-18）。变异系数被用来比较种子中不同元素年间变化的稳定性。在锐齿栎中，C变异系数最低（即稳定性也最强），其次是K、N、Cu、S，变异系数最高的是Na；在短柄枹栎中，C变异系数也是最低的，其次是Ca、Ba、K、Al，最高的为Fe；在栓皮栎中，C变异系数最低，其次为Ca、

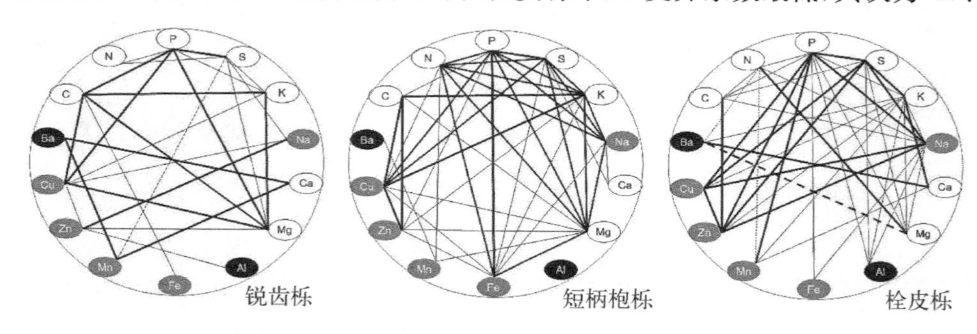

图5-18 3种栎树种子不同元素之间的相关性

Mg、K、N，而 Fe 变异系数最高(见图 5－19)。种子元素含量变异系数会随叶片元素含量变异系数的升高而升高(见图 5－20)。

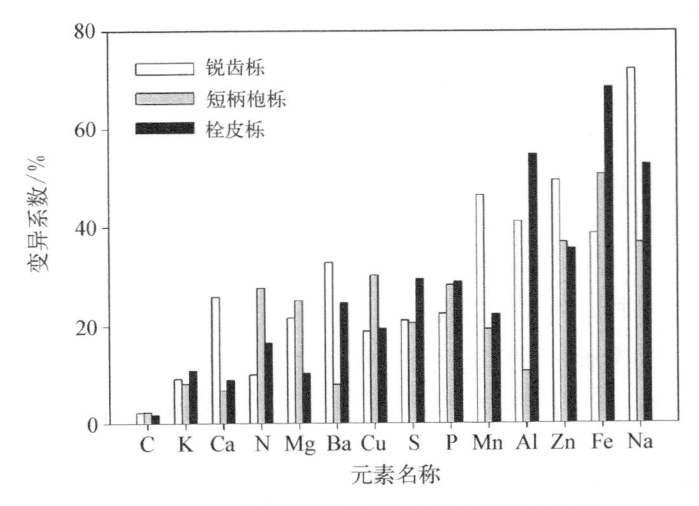

图 5－19　3 种栎树种子元素含量的变异性分析

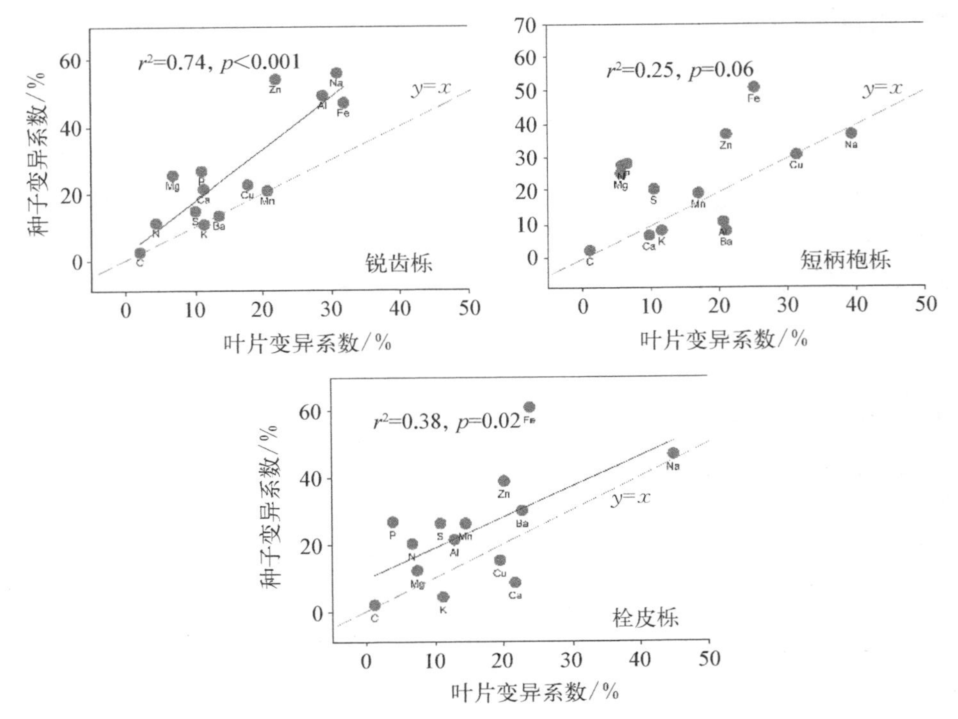

图 5－20　叶片元素含量与种子元素含量年间变异系数之间的相关关系

根据内稳态理论，面对年间气候的变化，不同栎树种子也应维持其化学计量组成的稳定性。从变异系数来看，除了 C 有强内稳态管理外，其他大量元素和微量元素基本保持着正常的内稳态管理，但对于微量元素 Zn、Fe 和 Na 的内稳态管理则很弱（见图 5－19）。本研究结果与 Nikolic 等对夏栎的变异性研究结果相似（Nikolic et al.，2006），也基本支持内稳态管理范式，即大量元素有强内稳态管理，必需的微量元素表现出弱内稳态管理，非必需的矿质元素则表现出可塑性（Karimi and Folt，2006）。种子化学计量组成是由遗传决定的，尽管 3 种植物同属于一个属，但不同植物对元素的内稳态管理也存在差异，例如短柄枹栎中 N 和锐齿栎中 Ca 的稳定性都明显弱于其他两种植物。此外，本研究还发现，随着叶片中元素变异系数的增加，种子中元素变异系数也随之增加（见图 5－20），这说明叶片内稳态管理要高于种子。在生存不受限制的情况下，产生优质种子繁殖后代也是植物生活史的重要使命。因此，当气候和土壤环境以及植物营养生长发生变化时，植物都会尽可能地优化其输送到种子中的营养，保障营养储存，进而确保其后代可以正常发芽和生长。典型判别分析也指出了这一点，发现在年间气候变化上，涉及植物抗性的 C 和 K 对模型贡献性最大，其次才是同光合作用和生长有关的元素（见表 5－12）。

5.3.4 种子和叶片化学计量关系

随着种子发育，植物会通过韧皮部转运蔗糖、氨基酸和各种矿质营养到发育的种子中。为了积累更多的营养用于发芽和幼苗生长，种子中通常会富集 P 和 K，减少矿质营养含量（Baud et al.，2002）。本研究发现，3 种栎树种子中，只有 K、部分 P 含量和 C∶N 比值高于叶片，而种子 C、N、S 和其他矿质营养含量则显著低于叶片（见图 5－21）。通过回归分析发现，3 种栎树叶片元素含量和种子元素含量没有一致的相关性，除了 C、K、Na、Mn 和 Cu 在单个栎树中相关外，其他基本不相关（见图 5－22）。这些结果表明，总体而言，植物叶片化学元素含量的变化不会影响种子化学计量组成。叶片是植物的营养器官，为植物生长积累干物质和能量，并产生生物量的积累，种子是繁殖器官，承担着扩繁后代的重要任务。根据本研究结果，我们推测植物体内存在着一个“营养中枢”组织，可系统地管理植物体内不同组织之间的元素源库关系，并且可能对营养器官和繁殖器官元素含量进行独立调控。此外，通过 N 添加试验发现，叶片中 N 含量没有显著变化，但种子中 N 含量显著升高（De Frenne et al.，2018），这也支持我们的推测。

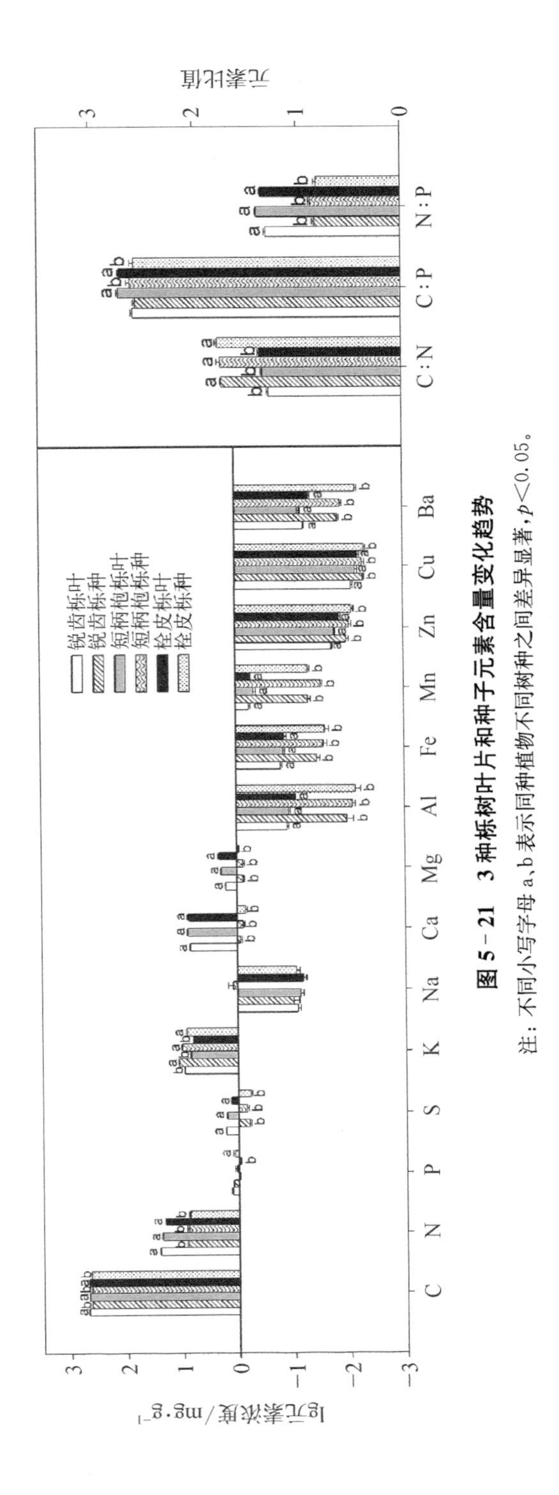

图 5-21 3种栎树叶片和种子元素含量变化趋势

注：不同小写字母 a、b 表示同种植物不同树种之间差异显著，$p<0.05$。

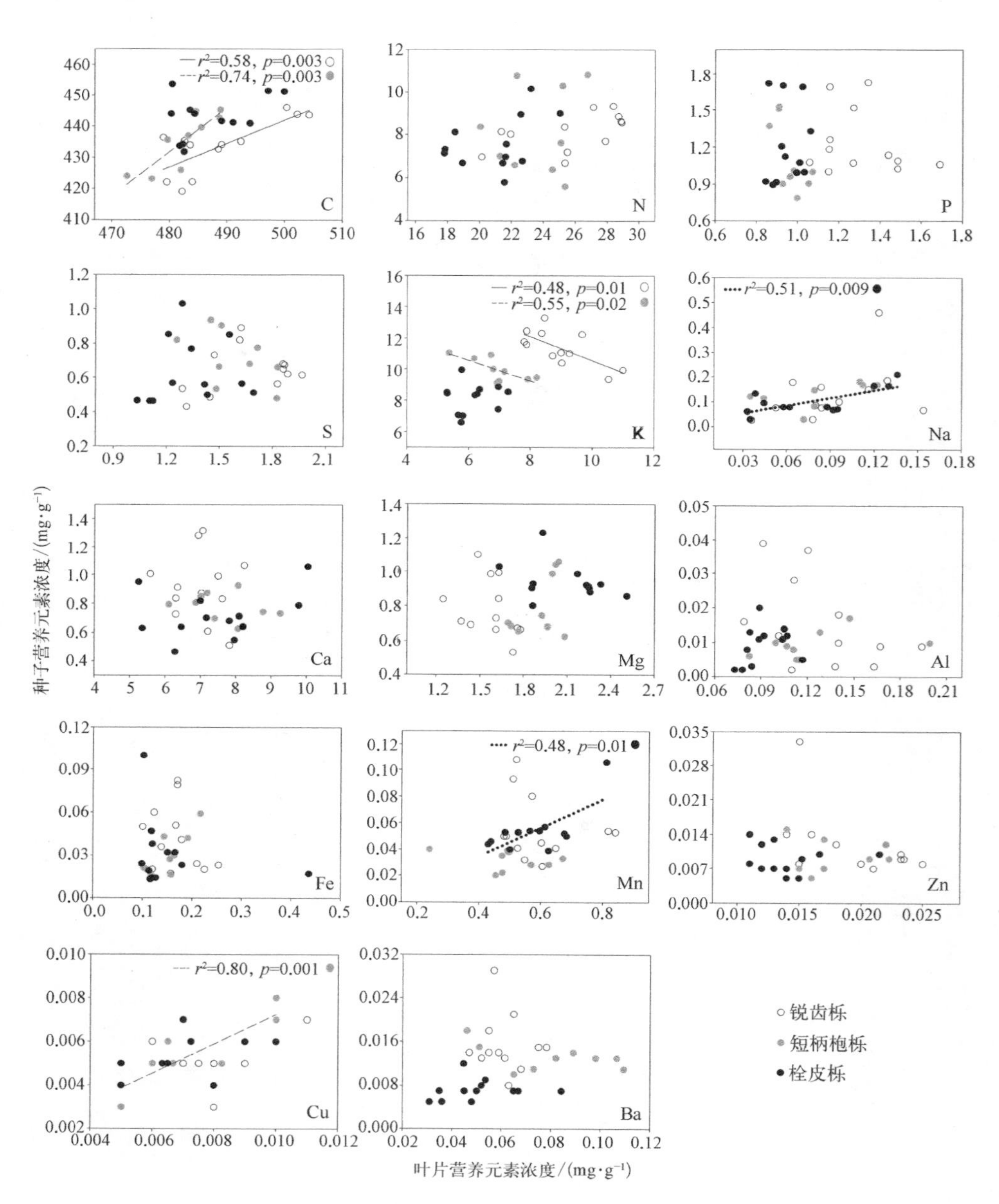

图 5-22 叶片元素含量与种子元素含量间的关系

3种栎树数据均表明，相对于叶片而言，种子中富集K、P（部分植物）和提高C∶N比值，而降低其他矿质营养含量（见图5-21）。这些结果同其他研究结果基本一致（Caballero et al.，1996；Zerche and Ewald，2005）。种子K含量与种子发芽率成反比，种子中升高的K含量可能会临时性抑制种子发芽，有利于种子休眠和越冬（Zerche et al.，2005）。N和P的储存对种子发芽和幼苗生长至关重要，它们直接参与光合作用和蛋白质合成（Lamont and Groom，2013），此外P还参与植物的能量代谢。此前有研究发现，由于种子中N和P含量储备充足，在幼苗开始生长时期，土壤营养供应对其影响极其微弱（Villar-Salvador et al.，2010）。锐齿栎和短柄枹栎中P含量没有显著差异，但栓皮栎种子P含量显著高于叶片。这可能是锐齿栎和短柄枹栎种子较小，具有与叶片相等P含量时就可以满足未来幼苗生长需求；而栓皮栎种子较大，需要富集更多的P。除了K外，种子中其他矿质营养含量降低，可能是因为植物在发芽生根后，可以直接从土壤中吸收营养，因此，无需过多的储存矿质元素（Milberg and Lamont，1997）。

5.3.5　气候、叶片和土壤对种子化学计量组成的影响

通过分层分析发现，3种栎树种子对年间温度、降水量、叶片和土壤营养元素含量的响应不同（见表5-13）。这4个因子分别解释了锐齿栎、短柄枹栎和栓皮栎种子C含量92.02％、98.52％和35.47％的变异，N含量82.80％、95.97％和71.68％的变异；P含量70.55％、91.01％和66.22％以及C∶N 81.88％、96.23％和78.22％的变异（见表5-13）。温度对3种栎树种子Na含量有显著影响，降水量对种子N和C∶N有显著影响。此外，温度还显著影响到锐齿栎种子（C、S、Ca、Mn、Zn和Ba等）、短柄枹栎种子（C、N、P、K、Mg、Zn、C∶N和C∶P等）以及栓皮栎种子（P、S、K、Al、Fe、C∶P和N∶P）化学计量组成；降水量显著影响锐齿栎种子（P和C∶P）、短柄枹栎种子（C、K、Mg、Zn和N∶P）以及栓皮栎种子（Mg、Fe和Ba）化学计量组成。锐齿栎和短柄枹栎鲜叶中C、K和Cu含量以及栓皮栎鲜叶中Mn和Zn含量都显著影响对应的种子元素含量。锐齿栎土壤中C、S、Na和C∶P，短柄枹栎中P、Mg，以及栓皮栎土壤中Na和Mn含量显著影响种子元素含量（见表5-13）。

为了进一步揭示年间温度和降水量对种子化学元素含量的影响，用线性回归方法对种子元素含量和气候因子的关系进行了分析。但由于短柄枹栎只有3年数据，故只分析了锐齿栎和栓皮栎。结果表明，随着年间温度升高，锐齿栎和

栓皮栎种子中 S 含量下降，此外栓皮栎种子 P、K、Na、Al 和 Cu 含量也会降低，而锐齿栎种子中 Ca、Mn 和 Ba 含量以及栓皮栎中的 C∶P 比则会随温度升高而升高。随着年降水量增加，锐齿栎和栓皮栎种子中 N 含量增加，而 C∶N 比降低。

表 5-13　气候、叶片和土壤营养元素含量对 3 种栎树种子化学计量组成的影响率

元素	植物种类	Full model (r^2)	影响率/%			
			年平均温度	年降水量	叶片元素	土壤元素
C	1	92.02	20.46*	4.30	51.05*	24.19*
	2	98.52	26.03*	24.12*	48.30*	1.55
	3	35.47	8.43	14.74	61.88	14.95
N	1	82.80	7.61	52.50*	15.02	24.87
	2	95.97	49.17*	28.71*	2.65	19.47
	3	71.68	5.12	59.00*	18.39	17.49
P	1	70.55	9.54	43.73*	27.27	19.46
	2	91.01	27.95*	14.59	15.22	42.24*
	3	66.22	78.82*	5.91	5.17	10.10
S	1	82.66	50.72*	9.73	12.73	26.82*
	2	61.64	54.67	27.18	15.03	3.12
	3	52.05	71.66*	3.15	12.78	12.41
K	1	73.15	4.65	7.83	65.04*	22.48
	2	89.52	36.47*	20.53*	37.79*	5.21
	3	75.40	84.06*	11.32	3.65	0.97
Na	1	89.23	41.57*	2.75	19.83	35.85*
	2	91.28	42.93*	17.39	29.80*	9.88
	3	81.25	29.77*	5.54	25.56	39.13*
Ca	1	77.11	56.51*	23.39	14.77	5.33
	2	62.78	41.01	30.01	9.83	19.15
	3	47.40	4.16	8.19	43.16	44.49
Mg	1	43.89	28.37	12.03	52.02	7.58
	2	95.98	39.97*	20.73*	10.43	28.87*
	3	45.99	7.74	79.77*	10.84	1.65

续 表

元素	植物种类	Full model (r^2)	影响率/%			
			年平均温度	年降水量	叶片元素	土壤元素
Al	1	52.20	39.30	8.59	46.28	5.83
	2	43.63	9.16	11.01	66.80	13.03
	3	89.79	74.36*	2.62	13.87	9.15
Fe	1	39.14	6.06	35.42	52.82	5.70
	2	84.62	36.62	21.64	27.60	14.14
	3	69.87	42.45*	49.91*	6.91	0.73
Mn	1	79.44	64.34*	15.91	7.37	12.38
	2	51.26	50.61	29.11	6.73	13.55
	3	73.29	5.91	30.52*	40.75*	22.82 *
Zn	1	80.58	50.51*	10.24	21.88*	17.37
	2	88.41	41.86*	39.39*	3.76	14.99
	3	73.80	31.85	7.53	27.56*	33.06 *
Cu	1	64.80	24.37	1.85	50.27*	23.51
	2	83.50	13.49	9.37	48.22*	28.92
	3	67.77	23.63	0.45	21.29	54.63
Ba	1	66.46	81.85*	12.65	5.50	n. d.
	2	32.62	20.61	15.44	63.95	n. d.
	3	51.86	1.63	89.46*	8.91	n. d.
C∶N	1	81.88	10.73	65.70*	23.09	0.48
	2	96.23	50.63*	32.14*	2.30	14.93
	3	78.22	6.77	63.80*	16.88	12.55
C∶P	1	86.91	5.51	24.15*	8.73	61.61*
	2	89.96	42.20*	23.77	21.64	12.39
	3	65.81	70.99*	5.25	7.05	16.71
N∶P	1	69.77	5.21	3.02	76.13*	15.64
	2	86.39	24.71	44.86*	6.24	24.19
	3	68.28	66.07*	17.07	13.46	3.40

注：1代表锐齿栎，2代表短柄枹栎，3代表栓皮栎，n. d. 指无数据。 * 指影响显著，$p<0.05$。

结合分层分析发现，温度、降水量、叶片和土壤元素含量对3种栎树种子元素含量的影响并不一致。例如，这些因子可以解释锐齿栎和短柄枹栎种子中C、N和P含量80 %以上的变异（锐齿栎中P除外），但对栓皮栎的解释则只有35 %～70 %（见表5－13），表明不同植物对环境变化的响应敏感性和可塑性不同。对栓皮栎而言，其他环境因子可能会潜在地影响其化学计量组成。

3种栎树种子化学元素含量普遍受到年间温度和降水量变化的影响，但比较后发现，只有温度对Na、降水量对N和C∶N的影响相一致。这说明尽管不同植物种子对温度和降水量变化的响应不同，但植物对Na、N和C∶N管理有相似性。此外，就栓皮栎种子而言，其元素含量与温度和降水量的相互关系，与Sun等研究结果基本一致（Sun et al.，2012）。Sun等研究发现，栓皮栎种子N、S、K、Ca、Mg和C∶N与纬度变化存在显著的相关性。但不同的是在纬度尺度上种子N、K、Ca和Mg含量与土壤相关元素含量显著相关（Sun et al.，2012），而本研究发现仅仅种子中的Na和Mn含量与土壤元素含量相关。这也说明植物种子对空间尺度和年间尺度的土壤变化有不同的适应策略。此外，尽管本研究推测植物会分别管理营养器官和繁殖器官中的元素含量，但当种子中营养需求和供给不匹配时，植物也可能会协同调节叶片和种子中的营养关系。例如，Carón等通过对欧洲两种槭树科植物种子的空间尺度分析发现，相比于欧亚槭（*A. pseudoplatanus*），挪威槭（*A. platanoides*）种子化学计量组成更易于受到温度、降水量和土壤的联合影响（Carón et al.，2014）。因此，本研究认为，3种栎树对环境变化的响应策略不同；此外，由于当地趋同适应性和种子元素之间高度相关性，导致植物在面对相同的气候变化时可以展现出相似的年间变化趋势。

3种栎树种子化学计量组成存在显著的种间和年间差异，其中引起种间差异的元素主要有P、K、Zn和Ba，引起年间差异的主要是C和K。种子元素含量（除P、K和C∶N外）均显著低于叶片含量，其变异系数随叶片升高而升高，但与叶片元素含量不相关（C和K除外）。此外，3种栎树种子化学计量组成年间变化有趋同适应性特征，但不同栎树种子对温度、降水量、叶片和土壤营养响应不同。这些研究结果表明，种子（繁殖器官）和叶片（营养器官）化学计量组成无直接关系，但前者内稳态较弱（弱于叶片），面对年间气候变化可能会有更强的可塑性和适应性。

5.4 栗实象甲化学计量特征对年间气候变化的响应

植物化学计量组成与植食性动物的营养需求是不平衡的，这种不平衡影响了食草动物的生长、种群动态以及和其他物种间的相互作用。为了应对营养不平衡的食物源，消费者可以通过一系列措施，如取食前（如食物选择）和取食后（如同化和排泄）调节，来实现自身的化学平衡和内稳态管理。例如，烟草天蛾幼虫（Woods et al.，2002）、蝗虫（Zhang et al.，2014；Cease et al.，2016）和菜粉蝶幼虫（Fagan et al.，2002）等面临营养限制时，通过调节消化吸收过程将限制性营养保留在昆虫体内。在这些营养内稳态调节中，由于 N 和 P 常常是植物生长重要的限制元素，也通过食物链传递影响动物生长发育和繁殖，因此，它们受到了广泛关注。

除了 N 和 P 外，其他矿质营养在昆虫新陈代谢过程中也发挥着重要作用，也会影响昆虫生长发育、繁育和行为。Prather 等研究发现，在大量元素缺乏的情况下，单一或联合的微量元素都会影响食草动物的群落结构，但大量元素和 Na 在一起时，能显著提高食草动物的丰度和多样性（Prather et al.，2018）。Kaspari 等也发现，增加食物中 N 和 P 含量后，动物对 Na 的需求提高（Kaspari et al.，2017），因此，Na 和大量营养元素一起可能共同限制食草动物数量。Ca 和 P 是形成骨骼、牙齿和翅膀的重要元素，通常无脊椎动物中 Ca 含量低于脊椎动物（Sterner and Elser，2002）。高浓度 Al 很容易产生毒性，并且 Al 能影响动物中 Ca 和 P 代谢，可减少 Ca 吸收（Barabasz et al.，2002）。Fe 参与血红蛋白与肌红蛋白组成，参与细胞色素氧化酶、过氧化物酶和黄嘌呤氧化酶等酶的组成，缺 Fe 时影响蛋白合成和能量代谢；K 维持细胞离子平衡；Mg、Zn 和 Mn 等金属离子是一些代谢过程的酶或辅酶（Whitehead，2000）。由于营养元素功能不同，昆虫对不同营养元素需求也不尽相同。Whitehead 通过对动物和植物元素含量的比较发现，食草动物对 Ca、Se、I 和 P 含量需求高，而对 Mn 和 B 则需求较少（Whitehead，2000）。从动物多元素管理角度而言，大量元素被严格管理，表现出强内稳态，微量元素内稳态管理稍弱，而动物对非必需元素则管理较弱，甚至放弃管理（Karimi and Folt，2006），但总的来说，动物内稳态要高于植物（Sterner and Elser，2002）。生物（食物、天敌）和非生物因子（温度、降水量等）直接或间接影响昆虫新陈代谢过程。在面对气候变化时，植物化学计量组成也会发生变化，因此，昆虫不仅要适应变化的气候因子，还要适应变化的食物质量。

昆虫属于变温动物，其体温通常随外界温度变化而变化，温度过高或过低都会影响昆虫的消化吸收和生理代谢（雷朝亮和荣秀兰，2003）。不同地区栗实象甲化学计量组成不同，气候因子（特别是温度）显著影响虫体中 C、N、P、K、Mg

和 Fe 含量(孙道, 2013), Mg 随着温度和降水量的降低而升高(Sun et al., 2013a)。在低温时,昆虫个体更大,对 P 需求更高(Jalal et al., 2013),随着温度增加,萼花臂尾轮虫(*Brachionus calyciflorus*)生长也从最初受 P 限制转变成受 N 限制(Wojewodzic et al., 2011)。植物化学计量组成影响昆虫化学计量组成。Markow 等发现,果蝇(*Drosophila*)体内 N 和 P 含量与食物中 N 和 P 含量密切相关(Markow et al., 1999)。通过 C 和 P 同位素标记发现,由于食物中 C∶P 比增加,C 同化速率下降,食物中 P 赤字导致水蚤体中 P 含量降低和生长速率下降(DeMott et al., 1998)。孙道也发现栓皮栎种子中 S 含量显著影响种子寄生昆虫栗实象甲体内 S 含量(孙道, 2013)。

土壤与昆虫关系十分密切,它是一些昆虫的生活场所,可通过土壤温湿度、含水量、有机质和营养元素含量等直接影响昆虫生长,也可通过植物营养吸收间接影响昆虫种群动态(雷朝亮和荣秀兰, 2003; Ji et al., 2017)。低土壤 P 供应可以导致寄主植物短绒毛牧豆树(*Prosopis velutina*)叶片 C∶P 比降低,从而导致寄生昆虫体内 P 和 RNA 含量下降,种群数量减少(Schade et al., 2003)。气候因素一方面直接作用于昆虫,影响其代谢效率;另一方面又可作用于土壤和植物,从而通过影响其食物质量和生存环境,进而间接影响昆虫生长。在面对年间气候变化时,植食性昆虫如何通过调节自身化学计量组成来适应变化的年间气候和变化的植物营养,目前仍不清楚。

栗实象甲是壳斗科植物中普遍存在的种子寄生昆虫(Sun et al., 2013b)。一般情况下,成虫在夏季会爬到树上,完成交配后,雌虫会用口器在种子上钻一孔洞,然后将卵通过外生殖器产入其中(Munoz et al., 2014)。随后卵发育成幼虫,便开始取食种子的胚,秋季幼虫从种子中爬出钻入土壤。期间,幼虫不能转换取食对象,只能生活在同一粒种子中(Bonal and Munoz, 2008; Sun et al., 2013b)。植物会通过产生单宁(Moctezuma et al., 2014)、提前掉落(Munoz et al., 2014)、大小年结实等举措来防御昆虫、保护种子。象甲寄生不仅影响栎树种子发芽、幼苗生长和森林生态系统更新(Strahl et al., 2011; Sun et al., 2013b),同时也会减少取食种子的鸟类、昆虫和啮齿类动物的数量(Hessen et al., 2013; Munoz et al., 2014)。

本研究以河南宝天曼国家级自然保护区中锐齿栎、短柄枹栎和栓皮栎 3 种栎树种子中寄生昆虫栗实象甲为研究对象,持续 3 年采集样品,对种子、栗实象甲幼虫及其排泄物中 14 种化学元素(C、H、O、N、P、S、K、Na、Ca、Mg、Al、Fe、Mn 和 Zn)进行分析。由于取食栎树种子的栗实象甲种类不止一种(Munoz et al., 2014),但在幼虫时期鉴定困难,故在本研究中将其当作一类昆虫进行分析。年间气候变化一方面可直接影响栗实象甲的生理代谢;另一方面又可以通过改变种子营养含量,间接影响昆虫消化吸收和生长发育。因此,我们认为,为了适应变化的气候和食物质量,象甲幼虫化学计量组成内稳态较弱,且具有显著的年间差异。为了验证此假说,本研究分析食物对栗实象甲幼虫化学计量组成的影响,并评估它们的年间变化特征;探讨年间温度、降水量和种子质量变化对栗实象甲化学计量组成的影响,并单独分析种子元素含量对栗实象甲消化吸收和排泄调节过程的影响。

5.4.1 试验设计与分析方法

5.4.1.1 样品采集和处理

本试验在河南宝天曼国家级自然保护区进行,执行年限从 2013 年至 2015 年。研究植物材料为锐齿栎、短柄枹栎和栓皮栎。每种植物群落建立 3 个 20 m×20 m 的样方。每年 10 月中旬收集种子。每个样方放置 6 个 1 m×1 m 的凋落物筐,高度 1 m,网兜距离地面高约 50 cm。每 7 天收集一次,然后带到试验室,统计种子每年数量(杜宝明, 2019)。由于凋落物筐中的种子数量不能满足样品分析和后续的收集栗实象甲的试验,因此,在每年种子凋落高峰期,每天在地上收集种子,每个样方收集 1.5 kg 左右。将带回实验室后的每个样方的种子混匀,然后用四分法,分出 1/4 用于化学分析,剩下的种子放置在塑料盆中待栗实象甲爬出。每天早晨和晚上各收集一次。爬出的栗实象甲,用蒸馏水洗净,放入离心管中,后放入液氮中迅速冷冻,再转至 −20 ℃冰箱中保存。待栗实象甲收集完毕后,将每个样方的栗实象甲混合在一起,放入 60 ℃烘箱中烘 96 h。此后用玻璃研磨,再加入液氮后研磨,后保存在 4 ℃的冰箱中,待化学分析。

5.4.1.2 样品化学分析

昆虫样品中 C 和 N 含量采用元素分析仪测定。样品中 P、S、K、Na、Ca、Mg、Al、Fe、Mn 和 Zn 含量采用电感耦合等离子体发射光谱仪进行分析。样品采用硝酸、高氯酸和双氧水消解。

5.4.1.3 数据分析

运用多重比较检验栗实象甲年间差异和变化趋势,以及种子、栗实象甲和排泄物元素含量之间的显著性差异;采用典型判别分析来判别栗实象甲寄主种间和年间的化学计量差异,并对贡献大的元素进行分析;为避免气候因子的共线性影响，采用分层分析检验年平均温度、年降水量、种子和土壤元素含量对栗实象甲化学计量组成的影响。单因素方差分析采用 SAS 8.1，作图、简单线性回归相关分析采用 SigmaPlot 10.0，典型判别分析采用 SPSS 22.0，分层分析采用 R 3.3.1。

5.4.2 栗实象甲幼虫化学计量组成种间和年间变化特征

不同栎树种子中栗实象甲幼虫不同元素含量和比值年间变化特征如图 5－23 所示。2014 年锐齿栎和短柄枹栎种子的栗实象甲 P、Ca、Na、Mg 和 Zn 含量显著高于 2013 年和 2015 年，而 C∶P 和 N∶P 比则显著低于这两年，栓皮栎中栗实象甲也展现了相似的趋势。通过典型判别分析发现，不同栎树间的栗实象甲化学计量组成存在显著种间差异（见图 5－24），Can 1 和 Can 2 分别解释了 74.0 %和 26.0 %的变异，对 Can 1 贡献最大的元素有 P、Mg 和 Zn，对 Can 2 贡献大的元素有 Na 和 Ca 等（见表 5－14）；年间化学计量组成也存在显著差异（见图 5－24），Can 1 和 Can 2 分别解释了 84.7 %和 15.3 %的变化，对 Can 1 贡献最大的元素主要有 C、S 和 Zn（见表 5－14）。

研究结果表明，栗实象甲在应对不同食物源和气候变化时，其化学计量调节策略不同。不同寄主间，栗实象甲化学计量组成的差异性可能主要与昆虫生存空间有关。寄主种子大小决定了为栗实象甲提供的生存空间的大小，种子个体越大意味着栗实象甲幼虫生长空间越大。我们通过单独对 2013 年的数据分析发现，在 3 种栎树种子中，栗实象甲幼虫重量均随种子重量和种子 P 含量的增加而增加，当栗实象甲体重增加后，其体内 P 含量却降低，这表明当生长空间和种子中 P 含量增加时，栗实象甲质量也会随之增长，但受制于实际生长空间，栗实象甲不得不降低体内 P 含量来限制自身增长。其他研究也发现，昆虫体积和体内 P 含量成反比（Hamback et al.，2009）。Mg 在种间差异中贡献大，可能与昆虫生长和抗性有关。栗实象甲中 Mg 含量与温度显著负相关，当温度降低时，Mg 含量升高。通过回归分析发现，P 和 Mg 含量呈显著正相关关系，体积大的昆虫 P 含量低，同时其散热面积低，这可能会导致不同寄生虫间 Mg 含量的差异（Sun et al.，2013a）。栗实象甲属于无脊椎动物，除了头部外，无其他骨质，因此，对 Ca 的需求量低于反刍动物，当栗实象甲体重增加后，其 Ca 含量显著降低。Zn 是生物体内重要的酶或辅酶因子，与 P 含量正相关，可能也与昆虫生长有关。

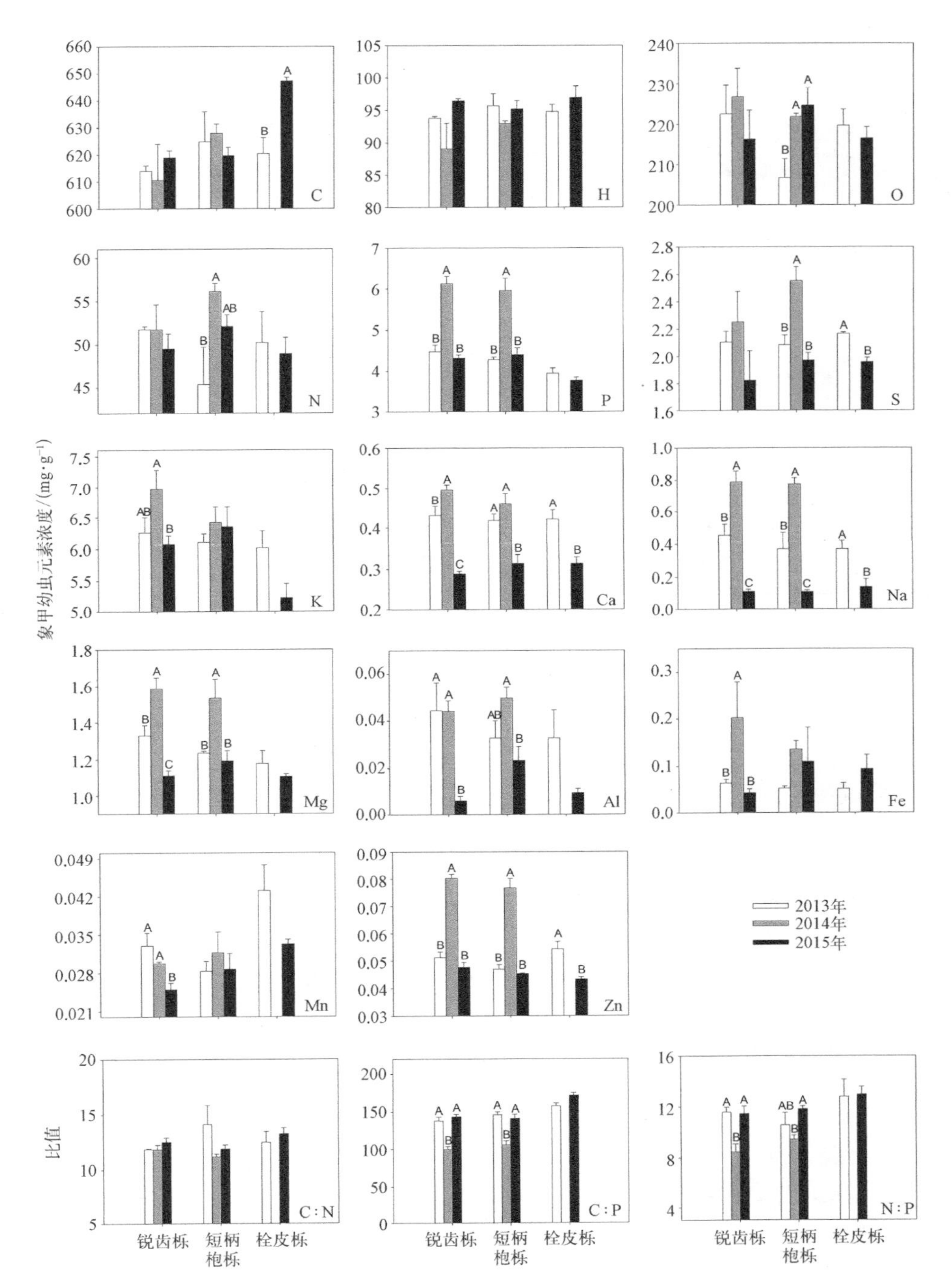

图 5-23 3种栎树种子中栗实象甲幼虫不同元素含量和比值年间变化特征

注：不同大写字母 A、B、C 表示同种树种不同年间差异显著，$p<0.05$。

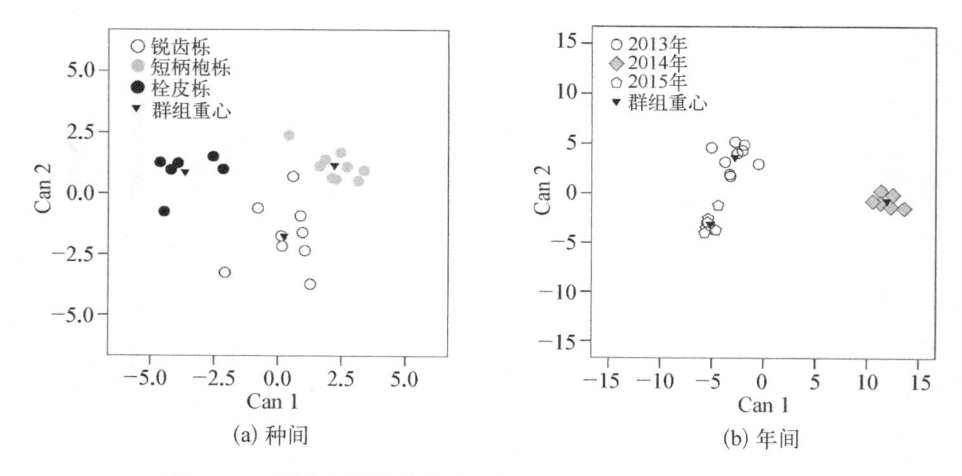

图 5-24 栗实象甲幼虫化学元素组成的种间和年间判别分析

表 5-14 3种栎树种子栗实象甲幼虫化学元素组成的种间和年间变异性判别分析

元　素	种　间		年　间	
	Can 1	Can 2	Can 1	Can 2
C	−0.34	1.13	1.25	−0.23
H	0.56	0.91	−0.37	0.19
O	−0.67	−0.91	−0.49	−0.14
N	0.70	0.49	0.00	0.27
P	6.67	1.41	0.56	−1.00
S	0.20	0.05	−1.14	−0.05
K	−0.62	0.03	−0.72	0.62
Na	−1.96	−3.54	0.24	0.43
Ca	2.26	2.54	−0.27	1.35
Mg	−3.86	−2.29	0.48	−0.70
Al	1.86	2.20	0.71	0.27
Fe	−0.70	−0.09	0.53	−0.67
Mn	−0.51	0.11	−0.48	−0.27
Zn	−3.19	0.83	1.75	−0.04
贡献率/%	74.0	26.0	84.7	15.3

气候数据显示，试验期间，年间温度变化相差 0.45 ℃，年降水量相差 129 mm，栗实象甲化学计量组成年间变异性与气候变化格局相耦合，可能与栗

实象甲幼虫能量储存和生殖有关。在影响化学计量组成变化的 3 个元素（C、S 和 Zn）中，C 贡献较大，主要与昆虫能量代谢有关。栗实象甲中主要的能量物质是脂肪（高 C），当其从种子中爬出，钻入土壤中越冬，到第二年初夏化蛹，以及此后羽化成虫都需要有足够的能量保证。此外，栗实象甲属于变温动物，当外界环境发生变化时其体内能量需求也会随之改变。S 和 Zn 含量在年间尺度上的变化可能与昆虫生殖有关。前期研究发现，S 和 Zn 化合物（$ZnSO_4$）影响昆虫幼虫生长发育，并可导致昆虫不育（Salama and El-Sharaby, 1972）。此外，Hughes 等发现了当 S 含量高时，昆虫产卵量提高（Hughes et al., 1981），而 Zn 是天牛类昆虫外生殖器的主要成分，可以影响昆虫产卵（Quicke et al., 1998）和繁殖。

5.4.3　种子中栗实象甲幼虫元素变异特点

象甲幼虫 C 含量变异系数低于叶片和种子，但总体来看，种子和象甲幼虫其他元素含量变异系数高于叶片（见图 5－25），且栗实象甲元素含量变异系数随着种子元素含量变异系数的升高而升高（见图 5－26）。另外，叶片、种子和栗实象甲元素含量变异系数与它们的元素含量呈反比，即含量越高，变异系数越低（短柄枹栎种子除外）（见图 5－27）。

5.4.4　气候、种子和土壤对栗实象甲化学计量组成的影响

年间温度、降水量、种子和土壤营养元素含量对栗实象甲中 P、Na、Ca 和 Zn 含量变异的影响高达 85 %以上，对 C、N、K 和 C∶N 比影响有限，影响低于 40 %（见表 5－15）。温度和降水量显著影响栗实象甲中 P、S、K、Na、Ca、Mg、Al、Zn、C∶P 含量和 N∶P 比，此外，温度还单独影响栗实象甲中 Fe 含量，降水量显著影响 Mn 含量的变化（见表 5－15）。温度和降水量可直接影响栗实象甲体内多个元素化学计量组成，这与孙逍在区域尺度上研究栗实象甲化学计量组成和气候因子关系的结果基本一致（孙逍, 2013）。这些结果表明，栗实象甲对于空间尺度（纬度梯度）和时间尺度（年间）上的气候变化都较为敏感，而且栗实象甲对空间和时间尺度的响应呈现耦合性。气候对昆虫化学计量组成的影响具有明显生理-代谢机制。例如，研究证明，温度可以直接影响昆虫代谢和生长速率，低温时昆虫可能会有更大的身体（Jalal et al., 2013），需要更多 N 和 P 储量（Schade et al., 2005）；当温度升高时，昆虫受 P 限制风险增加，生长速率降低（Persson et al., 2011）。因此，利用栗实象甲开展控制试验，对深入了解气候变化条件下昆虫营养调控策略有重要意义。

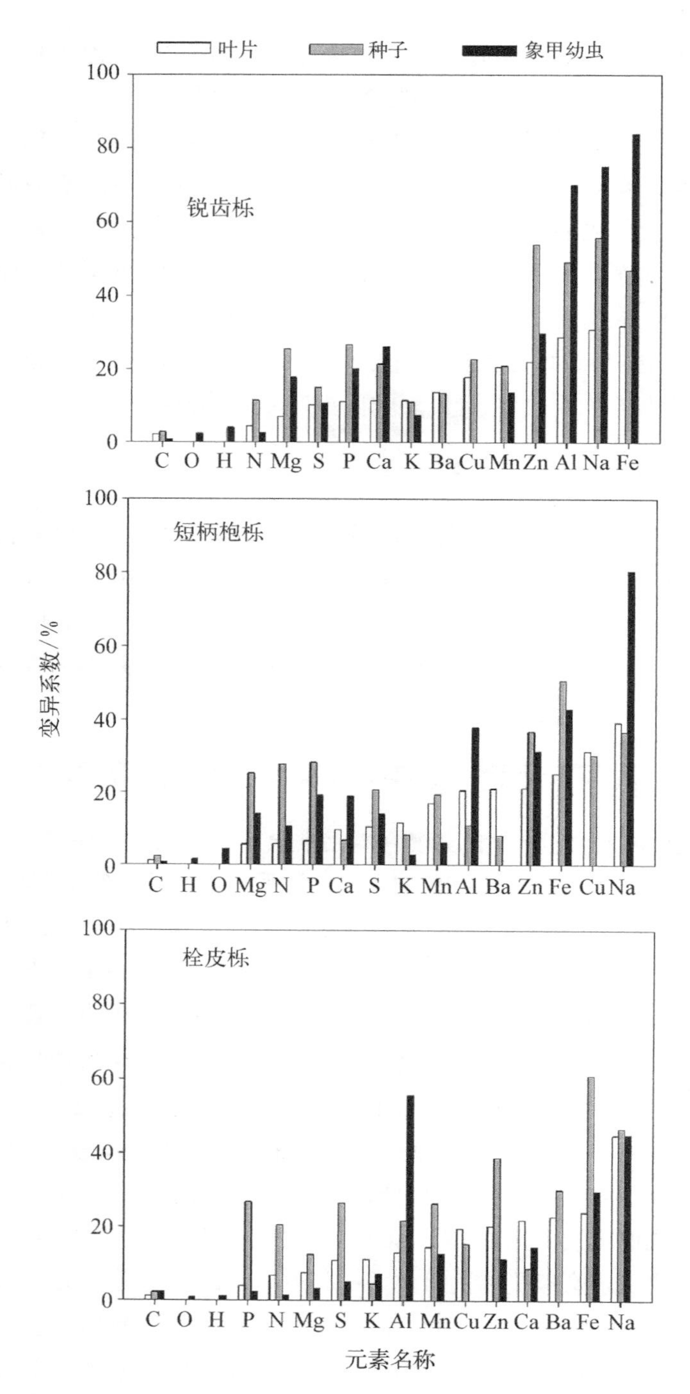

图 5-25　3 种栎树叶片、种子和栗实象甲元素含量变异性分析

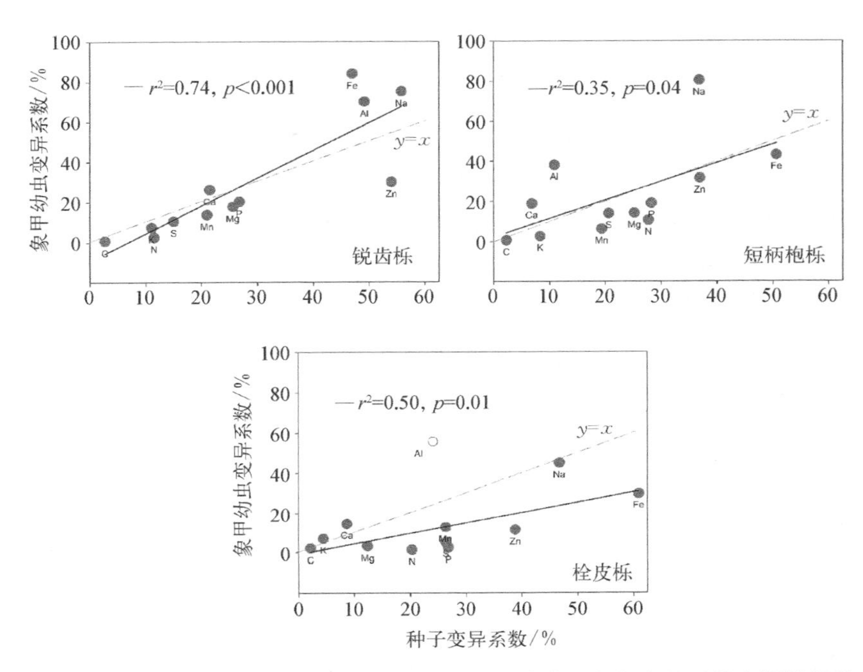

图 5-26 种子元素含量年间变异系数与栗实象甲元素含量年间变异系数之间的相关关系

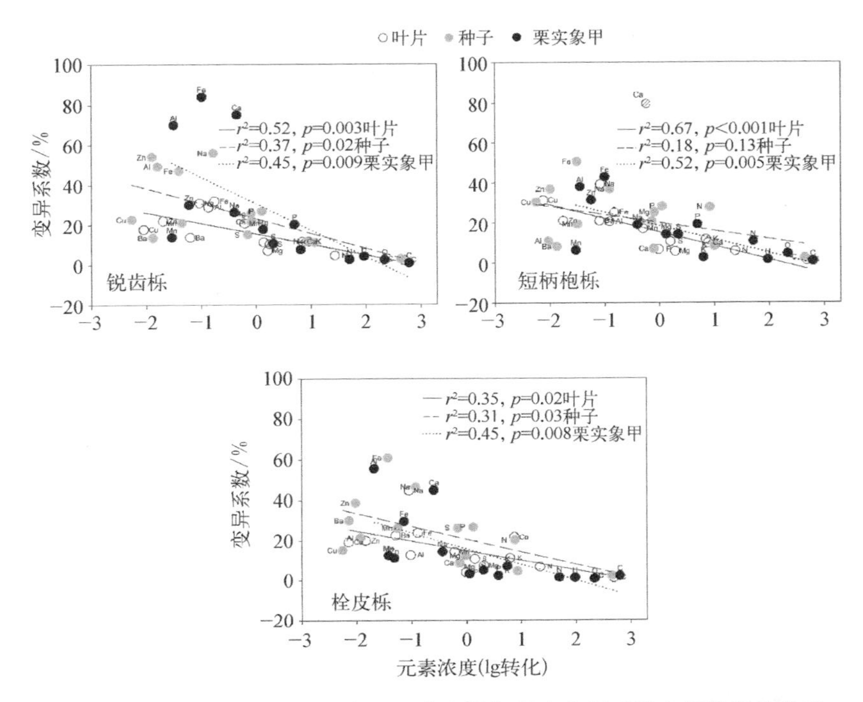

图 5-27 叶片、种子和栗实象甲元素含量与元素变异系数之间的相关关系

此外，种子质量对昆虫化学计量组成也至关重要。本研究发现，种子N、P、Na、Mg、Fe、Mg、Fe、Mn、Zn和C∶P比对昆虫化学计量组成有显著影响(见表5-15)。这些结果与在纬度和海拔梯度上研究的栗实象甲和种子化学计量关系结果相一致(孙道，2013)。实际上，种子元素含量也会受到土壤元素供应特点的影响，因此，栗实象甲化学计量组成也与土壤营养状况有关(见表5-15)。Schade等研究发现，低土壤P含量导致植物叶片中C∶P比增加，进而使取食它的昆虫P和RNA含量下降，并使昆虫种群数量减少(Schade et al.，2003)。土壤Na和大量元素联合时也会限制食草动物生长(Prather et al.，2018)，当食物中N和P含量增加时，食草动物对Na含量需求也会随之增加(Kaspari et al.，2017)。

表5-15 年平均温度、年降水量、种子和土壤营养元素含量对3种栎树种子中栗实象甲化学计量组成的影响率

元素	Full model (r^2)	影响率/%			
		年平均温度	年降水量	种子营养元素含量	土壤营养元素含量
C	36.62	34.10	39.51	24.14	2.25
N	28.17	21.60	13.13	40.49*	24.78
P	88.40	35.61*	19.96*	27.24*	17.19*
S	43.55	36.76*	32.22*	28.97	2.05
K	37.58	25.47*	17.22*	55.54*	1.77
Na	91.32	28.22*	33.35*	16.90*	21.53*
Ca	85.68	27.65*	35.18*	16.51	20.66*
Mg	75.49	37.96*	26.20*	26.04*	9.80
Al	62.95	32.27*	41.06*	13.36	13.31
Fe	41.88	39.90*	21.13	37.90*	1.07
Mn	72.71	6.47	11.13*	76.75*	5.65
Zn	92.52	32.87*	18.28*	44.57*	4.28
C∶N	30.10	21.58	17.54	56.84*	4.04
C∶P	79.99	37.18*	21.33*	30.58*	10.91
N∶P	61.13	54.47*	31.94*	4.93	8.66

注：*指影响显著，$p<0.05$。

5.4.5 昆虫营养吸收代谢和内稳态管理

昆虫和植物之间存在显著的营养元素不平衡性。之前研究多报道了植物 N 和 P 如何限制植食性动物生长(Moe et al., 2005),近年来,对其他元素的报道也开始增加(孙道, 2013; Ji et al., 2017)。本研究发现,栗实象甲中 N、P、C、H、S、Na、Mg 和 Zn 含量均显著高于种子(见图 5-28),这与孙道的研究结果一致(孙道, 2013),说明这些元素都可能或多或少地限制昆虫生长。但正如木桶理论所阐释的一样,对昆虫起决定性作用的可能是限制性元素;而昆虫为了满足限制性元素的需求,需要摄取大量的食物,此时限制级别低的元素可能很快会得到满足(Allgeier et al., 2015)。通过计算昆虫和植物元素含量比值(摄取比率)(Whitehead, 2000),可以估测元素对昆虫的限制强度。我们发现,本次试验测定的所有元素中,N 摄取比率最高,成为栗实象甲生长最受限制的元素。栗实象甲 O、K 和 Ca 含量显著低于种子,意味着植物提供的这些元素过量,昆虫体内这些元素需求很容易被满足。孙道研究证实了栗实象甲 K 含量低于种子(孙道, 2013)。昆虫体内 O 和 Ca 含量降低,一方面是因为栗实象甲体内储存的是脂肪而不是糖类(脂肪相比于糖类是低 O 高 C),另一方面由于昆虫是无脊椎动物,不需要太多 Ca 去形成骨骼(Sterner and Elser, 2002)。

昆虫能量代谢与虫体内 C 和 O 含量有关,栗实象甲幼虫在取食不同栎树种子后,其体内均出现 C 富集和 O 降低的现象。一方面,归因于植物和昆虫能量代谢物质的不同。植物光合作用的代谢产物主要是糖类,而当栗实象甲取食后,会将植物体内糖类物质逐步转化成自身所需的脂类进行利用和存储,例如 Sun 等研究表明,栗实象甲幼虫脂类化合物含量远高于糖原(Sun et al., 2013b)。此外,从化学构成上来说,与糖类化合物($C_6H_{12}O_6$)相比,脂类化合物[$CH_3(CH_2)_nCOOH$]是多 C 低 O 的(Grover, 2003; Buitrago et al., 2012)。另一方面,栗实象甲选择脂类物质作为能量物质,也是对生存环境适应的结果。栗实象甲从种子中爬出后,钻入土壤进行冬眠滞育,第二年 6—7 月份开始化蛹,然后形成成虫。期间昆虫在冬季低温环境中和不同生育时期都需要消耗能量。从单位质量糖类和脂肪产生的能量来讲,脂肪氧化分解所产生的能量要高于糖类,因为脂肪中含有较多的氢元素。在营养级水平,C 的富集也已经被很多研究所证实(Hoback et al., 2001; Callier et al., 2015)。

本研究结果表明,寄生关系明显影响栗实象甲幼虫化学计量组成和内稳态调节方式。第一,寄生关系可能与栗实象甲弱化学计量内稳态调节有关。研究

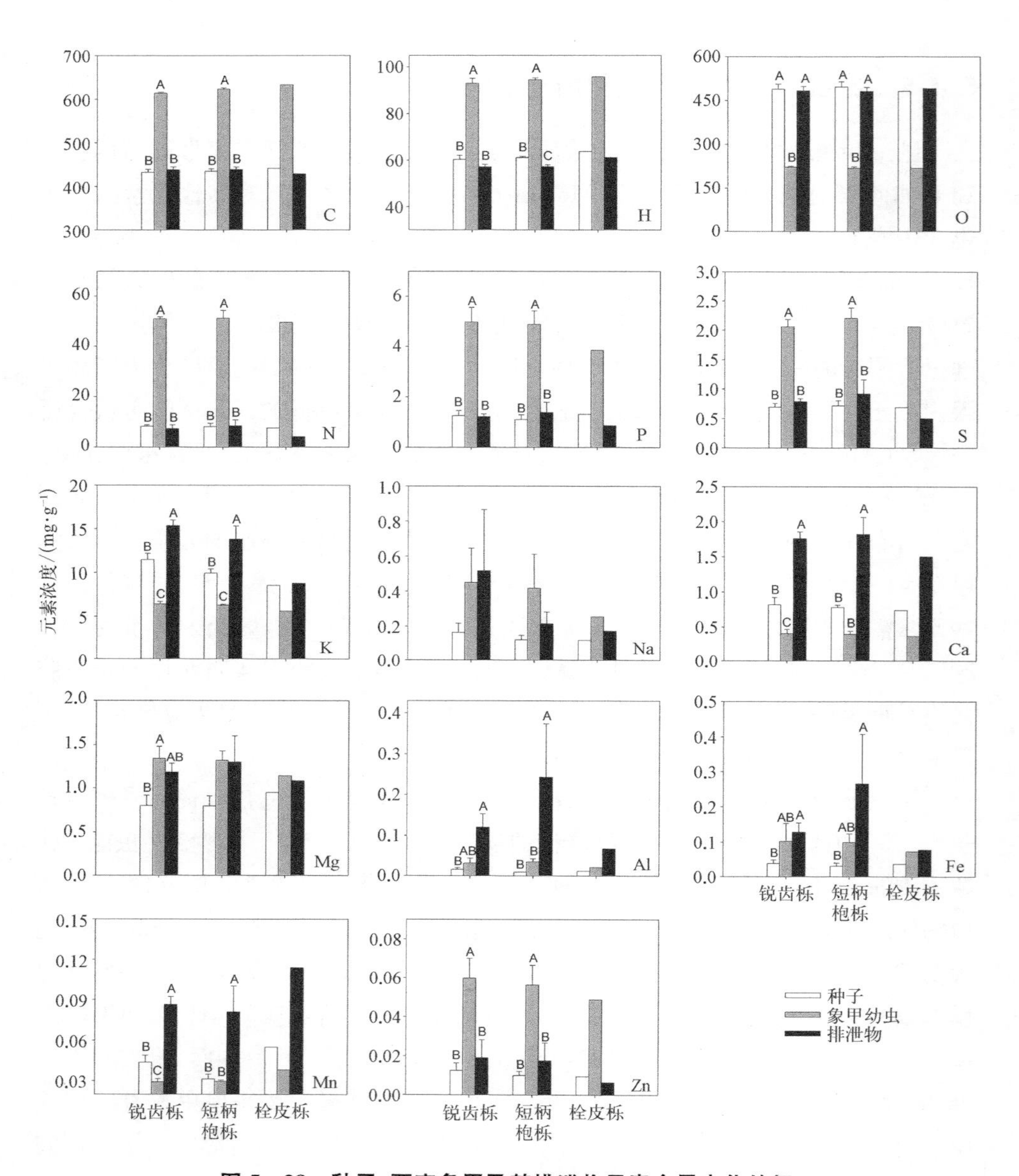

图 5-28　种子、栗实象甲及其排泄物元素含量变化特征

注：不同大写字母 A、B、C 表示同种树种种子、幼虫及其排泄物间差异显著，$p<0.05$。

有如下发现：① 种子化学元素组成存在显著的种间和年间差异，栗实象甲幼虫化学元素组成也存在显著的种间和年间差异(见图 5-24)；② 随着种子元素含量升高，栗实象甲幼虫元素含量也随之升高(C、O 和 Al 除外)(见图 5-29)；③ 随着种子元素含量变异系数升高，栗实象甲幼虫元素含量变异系数升高(见

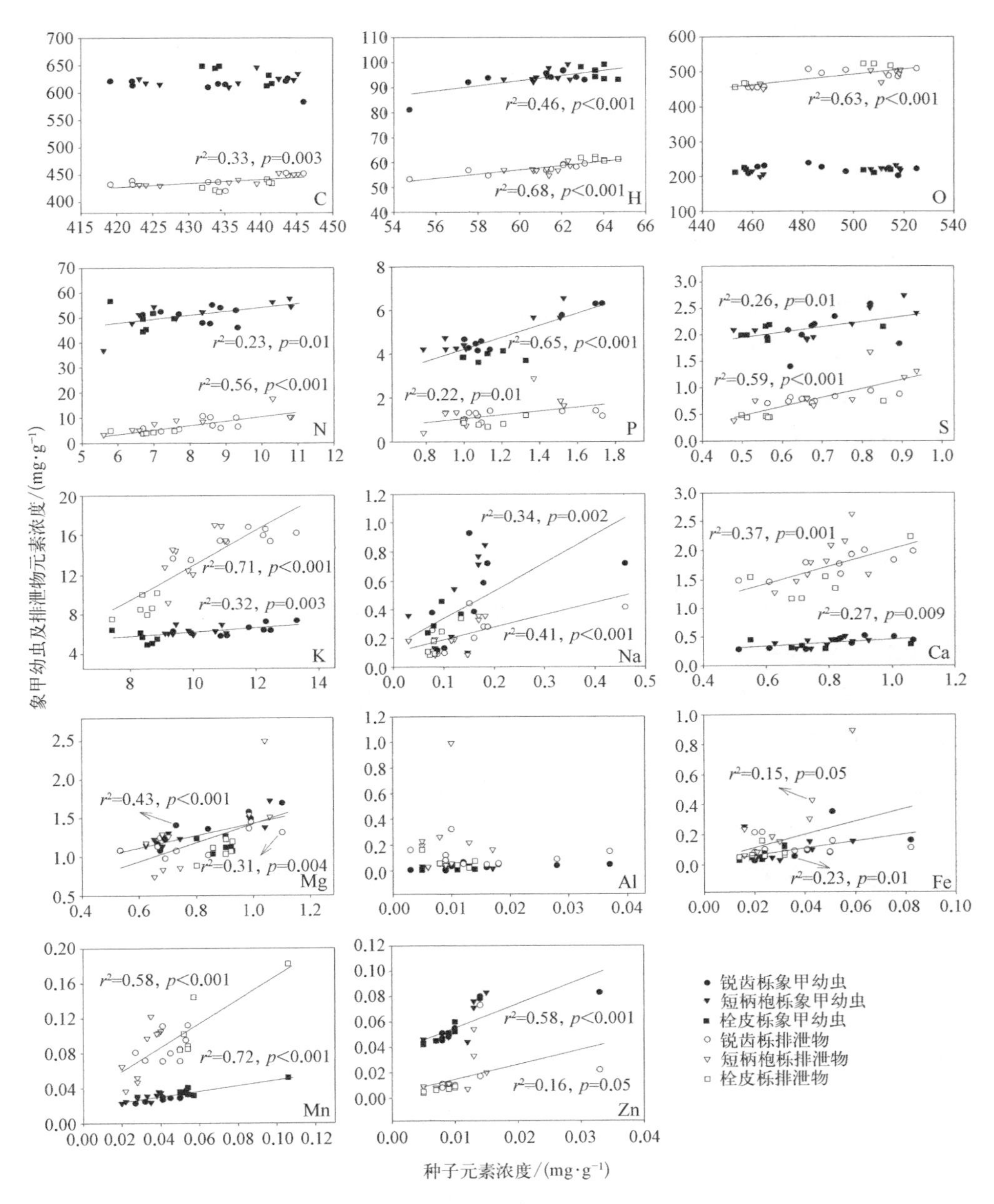

图 5-29 种子元素含量与幼虫及幼虫排泄物元素含量之间的相互关系

图 5-26)。这些结果意味着昆虫内稳态管理要弱于植物，与之前异养生物具有更严格的内稳态结论相矛盾(Moe et al., 2005; Persson et al., 2010)。造成这种差异的主要原因是在以前研究中，研究对象多是捕食者-猎物关系，而

在此这种生物学关系中，捕食者为了保持自己的化学计量内稳态，不需考虑“取食量-猎物生命状态关系”，而采取摄取更多食物，达到元素计量平衡的要求。

第二，寄生关系可能影响栗实象甲-种子化学计量性状变异的协同性。例如，2014 年不同栎树种子化学元素含量普遍高于其他年份，同样地，栗实象甲幼虫的化学元素含量也均表现出相似的变化格局（见图 5－23），如此协同性有利于维持它们的偏害共生关系。对于栗实象甲而言，从成虫将卵产于幼果到幼虫成熟从幼果爬出，栗实象甲幼虫全部是在同一粒种子中度过，与种子发育几乎同步进行。在此期间，种子发育失败也会导致栗实象甲幼虫发育失败。因此，在长期进化适应过程中，栗实象甲和种子也形成化学计量变化的协同性。

第三，寄生关系可能影响栗实象甲内稳态的调节方式。由于寄生关系，栗实象甲内稳态调节是取食后调节。当栗实象甲吸收过多的营养后，会通过排泄物排出体外，以实现自身内稳态。通常种子中元素含量越高，排泄物中元素含量也会越高（见图 5－29）。但栗实象甲体内 C、O 和 Al 并未随种子元素含量的升高而升高，通过内稳态计算发现，C、O、Al 和 S 有严格内稳态（见图 5－30）。C 和 O 严格内稳态的保持，可以有助于能量的稳定供应，此外 C 和 O 在栗实象甲中含量较高，保持严格内稳态也有助于节省调节所需的能量。Sterner 和 Elser 也报道，生物体内 C 含量高，其内稳态也通常高于其他元素（Sterner and Elser, 2002）。Al 有生物毒性，当体内含量超出限定时，就会产生毒性（Barabasz et

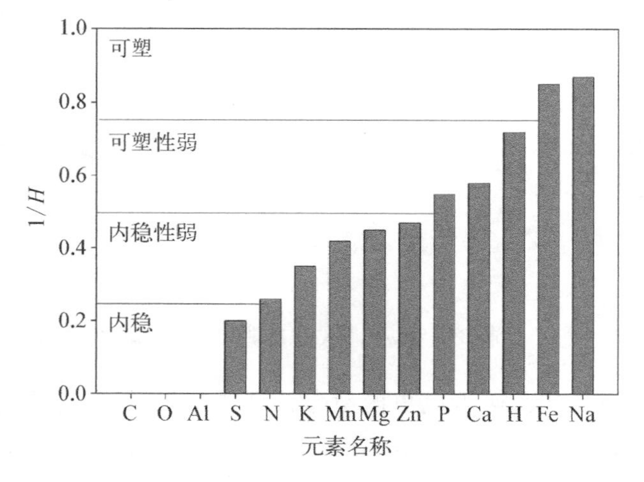

图 5－30　栗实象甲元素内稳态

al.，2002；Rengel，2004)，因此，昆虫对 Al 保持严格内稳态。所以栗实象甲为了避免 Al 中毒，其体内 Al 含量并未随种子增加而增加(见图 5-29)。尽管栗实象甲体内 S 元素含量会随种子增加而增加，但 S 含量与蛋白质合成(Sun et al.，2015b)和产卵量有关(Hughes et al.，1981)，因此，其也会受到昆虫严格控制。

5.4.6 植物和寄生昆虫对土壤养分循环的影响

凋落叶、种子和昆虫排泄物元素含量对土壤养分循环的影响率如表 5-16 所示。锐齿栎凋落叶 Mg、短柄枹栎凋落叶 C、N、P 和 N∶P 以及锐齿栎种子 N、Na 和 C∶P 和短柄枹栎种子 P、Mg 和 Cu 均显著影响土壤中元素含量。此外，锐齿栎栗实象甲排泄物中 C 和 C∶N 以及短柄枹栎栗实象甲排泄物 Zn 和 C∶N，也显著影响土壤营养元素含量和化学计量比值。

生长季节结束，地面上留下的凋落叶、种子以及昆虫排泄物成了土壤营养输入的主要来源。在本研究中之所以把种子考虑进来，是因为锐齿栎和短柄枹栎种子产量高，但由于冬季低温和高昆虫寄生率影响，地面仍留有许多种子不能萌发长成幼苗，因此，这些种子也会被分解。然而通过分析发现，凋落叶、种子和昆虫排泄物并不像之前想象的那样，会对土壤营养循环产生强烈影响(见表 5-16)，特别是凋落叶。有几种情况可能会解释这种现象，第一，土壤中还会有其他植物凋落物的输入；第二，这些输入物质每年数量不固定、化学元素含量也不稳定；第三，雨季降水冲洗。但本研究发现，无论是锐齿栎，还是短柄枹栎，种子被寄生后，栗实象甲排泄物中 C∶N 比值会显著影响土壤中 C∶N 比值。土壤 C∶N 高低会影响微生物活动和凋落叶分解速率，进而可能会影响森林生态系统 C 循环。Frost 和 Hunter 通过对北美红栎林中昆虫的研究也证实，昆虫排泄物的输入确实会导致土壤 C 和 N 含量增加，影响土壤呼吸以及土壤 C 和 N 循环(Frost and Hunter，2004)。

表 5-16 凋落叶、种子和昆虫排泄物元素含量对土壤养分循环的影响率

元 素	植物种类	Full model (r^2)	影响率/%		
			凋落叶	种 子	昆虫排泄物
C	1	85.10	38.72	19.85	41.43*
	2	79.13	74.26*	8.31	17.43

续 表

元素	植物种类	Full model (r^2)	影响率/%		
			凋落叶	种子	昆虫排泄物
N	1	74.61	3.08	90.92*	6.00
	2	70.56	55.19*	28.03	16.78
P	1	49.75	20.30	58.74	20.96
	2	94.38	41.30*	43.46*	15.24
S	1	31.60	9.68	66.70	23.62
	2	3.68	73.95*	5.65	20.40
K	1	58.55	20.56	33.85	45.59
	2	62.68	32.08	20.77	47.15
Na	1	77.05	2.80	59.41*	37.79
	2	23.47	12.36	55.65	31.99
Ca	1	34.00	7.30	68.08*	24.62
	2	27.44	1.56	15.80	82.64
Mg	1	54.14	90.72*	6.36	2.92
	2	56.87	22.67	63.17*	14.16
Al	1	46.67	58.40*	34.08	7.52
	2	12.48	38.45	11.55	50.00
Fe	1	3.52	44.58	24.20	31.22
	2	48.79	54.33	21.16	24.51
Mn	1	24.99	64.82*	14.30	20.88
	2	18.32	33.03	53.26	13.71
Zn	1	47.71	49.85	20.38	29.77
	2	77.82	11.97	13.52	74.51*
Cu	1	7.28	59.22*	6.16	34.62
	2	68.08	9.85	49.70*	40.45
C∶N	1	67.08	21.77	17.86	60.37*
	2	83.50	26.99	23.48	49.53*
C∶P	1	85.52	13.01	83.29*	3.70
	2	44.67	61.13*	18.16	20.71
N∶P	1	33.21	10.12	70.24*	19.64
	2	78.23	50.32*	24.43	25.25

注：1代表锐齿栎，2代表短柄枹栎，* 指影响显著，$p<0.05$。

栗实象甲化学元素含量与食物存在显著的不平衡性，这种差异主要是由能量代谢和结构功能的需求导致的。栗实象甲化学计量组成存在显著种间（寄主）和年间差异，其中在种间差异上，P、Mg 和 Zn 贡献最大，这主要和昆虫生长策略有关；在年间差异上，C、S 和 Zn 贡献最大，这主要同昆虫能量管理和繁殖有关。由于栗实象甲前期只能生长在单一环境中，体内元素含量对种子依赖性非常高，因此，相比于种子，也就展现出了弱内稳态管理，但是对于与能量代谢、生产和毒性有关的元素，又会出现强内稳态控制。栗实象甲作为寄生昆虫，其弱内稳态特征有助于保持同种子化学计量的一致性，这样它们可协同进化、共同适应年间气候改变。

6 未来栎类资源利用和研究

6.1 引言

在全球植被中，栎属是种类数量最多、分布最广泛的植物类群之一，也是与人类社会关系最密切、提供最多服务类型的森林生态系统之一(Ellenberg, 2009; 王涛等, 2014; 曹基武等, 2015)。我国约有栎属植物 51 种，它是我国第一大森林树种(李文英等, 2001)。据第八次全国森林资源清查，全国栎类总面积为 1.627×10^{7} hm^2，占全国森林总面积的 10.15 %；总蓄积为 1.294×10^{9} m^3，占全国森林总蓄积的 8.76 %。在天然林树种中，栎类排位第一，总面积占全国天然林总面积的 13.70 %；总蓄积占全国天然林总蓄积的 10.42 %(国家林业和草原局, 2014)。

在过去 100 多年中，为了科学兴趣和资源利用的需要，各国科学家从不同学科角度对栎类开展了大量研究。其中，分布广、资源重要性、文化传统等原因使得欧洲的夏栎、亚洲的栓皮栎、北美白栎与北美红栎等更是受到特别关注，科学家们获得的与之相关的研究数据也更多(Nixon, 2006; 罗伟祥等, 2009; 曹基武等, 2015; Molder et al., 2019)。我国科学家对栎类的研究包括广泛的内容，如亲缘地理关系(陈冬梅, 2011)、生物学特性(罗伟祥等, 2009; 雷静品等, 2013)、生物资源和经济价值(张志健和王勇, 2009; 王涛等, 2014)、林学特性、生态系统服务(李文英等, 2001)、育林和经营技术(杨艳锋, 2009; 刘文祯等, 2015; 侯元兆等, 2017)、对全球变化响应(朱燕华, 2013; Sun et al., 2016)等方面。

近几十年来，全球变化、低效林改造、生态屏障建设和“双碳战略”都向栎类森林生态学和经营学提出了问题和新挑战。例如，我国栎类研究和经营还有哪些短板？已有栎类研究成果是否适用于其他栎类树种林分？今后还需要进一步开展哪些方面的研究？在本章，我们探讨我国栎属树种林分资源的特点和利用潜力、未来开展栎类研究的重要内容、未来栎类林分经营策略三方面的问题。

6.2　栎类资源的特点和利用潜力

生态系统服务是指人类从生态功能中获得的福祉，可分为四大类型，即支撑服务、供给服务、调节服务和文化服务，是人类社会可持续发展的基础。生态系统服务理论把森林提供的福祉做了一个最全面的表述，也为生态系统服务数量化评估和货币化补偿政策的制定奠定了基础(Niu et al.，2012)。由于树种生物学和生态学特点的差异，不同树种林分提供的生态系统服务也具有明显的特点和差异。与其他树种林分相比，栎类森林几乎提供所有类型的生态系统服务(李文英等，2001；王敬贤，2017；Molder et al.，2019)。

在森林生态系统服务中，支撑服务包括土壤形成、营养元素固持、生境维持等，是生态系统发挥其他功能的基础。在支撑服务方面，栎类树种具有强大的垂直根系和水平根系，因而具有强大的土壤固持作用；栎类林分具有较高凋落量，林地表面常常形成厚的枯落物层和高有机质含量，对改良土壤、固持营养元素、涵养水源具有良好的作用(侯元兆等，2017；王敬贤，2017)。

在调节服务方面，栎类树种树体高大，树皮粗糙，林冠茂密，林地枯落物层深厚，具有强烈的截留降雨、保持水土、调节径流、涵养水源等能力，常形成较好森林小气候(王秀芬等，1997；Kutsch et al.，2005)。栎类树种寿命长、生物量高、土壤固碳量大，具有强大碳汇功能。栎树林分可为多种生物提供食物和栖息地，特别是为野猪、啮齿类、鸟类、栗食象甲等动物提供食物和寄生场所，具有强大的维持生物多样性的能力(Vodka et al.，2009；Aldrich and Cavender-Bares，2011；Bereczki et al.，2014；曹基武等，2015)。

在供给服务方面，栎树木材被广泛用于建筑、家具、坑木、烧炭等方面，还可提供饲料(叶片、橡实等)、淀粉(橡实)、栲胶和软木(树皮)、生物活性物质(叶片、树皮、果实、木材等)等，具有重要的经济价值(李文英等，2001；罗伟祥等，2006；Morales，2021)。目前，基于栎类组织的多种多样的生物活性物质具有广阔的应用前景，其提取技术也正受到更多的关注(Morales，2021)。

在文化服务方面，栎类树种具有粗壮树干和宽厚树冠、丰富的叶片色彩和季相变化、神秘的林分群落空间等，使得栎类林分能够提供多层面的文化服务，既为人们提供了景观享受，也为诗歌、绘画、音乐等提供了不竭的创作源泉。例如，枫丹白露森林是法国(也是世界)的著名城市森林，其中，高大栎树的多彩季相发挥了重要的景观和文化作用；在德国，欧洲栎是德国国树，栎树是许多教堂周边的景观树种，也是著名油画素材(Löf et al.，2016；侯元兆等，2017)。在美国东岸地区，在林业经营利用的历史过程中，栎树的文化服务受到了广泛的重视(曹基武等，2015)。

随着城市化和城市群发展，需要大量的城市森林树种，栎类树种树体高大，林冠季相变化多样，立地适应能力强，在城镇地区有巨大的应用潜力(Petucco et al.，2013)。上海林业站在松江、奉贤、金山等引进了美国弗吉尼亚栎、舒玛栎、娜塔栎、柳叶栎、水栎等，目前林分生长良好。上海海湾森林公园和外环林带也有栎类树种林分(韩玉洁和张文文，2020)。上海辰山植物园引进了北美红栎、柳叶栎、弗吉尼亚栎、娜塔栎、沼生栎等，并建有麻栎、白栎、栓皮栎、槲栎、短柄枹栎、乌冈栎等栎类树种园区(江昱，2011)。

6.3 我国栎类未来研究方向

栎类在我国和欧美有着悠久的栽培和应用历史，对我国林业生产和生态文明建设起着至关重要的作用。但是，栎类的价值在我国被长期忽视，研究工作滞后。由于对栎类资源重视力度不够，保护不力，栎类常被当作杂木、柴火过度采伐利用，造成部分群体生产力逐步下降，优质林分大量减少，现有栎类森林大多未经过科学经营，效益低下，以栎类为主的天然次生林大部分处于退化状态。我们根据我国林业发展需求、栎类科学研究现状、对标国外栎类研究成果等，提出我国栎类研究应关注以下几个方向。

6.3.1 栎类林分对气候变化的响应特点

目前，随着全球气候变化，栎类树种生长和发育如何响应、分布区如何变迁、与其他生物关系如何改变等既是重要的生态学理论问题，也对林业生产、生物多样性保护有重要的指导意义。已有学者从多个层面(如遗传多样性、个体生理生态特性、群落组成、生态系统过程等)开展了研究工作(Kutsch et al.，2005；Nixon，2006)。研究发现，在地质历史上，由于气候因素，我国栓皮栎和其他栎类树种分布区都曾经发生过重大变化，造就了这些栎类树种较高的遗传多样性和广泛生态适应性(Chen et al., 2012)。

然而，仅有少量栎类树种分布区对气候变化的响应得到了关注(Sun et al., 2012; 侯元兆等, 2017)，未来特别需要探讨分布于较高纬度和海拔的栎类树种响应的特点和方式，因为它们对气候变化具有更高的敏感性(高文强等, 2016; Du et al., 2017)。

6.3.2 栎类林分群落组成特点和演替规律

在栎类树种分布区内，天然栎类林分群落的植物组成和结构具有明显差异。在我国温带地区，栎类树种常常形成纯林和针阔混交林，具有单层林冠、林下灌木和草本层；在亚热带地区，栎类树种则常常作为伴生树种与常绿树种形成混交林。这些林分作为地带性群落具有较高的稳定性和生态系统功能，但是，在不同分布区域，群落组成和功能的关系、群落组成与气候变化的关系需要进一步研究(Gotmark and Kiffer, 2014; 程中倩等, 2018)。

在历史上，我国的栎类林分遭受了严重干扰和破坏，形成了大量的天然次生林；同时通过人工造林也形成大量的人工栎类林分(刘文祯等, 2015; 曾思齐等, 2020)。这些林分多处于恢复演替的早期阶段，有些形成了偏途顶级群落，其林分结构简单、功能低下，如何促进其正向演替，提升生态系统服务是一项重要任务(程积民等, 2009; 王忠贵, 2019)。特别是，在退耕还林、低效林改造工程的实施过程中，如何根据栎类林分演替规律，促进低效天然次生栎类林分正向演替是需要关注的重要课题。

6.3.3 栎类林分生物多样性维护功能

在长期迁移、进化和演替过程中，栎类树种与许多动物、植物、微生物形成了捕食-猎物关系、寄生关系、共生关系等(Xiao et al., 2009; Xiao and Zhang, 2012; 孙逍, 2013)，为多种野生生物提供了食物和栖息场所(曹基武等, 2015; 侯元兆等, 2017)，也为家养动物、柞蚕、菌类生产提供了原料(徐文晖, 2018)，在各地对生物多样性维护具有重要意义。

在我国，从温带到亚热带不同栎类林分中，依靠栎类叶、干、根、果等组织生长着多种生物，但是，我们对这些生物种类、种群动态、相互群系等还缺乏系统了解。

6.3.4 啮齿类动物取食行为对栎类树种更新的影响

栎属植物作为我国暖温带和亚热带地区重要的森林树种，普遍存在天然更新困难的问题。栎树种子因富含淀粉等营养物质，是森林生态系统中昆虫和啮齿类动物的主要捕食对象(Aldrich and Cavender-Bares, 2011)。捕食后空乏的种子库和被消费者留下的低质量种子可能是限制栎林天然更新的主要原因。

近年来，我国学者在探究栎林幼苗更新方面做了大量工作，对辽东栎(于晓东等, 2001)、蒙古栎(*Q. mongolica*)(王学等, 2008)、槲栎(*Q. aliena*)(刘文静等, 2010)、栓皮栎(孙明洋等, 2011)和锐齿栎(Yu et al., 2015)等栎类开展了系列研究。这些研究发现，昆虫寄生和啮齿类动物捕食严重危害种子生存，是导致栎树植物更新困难的重要因素，但对于昆虫寄生和啮齿动物如何相互作用，以及同域是否有其他植物种子参与它们的生态位分化等问题仍不清楚(Xiao et al., 2009)。

6.3.5 栎类树种病虫害和防控技术

目前我国有150余种栎类植物蛀干蛀果害虫，其中以天牛科(Cerambycidae)害虫最多，有64属96种，其次为小蠹科(Scolytidae)害虫，有13属29种；还有10余种高风险入侵性害虫需加以重点防范；这些害虫的寄生性天敌目前仅报道了20余种(曹亮明等, 2019)。在全球环境变化形势下，对栎类病虫害发生趋势和影响因素的研究需进一步加强(李百胜等, 2005; 方舟, 2014)。

自2007年以来，我们一直在从事栎类树种及其害虫(包括蛀果、蛀干、食叶)的野外(包括辽宁、河北、北京、山西、陕西、甘肃、山东、河南、江苏、浙江、上海、湖北、湖南、云南、广西、广东、台湾以及日本和韩国)调查和生态研究工作，已在我国大陆建立了近50个样地；在多数样地进行了3年连续调查，在北京、河南、上海和云南样地进行了10多年连续观测和调查，均没有发现蛀干害虫危害栓皮栎、麻栎的案例(Sun et al., 2015)。但是，我们于2019年在上海栓皮栎种源实验林发现严重云斑天牛危害，而对天牛来源、未来蔓延和生态后果均没有调查研究。

据文献检索，河南南阳市自2005年以来即发现云斑白条天牛蛀干连年危害城市栎类树种现象(王捷等, 2017)，但没有其他地区园林栎类树种受害报道。据对山东青岛市园林树木危害初步调查，云斑白条天牛成虫最喜食的营养寄主为白蜡(*Fraxinus chinensis*)，其次为流苏(*Chionanthus retusus*)和小蜡

(*Ligustrum sinense*);较大树龄林木受害率高(42 %~75 %),树龄低于 20 年的受害率为 19 %~35 %;树干受害部位集中在 2.1 m 以下,蛀孔数占整株的 73 %;扩散危害距离为 40 m 左右(赖永梅等, 2016)。据在黄河三角洲地区的调查,白蜡也是云斑白条天牛喜欢危害的树种(梅增霞和李建庆, 2014)。

根据近年病虫害发生形势,河南省林业局将云斑白条天牛列为河南省 2021 年主要林木害虫,但认为栎类蛀干害虫受害面积将有下降趋势。今后应在栎类植物蛀干蛀果害虫的分布区系、天敌资源调查、害虫及其天敌遗传多样性和害虫暴发关键诱发因子等方面开展更深入的研究(曹亮明等, 2019)。

6.3.6 栎类组织提取物的生物活性物质

植物生物活性物质,包括多糖、萜类、甾醇类、生物碱、肽类、核酸、蛋白质、氨基酸、甙类、油脂、蜡、树脂类、植物色素、矿质元素、酶和维生素等,具有重要的医药价值,对人类健康和生活具有重要意义,受到了广泛关注(唐传核, 2005)。目前,已对多种植物的生物活性物质含量、功效和提取方法开展了研究,其应用前景良好(张广伦等, 2009)。

国外研究表明,栎树提取物及其组分在体内外均表现出良好的生物活性,体外和体内分析证实提取物具有抗氧化、抗炎、抗肿瘤和抗菌作用;须进一步研究生物活性分子、先进的提取技术以及开展更多的动物研究和临床试验(Morales, 2021)。我国具有多种栎树树种,但当前对于栎树不同组织生物活性物质的研究较少,需要加强进一步的研究工作。

6.3.7 栎类橡实能源和食品功能

除了传统软木、栲胶、食品等功能外,橡实作为潜在生物质能源原料具有重要意义(张志健和王勇, 2009; 田玉峰等, 2011)。已有的研究更多关注其潜在价值,但对具体的丰产栽培技术缺乏理论和实践方面的研究(罗伟祥等, 2006)。我国已有专业橡实食品生产厂家,产品也得到了国内外消费者的欢迎(http://www.sanzhenfoods.com/)。橡子的营养价值、高含量的植物化学化合物、生物活性(如抗氧化、抗癌和心脏保护特性)以及作为功能食品用于治疗特定疾病(如动脉粥样硬化、糖尿病或阿尔茨海默病)的潜力已引起人们的兴趣(张志健和王勇, 2009; Vinha et al., 2016)。

对于橡实营养特性、提取方法、鉴定、生物活性化合物、食品生产技术已有了大量研究,但橡子在食品、营养品和医药应用中的用途还需要利用新技术开展更广泛的研究工作(Vinha et al. , 2016)。

6.3.8 栎类文化服务功能特点和应用

在亚洲、欧洲和北美,栎类都为当地社会发展提供了重要文化服务,并且有些是其他树种无法代替的服务(曹基武等, 2015; 侯元兆等, 2017)。在我国传统文化形成过程中,有多种植物(如松、竹、梅花、牡丹等)发挥了重要作用,并且已有了较多论述(李莉, 2006)。但是,相比较而言,我国对栎类文化服务内容、特点及对社会发展影响等方面的整理比较缺乏,不利于今后栎类资源利用和开发(侯元兆等, 2017)。

根据我国栎类树种特点,对其文化服务方面的整理和研究中,需要关注以下几个方面: ① 相比于其他重要树种(如松树、银杏等),栎类树种对我国文学艺术的影响有哪些特点,在小说、绘画、诗歌中栎树的象征和地位是什么;② 在不同地区,栎类树种对当地建筑和家具(木材)、传统工艺、饮食(橡实)、服饰(柞蚕丝)有哪些方面的影响;③ 在不同地区,栎类树种和林分作为景观风水象征与寺庙、村镇景观林分保护的关系;④ 在生态文明建设时代,栎类树种和林分文化服务可以发挥哪些重要作用(梁瑜, 2006)。

6.4 我国栎类林分经营面临的挑战和需要的经营技术

在全球环境变化形势下,栎类林分资源利用和经营面临许多新挑战,同时,在我国林业生产中,栎类林分占有越来越重要的地位。为了满足生产需求,需要改善和创新经营技术。根据有关文献和团队相关研究,在栎类林分的经营技术开发和研究中,我们认为应关注以下几个方面的问题。

第一,基于气候变化的栎类林分经营技术。气候变化不仅影响栎类分布格局、物候、发育等特性,还会干扰栎类林分群落结构、生态系统过程和功能,从而影响与橡实有关的鸟类、啮齿类、植食性昆虫种群动态(孙道, 2013; 朱燕华, 2013)。在气候变化形势下,需要基于不同地区林种(用材林、防护林、经济林等)及其对气候变化的响应特点,调整经营技术(张文辉等, 2014),以便获得最大化的生态系统服务。

第二,栎类林分种源选择和育种技术。良种是人工林经营的基础,决定着经营目的是否能够实现。相对于农业,林木生长周期长,林木良种具有特殊意义。

新中国成立以来，特别是改革开放以来，我国林业工作者开展了大量栎类树种种源调查、收集、母树林建设、引种等工作。种源调查的栎类树种包括栓皮栎、麻栎、蒙古栎等（冯健，2015）；引种的栎类包括欧洲栓皮栎、夏栎、北美红栎、柳叶栎、弗吉尼亚栎、娜塔栎、沼生栎等（江昱，2011；冯健，2015）。然而，在基于不同经营目的的种子园建设和优良种子提供方面还比较欠缺，例如，栓皮栎具有多种多样的经济价值，根据具体的植物经济性状的良种繁育急需加强。

第三，栎类残次林分改造和生态系统服务功能提升技术。在欧洲，基于不同目的的栎类林分经营积累了丰富的理论和技术，例如，生产大径级的用材林经营技术、基于景观目的的城市森林经营技术，以自然林为导向的森林经营技术等（张文辉等，2014；侯元兆等，2017）。然而，由于气候、土壤、残次林分形成原因等方面的差异，使这些栎类林分群落结构、生态过程和功能得到改善的经营管理技术也会具有明显的差异，应该针对具体林分类型开展研究，以便制订适宜的经营技术。例如，针对甘肃小陇山林场的次生林分（包括栎类）进行了系统研究，提出的改造和经营技术经验值得借鉴（侯元兆等，2017）。

另外，由于栎类具有多种多样的经济价值和经营目的，应该对栎类林分实行基于经营目的的分类评价，划分残次林分和低效林分，并制订改造措施。

第四，栎类树种病虫害防控技术。在我国林分经营中，相对而言，栎树林分是较少受到病虫害的树种之一。但是，随着气候变化等因素，近年来栎类树种病虫害发生和危害程度呈现增加、扩展趋势。在此形势下，一是应加强检疫措施，避免病虫害通过物流和人员交往造成入侵；二是通过经营技术，提高栎类林分群落生物多样性，达到防控病虫害、减少损失的目的（李百胜等，2005）。

第五，基于特定经济价值的栎类林分栽培和经营技术。栎类林分具有多种不同经济价值，例如，木材、栓皮软木、淀粉、生物质能源、栲胶、饲料等，若进行不同目的的生产，需要的植物组织不同，因而需要不同的种源选择、栽培技术。例如，在以培育果实淀粉为目的时，需要果实产量高的矮林经营技术；若以生产软木栓皮为目的，需要选育树干高大、栓皮厚且产量高的种源，才能高产高效（侯元兆等，2017）。因此，如何基于特定经济价值开展栎类林分育种、苗木培育、造林和经营是一项重要挑战。

第六，城市森林栎类林分营造和经营技术。在北美和欧洲的城市地区，保留和栽植了大量栎类树种林分、行道树和孤立木，作为景观和绿化树种得到广泛应用，呈现出良好的效果（曹基武等，2015；侯元兆等，2017）。目前，在我国城市公园、街道和小区、郊野公园、道路绿化等区域，栎类树种使用频率和栽植面积均较小，即使在以栎类树种为主要乡土树种的地区，也是如此（吴泽民和王嘉楠，2017）。这种现象值得反思。

在我国城市和城市化地区进行栎类树种造林，栎类林分具有明显的优势，包括景观（高大树体、浓密树冠、变化季相等）和游憩空间、碳汇功能和小气候调节、生物多样性维护（橡实作为多种鸟类、啮齿类、植食性昆虫食物和寄主等）、适应多种立地（工业垃圾土壤、污染、干旱和水淹等）、深根系（抗风等）。但是，在城市建成区或郊区进行栎类造林，会遇到多种林分营造和经营技术新问题，需要开展深入和系统研究。例如，如何挑选适合于城市森林景观需求的优质种源和苗木，如何保持枝下高、树干通直的抚育技术，在人口密集区如何防控病虫害等（吴泽民，2011；王捷等，2017）。

参考文献

曹基武，梓峰，尹建，等．2015．北美橡树．北京：科学出版社．

曹亮明，魏可，李雪薇，等．2019．我国栎类植物蛀干蛀果害虫及其天敌多样性研究进展．植物保护学报，46(6)：1174－1185.

陈冬梅．2011．东亚地区栓皮栎基于 cpDNA 序列变异的亲缘地理学研究．上海：上海交通大学．

陈冬梅，康宏樟，刘春江．2011．中国大陆第四纪冰期潜在植物避难所研究进展．植物研究，31(5)：623－632.

陈劼．2009．栓皮栎群体苗期变异与 cpDNA 地理分化．南京：南京林业大学．

陈生云，吴桂莉，张得钧，等．2008．高山植物条纹狭蕊龙胆的分子亲缘地理学研究．植物分类学报，46(4)：573－585.

陈玮玮，万里强，何峰，等．2010．温度和光照时间对 3 个秋眠型紫花苜蓿品种形态特征的影响．草业科学，27(12)：113－119.

程积民，赵凌平，程杰．2009．子午岭 60 年辽东栎林种子质量与森林更新．北京林业大学学报，31(2)：10－16.

程瑞梅，肖文发．1998．河南宝天曼栓皮栎林群落特征及物种多样性．植物资源与环境学报，7(4)：8－13.

程中倩，吴水荣，刘世荣．2018．我国森林天然更新及人工促进天然更新的现状与展望．山西农业大学学报(自然科学版)，38(10)：71－76.

戴凌峰．2007．四种灌木树种的耐荫性研究．北京：北京林业大学．

杜宝明．2019．暖温带-亚热带过渡区栎树和栗实象甲化学计量组成年间变化格局及其机制．上海：上海交通大学．

杜国兴，蔡家斌，曹翔．2001．栓皮栎地板材的干燥工艺研究．木材工业，15(6)：12－13.

方舟．2014．栎树猝死病在中国的潜在爆发风险预测预警研究．北京：中国科学院大学．

冯健．2015．我国栎类遗传育种研究进展．辽宁林业科技(1)：43－47.

傅焕光，于光明. 1978. 栓皮栎栽培与利用. 北京：中国林业出版社.
高荣岐，张春庆. 2002. 种子生物学. 北京：中国科学技术出版社.
高文强，王小菲，江泽平，等. 2016. 气候变化下栓皮栎潜在地理分布格局及其主导气候因子. 生态学报，36(14)：4475－4484.
葛肖虹，任收麦，马立祥，等. 2006. 青藏高原多期次隆升的环境效应. 地学前缘，13(6)：118－130.
龚维. 2007. 孑遗植物银杏的分子亲缘地理学研究. 杭州：浙江大学.
国家林业局. 2014. 第八次全国森林资源清查结果. 林业资源管理(1)：1－2.
韩玉洁，张文文. 2020. 上海郊区森林近自然化改造技术及实践应用. 上海林业科技(3)：1－6.
贺昌锐，陈芳清. 1999. 长江三峡库区分布的中国种子植物特有属. 广西植物，19(1)：43－43.
侯元兆，陈幸良，孙国吉. 2017. 栎类经营. 北京：中国林业出版社.
花喆斌. 2007. 银杏群体遗传多样性的 RAPD 和 ISSR 分析. 南京：南京林业大学.
江昱. 2011. 栎属植物资源在上海城市绿地中的应用. 吉林农业(6)：1－2.
赖永梅，陈保光，王琳，等. 2016. 云斑白条天牛对城市园林树木的危害及综合防治. 中国森林病虫，35(1)：16－19.
雷朝亮，荣秀兰. 2003. 普通昆虫学. 北京：中国农业出版社.
雷静品，肖文发，刘建锋. 2013. 我国栓皮栎分布及其生态学研究. 世界林业研究，26(4)：57－62.
李百胜，吴翠萍，安榆林，等. 2005. 国外栎树突死病菌的检疫措施及我国应采取的应对策略. 检验检疫科学，15(3)：58－62.
李恩香. 2006. 黄精叶钩吻属的亲缘地理学及其近缘类群的系统进化研究. 杭州：浙江大学.
李吉均，舒强，周尚哲，等. 2004. 中国第四纪冰川研究的回顾与展望. 冰川冻土，26(3)：235－243.
李莉. 2006. 中国传统松柏文化. 北京：北京林业大学.
李土生，姜志林. 1995. 采伐对栎林水文效应的影响. 浙江农林大学学报，12(3)：262－267.
李文英，王冰，黎祜琛. 2001. 栎类树种的生态效益和经济价值及其资源保护对策. 林业科技通讯(8)：13－15.
李希娟，宋启道，陈秋波. 2008. 海南霸王岭林区青皮天然林资源与乔木层群落学特征. 林业资源管理(2)：85－89，94.
梁瑜. 2006. 两周时期生态保护的理论与实践. 厦门：厦门大学.
刘春江. 1987. 北京西山地区人工油松栓皮栎混交林生物量和营养元素循环的研究. 北京林业大学学报，9(1)：1－10.

刘慎谔. 1986. 刘慎谔文集. 北京：科学出版社.
刘文静，汪广垠，牛可坤，等. 2010. 槲栎种子雨进程中昆虫的捕食特征. 昆虫学报，53(4)：436-441.
刘文祯，赵中华，胡艳波. 2015. 小陇山栎类混交林经营. 北京：中国林业出版社.
刘宇. 2007. 栓皮栎群体 cpSSR 遗传分析. 南京：南京林业大学.
罗伟祥，郝怀晓，薛安平. 2006. 橡树资源：优质林木生物质能源发展战略研究. 生物质化学工程，40(A1)：147-152.
罗伟祥，张文辉，黄一钊，等. 2009. 中国栓皮栎. 北京：中国林业出版社.
吕宝忠，钟扬，高莉萍，等. 2002. 分子进化与系统发育. 北京：高等教育出版社.
马淼，李博，陈家宽. 2006. 植物对荒漠生境的趋同适应. 生态学报，26(11)：3861-3869.
梅增霞，李建庆. 2014. 黄河三角洲地区云斑白条天牛的发生危害与防治. 滨州学院学报(3)：58-62.
孟雷，李磊鑫，陈温福，等. 1999. 水分胁迫对水稻叶片气孔密度、大小及净光合速率的影响. 沈阳农业大学学报，30(5)：477-480.
潘瑞炽. 2004. 植物生理学. 北京：高等教育出版社.
沈浪，陈小勇，李媛媛. 2002. 生物冰期避难所与冰期后的重新扩散. 生态学报，22(11)：1983-1990.
施雅凤. 2006. 中国第四纪冰川与环境变化. 石家庄：河北科学技术出版社.
史文辉. 2017. 种子养分和土壤肥力对栓皮栎苗木质量和造林效果的影响. 北京：北京林业大学.
宋轩，李树人，姜凤岐. 2001. 长江中游栓皮栎林水文生态效益研究. 水土保持学报，15(2)：76-79.
孙明洋，王振龙，王永红，等. 2011. 昆虫寄生对栓皮栎坚果特征和萌发行为的影响. 昆虫学报，54(3)：320-326.
孙道. 2013. 栓皮栎(*Quercus variabilis*)种子和寄生栗实象甲(*Curculio davidi*)幼虫化学计量学变异及其机制. 上海：上海交通大学.
唐传核. 2005. 植物生物活性物质. 北京：化学工业出版社.
田欣，李德铢. 2002. DNA 序列在植物系统学研究中的应用. 云南植物研究，24(2)：170-184.
田玉峰，李安平，谢碧霞，等. 2011. 橡实淀粉生物乙醇化橡实品种和菌种的筛选. 食品科学(7)：207-210.
汪小全，洪德元. 1997. 植物分子系统学近五年的研究进展概况. 植物分类学报，35(5)：465-480.
王捷，刘兴，孙新杰，等. 2017. 南阳地区云斑白条天牛危险性风险分析. 现代园艺(15)：156-157.

王金照. 2004. 不同类型栓皮栎营养器官生态解剖学比较研究. 咸阳：西北农林科技大学.
王婧，王少波，康宏樟，等. 2009. 东亚地区栓皮栎的地理分布格局及其气候特征. 上海交通大学学报(农业科学版)，27(3)：235-241.
王婧. 2009. 区域尺度上栓皮栎叶片氮、磷含量的地理变异及其与环境因子的关系. 上海：上海交通大学.
王敬贤. 2017. 我国栎类资源利用技术研究现状与发展趋势. 防护林科技(4)：72-74.
王世春. 2008. 栓皮栎种苗及 cpDNA 地理种群变异研究. 南京：南京林业大学.
王涛，李凌，厉月桥. 2014. 中国能源植物栎类的研究. 北京：中国林业出版社.
王秀芬，曹成有，刘玉学，等. 1997. 辽宁东部山区森林土壤渗透性能和蓄水功能. 辽宁林业科技(2)：21-23.
王学，肖治术，张知彬，等. 2008. 昆虫种子捕食与蒙古栎种子产量和种子大小的关系. 昆虫学报，51(2)：161-165.
王忠贵. 2019. 栎类林分经营方向与对策. 山西林业科技，48(2)：63-64.
威廉斯. 1997. 第四纪环境. 刘东生,等编译. 北京：科学出版社.
魏林. 1960. 栓皮栎分布的初步调查. 林业科学，6(1)：70-71.
吴丽丽，康宏樟，庄红蕾，等. 2010. 区域尺度上栓皮栎叶性状变异及其与气候因子的关系. 生态学杂志，29(12)：2309-2316.
吴丽丽. 2011. 区域尺度上栓皮栎叶性状变异特点及其与环境因子的关系. 上海：上海交通大学.
吴明作，姜志林，刘玉萃. 1999a. 栓皮栎种群的年龄动态与稳定性研究. 河南科学，17(1)：69-73.
吴明作，姜志林，刘玉萃，等. 1999b. 栓皮栎种群的生命进程与稳定性研究. 南京林业大学学报(自然科学版)，23(5)：55-59.
吴明作，刘玉萃，杨玉珍，等. 1999c. 河南省栓皮栎林主要种群的生态位研究. 西北植物学报，19(3)：511-518.
吴明作，郑东方，刘玉萃. 2000. 栓皮栎种群的生物量与材积动态及其密度调节. 河南科学，18(4)：399-404.
吴云汉，姚占芳. 1990. 栓皮栎、麻栎枝条粉碎栽培香菇试验. 河南农业大学学报，24：374-376.
吴泽民. 2011. 城市景观中的树木与森林. 北京：中国林业出版社.
吴泽民，王嘉楠. 2017. 应对气候变化：城市森林树种选择思考. 中国城市林业，15(3)：1-5.
吴征镒. 1980. 中国植被. 北京：科学出版社.
向应海，向碧霞，赵明水，等. 2000. 浙江西天目山天然林及银杏种群考察报告. 贵州科学，18(10)：77－92.
徐坤，邹琦，赵燕. 2003. 土壤水分胁迫与遮荫对生姜生长特性的影响. 应用生态学报，14(10)：1645－1648.
徐文晖. 2018. 柞蚕养殖技术. 现代农业科技(7)：245.
徐小林，徐立安，黄敏仁，等. 2004. 栓皮栎天然群体 SSR 遗传多样性研究. 遗传，26(5)：683－688.
徐艳丽，鲁剑巍，周世力，等. 2007. 氮磷钾肥对高羊茅生长及抗寒性的影响. 植物营养与肥料学报，13(6)：1173－1177.
杨怀仁. 1987. 第四纪地质学. 北京：高等教育出版社.
杨惠敏，王根轩. 2001. 干旱和 CO_2 浓度升高对干旱区春小麦气孔密度及分布的影响. 植物生态学报，25(3)：312－316.
杨利民，韩梅，周广胜，等. 2007. 中国东北样带关键种羊草水分利用效率与气孔密度. 生态学报，27(1)：16－24.
杨艳锋. 2009. 北京山区栎类林健康经营技术研究. 北京：北京林业大学.
叶荣启，周仁禄，冯精华，等. 1995. 闽北栓皮栎人工林土壤肥力与水源涵养功能的研究. 福建林学院学报，15(4)：353－356.
于晓东，周红章，罗天宏，等. 2001. 昆虫寄生对辽东栎种子命运的影响. 昆虫学报，44(4)：518－524.
曾德慧，陈广生. 2005. 生态化学计量学：复杂生命系统奥秘的探索. 植物生态学报，29(6)：1007－1019.
曾思齐，朱光玉，吕勇，等. 2020. 湖南栎类次生林经营. 北京：中国林业出版社.
曾新德. 2001. 我国软木工业的现状及发展策略. 林业科技管理(4)：49－54.
张广伦，顾龚平，张卫明. 2009. 生物技术在几种植物生物活性物质生产中的应用. 中国野生植物资源，28(4)：28－32.
张文辉，卢志军. 2002. 栓皮栎种群的生物学生态学特性和地理分布研究. 西北植物学报，22(5)：1093－1101.
张文辉，卢志军，李景侠，等. 2002. 陕西不同林区栓皮栎种群空间分布格局及动态的比较研究. 西北植物学报，22(3)：476－483.
张文辉，周建云，何景峰. 2014. 栓皮栎种群生态与森林定向培育研究. 北京：中国林业出版社.
张勇，尹祖棠. 1997. 中国产委陵菜属叶表皮毛的研究. 西北植物学报，17(6)：72－76.
张志健，王勇. 2009. 我国橡子资源开发利用现状与对策. 氨基酸和生物资源，31(3)：10－14.
赵国强，李彤霄，王君，等. 2012. 河南省未来 30 年气候变化趋势研究. 河南水利与南水北调(2)：8－10.

赵雪峰，路纪琪，乔王铁，等. 2009. 生境类型对啮齿动物扩散和贮藏栓皮栎坚果的影响. 兽类学报，29(2)：160－166.

郑万均. 1985. 中国树木志(第二卷). 北京：中国林业出版社.

周建云，郭军战，杨祖山，等. 2003. 栓皮栎天然群体过氧化物酶同工酶遗传变异分析. 西北林学院学报，18(2)：33－36.

朱燕华，康宏樟，刘春江. 2011. 植物叶片气孔性状变异的影响因素及研究方法. 应用生态学报，22(1)：250－256.

朱燕华. 2013. 东亚地区栓皮栎(*Quercus variabilis*)叶片性状的变异格局及其对环境变化的响应. 上海：上海交通大学.

宗敏. 2008. 东亚特有濒危植物黄山梅的遗传多样性与地理分化. 杭州：浙江大学.

《中国森林》编辑委员会. 1997a. 中国森林(第1卷). 北京：中国林业出版社.

《中国森林》编辑委员会. 1997b. 中国森林(第3卷). 北京：中国林业出版社.

邹喻苹，葛颂，王晓东. 2001. 系统与进化植物学中的分子标记. 北京：科学出版社.

左闻韵，贺金生，韩梅，等. 2005. 植物气孔对大气 CO_2 浓度和温度升高的反应：基于在 CO_2 浓度和温度梯度中生长的10种植物的观测. 生态学报，25(3)：565－565.

Abbott R J, Smith L C, Milne R I, et al. 2000. Molecular analysis of plant migration and refugia in the Arctic. Science, 289: 1343－1346.

Abrash E B, Lampard G R. 2010. A view from the top: new ligands controlling stomatal development in Arabidopsis. New Phytologist, 186: 561－564.

Ackerly D D, Knight C A, Weiss S B, et al. 2002. Leaf size, specific leaf area and microhabitat distribution of chaparral woody plants: contrasting patterns in species level and community level analyses. Oecologia, 130: 449－457.

Ackerly D D, Reich P B. 1999. Convergence and correlations among leaf size and function in seed plants: a comparative test using independent contrasts. American Journal of Botany, 86: 1272－1281.

Ackerly D D. 2004. Adaptation, niche conservatism, and convergence: comparative studies of leaf evolution in the California chaparral. American Naturalist, 163: 654－671.

Aerts R, Chapin F S. 2000. The mineral nutrition of wild plants revisited: a re-evaluation of processes and patterns. Advances in Ecological Research, 30: 1－67.

Aerts R. 1990. Nutrient use efficiency in evergreen and deciduous species from heathlands. Oecologia, 84: 391－397.

Aerts R. 1996. Nutrients resorption from senescing leaves of perennials: are these general patterns? Journal of Ecology, 84: 579－608.

Agrawal A A, Fishbein M, Jetter R, et al. 2009. Phylogenetic ecology of leaf surface traits in the milkweeds (*Asclepias* spp.): chemistry, ecophysiology, and insect behavior. New Phytologist, 183: 848 - 867.

Agren G I, Weih M. 2012a. Plant stoichiometry at different scales: element concentration patterns reflect environment more than genotype. New Phytologist, 194: 944 - 952.

Agren G I, Wetterstedt J A M, Billberger M F K. 2012b. Nutrient limitation on terrestrial plant growth-modeling the interaction between nitrogen and phosphorus. New Phytologist, 194: 953 - 960.

Agren G I. 2008. Stoichiometry and nutrition of plant growth in natural communities. Annual Review of Ecology Evolution and Systematics, 39: 153 - 170.

Aizawa M, Yoshimaruth H, Saito H, et al. 2007. Phylogeography of a northeast Asian spruce, *Picea jezoensis*, inferred from genetic variation observed in organelle DNA markers. Molecular Ecology, 16: 3393 - 3405.

Aldrich P, Cavender-Bares J. 2011. *Quercus*. In: Kole C. (eds) Wild crop relatives: genomic and breeding resources. Berlin, Heidelberg: Springer.

Allgeier J E, Wenger S J, Rosemond A D, et al. 2015. Metabolic theory and taxonomic identity predict nutrient recycling in a diverse food web. Proceedings of the National Academy of Sciences of the United States of America, 112: E2640 - E2647.

Álvarez I, Wendel J F. 2003. Ribosomal ITS sequences and plant phylogenetic inference. Molecular Phylogenetics and Evolution, 29: 417 - 434.

Anderson T R, Hessen D O, Elser J J, et al. 2005. Metabolic stoichiometry and the fate of excess carbon and nutrients in consumers. American Naturalist, 165: 1 - 15.

Avise J C. 2000. Phylogeography: the history and formation of species. Cambridge: Harvard University Press.

Avise J C. 2009. Phylogeography: retrospect and prospect. Journal of Biogeography, 36: 3 - 15.

Bai W N, Liao W J, Zhang D Y. 2010. Nuclear and chloroplast DNA phylogeography reveal two refuge areas with asymmetrical gene flow in a temperate walnut tree from East Asia. New Phytologist, 188: 892 - 901.

Bai Y, Tischler C R, Booth D T, et al. 2003. Variations in germination and grain quality within a rust resistant common wheat germplasm as affected by parental CO_2 conditions. Environmental and Experimental Botany, 50: 159 - 168.

Bandelt H J, Forster P, Rohl A. 1999. Median-joining networks for inferring intraspecific phylogenies. Molecular Biology and Evolution, 16: 37 - 48.

Banon S, Fernandez J A, Franco J A, et al. 2004. Effects of water stress and night temperature preconditioning on water relations and morphological and anatomical changes of *Lotus creticus* plants. Scientia Horticulturae, 101: 333 - 342.

Barabasz W, Albinska D, Jaskowska M, et al. 2002. Ecotoxicology of aluminium. Polish Journal of Environmental Studies, 11: 199 - 203.

Barbour J D, Farrar Jr R R, Kennedy G G. 1991. Interaction of fertilizer regime with host-plant resistance in tomato. Entomologia Experimentalis Et Applicata, 60: 289 - 300.

Baud S, Boutin J P, Miquel M, et al. 2002. An integrated overview of seed development in *Arabidopsis thaliana* ecotype WS. Plant Physiology and Biochemistry, 40: 151 - 160.

Baxter I, Dilkes B P. 2012. Elemental profiles reflect plant adaptations to the environment. Science, 336: 1661 - 1663.

Bayramzadeh V, Attarod P, Ahmadi M T, et al. 2012. Variation of leaf morphological traits in natural populations of *Fagus orientalis* Lipsky in the Caspian forests of Northern Iran. Annals of Forest Research, 55: 33 - 42.

Beerling D J, Chaloner W G. 1992. Stomatal density as an indicator of atmospheric CO_2 concentration. The Holocene, 2: 71 - 78.

Beerling D J, Chaloner W G. 1993. Evolutionary responses of stomatal density to global CO_2 change. Biological Journal of the Linnean Society, 48: 343 - 353.

Beon M S, Bartsch N. 2003. Early seedling growth of pine (*Pinus densiflora*) and oaks (*Quercus serrata*, *Q. mongolica*, *Q. variabilis*) in response to light intensity and soil moisture. Plant Ecology, 167: 97 - 105.

Bereczki K, Odor P, Csoka G, et al. 2014. Effects of forest heterogeneity on the efficiency of caterpillar control service provided by birds in temperate oak forests. Forest Ecology and Management, 327: 96 - 105.

Berry J A, Beerling D J, Franks P J. 2010. Stomata: key players in the earth system, past and present. Current Opinion in Plant Biology, 13: 232 - 239.

Bertram S M, Bowen M, Kyle M, et al. 2008. Extensive natural intraspecific variation in stoichiometric (C : N : P) composition in two terrestrial insect species. Journal of Insect Science, 8: 26.

Bloom A J, Burger M, Rubio-Asensio J S, et al. 2010. Carbon dioxide enrichment inhibits nitrate assimilation in wheat and arabidopsis. Science, 328: 899 - 903.

Bonal R, Munoz A. 2008. Seed growth suppression constrains the growth of seed parasites: premature acorn abscission reduces *Curculio elephas* larval size. Ecological Entomology, 33: 31 - 36.

Bonfil C. 1998. The effects of seed size, cotyledon reserves, and herbivory on seedling survival and growth in *Quercus rugosa* and *Q. laurina* (Fagaceae). American Journal of Botany, 85: 79 - 87.

Bowman W D, Keller A, Nelson M. 1999. Altitudinal variation in leaf gas exchange, nitrogen and phosphorus concentrations, and leaf mass per area in populations of *Frasera speciosa*. Arctic, Antarctic, and Alpine Research, 31: 191 - 195.

Box O E. 1981. Macroclimate and plant forms: an introduction to predictive modeling in phytogeography. The Hague: Dr. W. Junk Publisher.

Boyce C K, Brodribb T J, Feild T S, et al. 2009. Angiosperm leaf vein evolution was physiologically and environmentally transformative. Proceedings of the Royal Society B-Biological Sciences, 276: 1771 - 1776.

Boyce C K. 2009. Seeing the forest with the leaves-clues to canopy placement from leaf fossil size and venation characteristics. Geobiology, 7: 192 - 199.

Brant A N, Chen H Y H. 2015. Patterns and mechanisms of nutrient resorption in plants. Critical Reviews in Plant Sciences, 34: 471 - 486.

Brodribb T J, Feild T S, Jordan G J. 2007. Leaf maximum photosynthetic rate and venation are linked by hydraulics. Plant Physiology, 144: 1890 - 1898.

Brodribb T J, Feild T S, Sack L. 2010. Viewing leaf structure and evolution from a hydraulic perspective. Functional Plant Biology, 37: 488 - 498.

Brookes P C, Wigston D L, Bourne W F. 1980. The dependence of *Quercus robur* and *Q. petraea* seeding on cotyledon potassium, magnesium, calcium and phosphorus during the first year of growth. Forestry: An International Journal of Forest Research, 53: 167 - 177.

Broyles S B. 1998. Postglacial migration and the loss of allozyme variation in northern populations of *Asclepias altata* (Asclepiadaceae). American Journal of Botany, 85: 1091 - 1097.

Buckley L B, Jetz W. 2008. Linking global turnover of species and environments. Proceedings of the National Academy of Sciences of the United States of America, 105: 17836 - 17841.

Buckley T N. 2005. The control of stomata by water balance. New Phytologist, 168: 275 - 291.

Buitrago S, Wirtz N, Yue Z, et al. 2012. Effects of load and training modes on physiological and metabolic responses in resistance exercise. European Journal of

Applied Physiology, 112: 2739 - 2748.
Caballero R, Arauzo M, Hernaiz P J. 1996. Accumulation and redistribution of mineral elements in common vetch during pod filling. Agronomy Journal, 88: 801 - 805.
Caicedo A L, Schaal B A. 2004. Population structure and phylogeography of *Solanum pimpinellifolium* inferred from a nuclear gene. Molecular Ecology, 13: 1871 - 1882.
Callier V, Hand S C, Campbell J B, et al. 2015. Developmental changes in hypoxic exposure and responses to anoxia in *Drosophila melanogaster*. Journal of Experimental Biology, 218: 2927 - 2934.
Carins Murphy M R, Jordan G J, Brodribb T J. 2012. Differential leaf expansion can enable hydraulic acclimation to sun and shade. Plant Cell and Environment, 35: 1407 - 1418.
Caron M M, De Frenne P, Brunet J, et al. 2014. Latitudinal variation in seeds characteristics of *Acer platanoides* and *A. pseudoplatanus*. Plant Ecology, 215: 911 - 925.
Cease A J, Fay M, Elser J J, et al. 2016. Dietary phosphate affects food selection, post-ingestive phosphorus fate, and performance of a polyphagous herbivore. Journal of Experimental Biology, 219: 64 - 72.
Chai Y F, Zhang X F, Yue M, et al. 2015. Leaf traits suggest different ecological strategies for two *Quercus* species along an altitudinal gradient in the Qinling Mountains. Journal of Forest Research, 20: 501 - 513.
Chapin F S, Johnson D A, Mckendrick J D. 1980. Seasonal movement of nutrients in plants of differing gowth form in an Alaskan tundra ecosystem-implications for herbivory. Journal of Ecology, 68: 189 - 209.
Chapin F S, Moilanen L. 1991. Nutritional controls over nitrogen and phosphorus resorption from Alaskan birch leaves. Ecology, 72: 709 - 715.
Chapin F S. 1980. The mineral-nutrition of wild plants. Annual Review of Ecology and Systematics, 11: 233 - 260.
Chaves M M, Pereira J S, Maroco J, et al. 2002. How plants cope with water stress in the field. Photosynthesis and growth. Annals of Botany, 89: 907 - 916.
Chen D M, Zhang X X, Kang H Z, et al. 2012. Phylogeography of *Quercus variabilis* based on chloroplast DNA sequence in East Asia: multiple glacial refugia and mainland-migrated island populations. Plos One, 7: e47268.
Chen G, Sun W B, Sun H. 2010. Leaf epidermal characteristics of *Asiatic Buddleja* L. under scanning electron microscope: insights into chromosomal and taxonomic

significance. Flora, 205: 777 - 785.

Chen J M, Liu F, Wang Q F, et al. 2008. Phylogeography of a marsh herb *Sagittaria trifolia* (Alismataceae) in China inferred from cpDNA atpB-rbcL intergenic spacers. Molecular Phylogenetics and Evolution, 48: 168 - 175.

Cherif M, Loreau M. 2013. Plant - herbivore - decomposer stoichiometric mismatches and nutrient cycling in ecosystems. Proceedings of the Royal Society B-Biological Sciences, 280: 20122453.

Choung Y, Lee B C, Cho J H, et al. 2004. Forest responses to the large-scale east coast fires in Korea. Ecological Research, 19: 43 - 54.

Chrzanowski T H, Grover J P. 2008. Element content of Pseudomonas fluorescens varies with growth rate and temperature: a replicated chemostat study addressing ecological stoichiometry. Limnology and Oceanography, 53: 1242 - 1251.

Chu C C, Freeman T P, Buckner J S, et al. 2000. Silverleaf whitefly colonization and trichome density relationship on upland cotton cultivars. Southwestern Entomologist, 25: 237 - 242.

Chung M Y, Chung M G. 2002. Fine-scale genetic structure in populations of *Quercus variabilis* (Fagaceae) from southern Korea. Canadian Journal of Botany, 80: 1034 - 1041.

Clark P J, Evans F C. 1954. Distance to nearest neighbor as a measure of spatial relationships in populations. Ecology, 35: 445 - 453.

Clegg M T, Gaut B S, Learn G H, et al. 1994. Rates and patterns of chloroplast DNA evolution. Proceedings of the National Academy of Sciences of the United States of America, 91: 6795 - 6801.

Coble A P, Cavaleri M A. 2014. Light drives vertical gradients of leaf morphology in a sugar maple (*Acer saccharum*) forest. Tree Physiology, 34: 146 - 158.

Coble A P, VanderWall B, Mau A, et al. 2016. How vertical patterns in leaf traits shift seasonally and the implications for modeling canopy photosynthesis in a temperate deciduous forest. Tree Physiology, 36: 1077 - 1091.

Cole D W, Rapp M. 1981. Elemental cycling in forest ecosystems, dynamic properties of forest ecosystems. Cambridge: Cambridge University Press.

Collignon A M, Favre J M. 2000. Contribution to the postglacial history at the western margin of *Picea abies*' natural area using RAPD markers. Annals of Botany, 85: 713 - 722.

Comes H P, Kadereit J W. 1998. The effect of quaternary climatic changes on plant distribution and evolution. Trends in Plant Science, 3: 432 - 438.

Corander J, Waldmann P, Sillanpaa M J. 2003. Bayesian analysis of genetic differentiation between populations. Genetics, 163: 367 – 374.

Cordell S, Goldstein G, Meinzer F C, et al. 1999. Allocation of nitrogen and carbon in leaves of *Metrosideros polymorpha* regulates carboxylation capacity and $\delta^{13}C$ along an altitudinal gradient. Functional Ecology, 13: 811 – 818.

Crispim B D, Vaini J O, Grisolia A B, et al. 2012. Biomonitoring the genotoxic effects of pollutants on *Tradescantia pallida* (Rose) D. R. Hunt in Dourados, Brazil. Environmental Science and Pollution Research, 19: 718 – 723.

Cross W F, Benstead J P, Rosemond A D, et al. 2003. Consumer-resource stoichiometry in detritus-based streams. Ecology Letters, 6: 721 – 732.

Croxdale J L. 2000. Stomatal patterning in angiosperms. American Journal of Botany, 87: 1069 – 1080.

Cunningham G L, Strain B R. 1969. An ecologial significance of seasonal leaf variability in a desert shrub. Ecology, 50: 400 – 408.

Cunningham S A, Summerhayes B, Westoby M. 1999. Evolutionary divergences in leaf structure and chemistry, comparing rainfall and soil nutrient gradients. Ecological Monographs, 69: 569 – 588.

Dansgaard W, Johnsen S J, Clausen H B, et al. 1993. Evidence for general instability of past climate from a 250-kyr ice-core record. Nature, 364: 218 – 220.

De Casas R R, Vargas P, Perez-Corona E, et al. 2011. Sun and shade leaves of *Olea europaea* respond differently to plant size, light availability and genetic variation. Functional Ecology, 25: 802 – 812.

De Frenne P, Blondeel H, Brunet J, et al. 2018. Atmospheric nitrogen deposition on petals enhances seed quality of the forest herb *Anemone nemorosa*. Plant Biology, 20: 619 – 626.

De Frenne P, Graae B J, Rodriguez-Sanchez F, et al. 2013. Latitudinal gradients as natural laboratories to infer species' responses to temperature. Journal of Ecology, 101: 784 – 795.

De Frenne P, Kolb A, Graae B J, et al. 2011. A latitudinal gradient in seed nutrients of the forest herb *Anemone nemorosa*. Plant Biology, 13: 493 – 501.

Demesure B, Comps B, Petit R J. 1996. Chloroplast DNA phylogeography of the common beech (*Fagus sylvatica* L) in Europe. Evolution, 50: 2515 – 2520.

DeMott W R, Gulati R D, Siewertsen K. 1998. Effects of phosphorus-deficient diets on the carbon and phosphorus balance of *Daphnia magna*. Limnology and Oceanography, 43: 1147 – 1161.

Deng M, Liu L, Sun Z, et al. 2016. Increased phosphate uptake but not resorption alleviates phosphorus deficiency induced by nitrogen deposition in temperate *Larix principis-rupprechtii* plantations. New Phytologist, 212: 1019 - 1029.

Doyle J J. 1991. DNA protocols for plants-CTAB total DNA isolation, In Hewitt G M, Johnston A, Ed. Molecular Techniques in Taxonomy. Berlin: Springer.

Du B, Zhu Y, Kang H, et al. 2021. Spatial variations in stomatal traits and their coordination with leaf traits in *Quercus variabilis* across Eastern Asia. Science of the Total Environment, 789: 147757.

Du B M, Ji H W, Peng C, et al. 2017. Altitudinal patterns of leaf stoichiometry and nutrient resorption in *Quercus variabilis* in the Baotianman Mountains, China. Plant and Soil, 413: 193 - 202.

Dumolin-Lapègue S, Démesure B, Fineschi S, et al. 1997. Phylogeographic structure of white oaks throughout the European continent. Genetics, 146: 1475 - 1487.

Dunbar-Co S, Sporck M J, Sack L. 2009. Leaf trait diversification and design in seven rare taxa of the Hawaiian plantago radiation. International Journal of Plant Sciences, 170: 61 - 75.

Dunlap J M, Stettler R F. 2001. Variation in leaf epidermal and stomatal traits of *Populus trichocarpa* from two transects across the Washington Cascades. Canadian Journal of Botany-Revue Canadienne De Botanique, 79: 528 - 536.

Ehleringer J. 1982. The Influence of water stress and temperature on leaf pubescence development in *Encelia Farinosa*. American Journal of Botany, 69: 670 - 675.

Ehleringer J R, Björkman O. 1978. Pubescence and leaf spectral characteristics in a desert shrub, *Encelia farinosa*. Oecologia, 36: 151 - 162.

Ehleringer J R, Cook C S. 1984. Photosynthesis in *Encelia farinosa* gray in response to decreasing leaf water potential. Plant Physiology, 75: 688 - 693.

Ehleringer J R, Mooney H A. 1978. Leaf hairs: effects on physiological activity and adaptive value to a desert shrub. Oecologia, 37: 183 - 200.

Ellenberg H H. 2009. Vegetation ecology of central Europe. New York: Cambridge University Press.

El-Sabaawi R W, Kohler T J, Zandona E, et al. 2012a. Environmental and organismal predictors of intraspecific variation in the stoichiometry of a neotropical freshwater fish. Plos One, 7: e32713.

El-Sabaawi R W, Zandona E, Kohler T J, et al. 2012b. Widespread intraspecific organismal stoichiometry among populations of the Trinidadian guppy. Functional Ecology, 26: 666 - 676.

Elser J J, Acharya K, Kyle M, et al. 2003. Growth rate-stoichiometry couplings in diverse biota. Ecology Letters, 6: 936 - 943.

Elser J J, Andersen T, Baron J S, et al. 2009. Shifts in lake N : P stoichiometry and nutrient limitation driven by atmospheric nitrogen deposition. Science, 326: 835 - 837.

Elser J J, Bracken M E S, Cleland E E, et al. 2007. Global analysis of nitrogen and phosphorus limitation of primary producers in freshwater, marine and terrestrial ecosystems. Ecology Letters, 10: 1135 - 1142.

Elser J J, Fagan W F, Denno R F, et al. 2000a. Nutritional constraints in terrestrial and freshwater food webs. Nature, 408: 578 - 580.

Elser J J, Sterner R W, Gorokhova E, et al. 2000b. Biological stoichiometry from genes to ecosystems. Ecology Letters, 3: 540 - 550.

Estiarte M, Penuelas J. 2015. Alteration of the phenology of leaf senescence and fall in winter deciduous species by climate change: effects on nutrient proficiency. Global Change Biology, 21: 1005 - 1017.

Etterson J R, Shaw R G. 2001. Constraint to adaptive evolution in response to global warming. Science, 294: 151 - 154.

Excoffier L, Lischer H E L. 2010. Arlequin suite ver 3. 5: a new series of programs to perform population genetics analyses under linux and windows. Molecular Ecology Resources, 10: 564 - 567.

Fagan W F, Siemann E, Mitter C M, et al. 2002. Nitrogen in insects: implications for trophic complexity and species diversification. Integrative and Comparative Biology, 42: 1228 - 1228.

Feild T S, Arens N C, Doyle J A, et al. 2004. Dark and disturbed: a new image of early angiosperm ecology. Paleobiology, 30: 82 - 107.

Felsenstein J. 1985. Confidence limits on phylogenies: an approach using the bootstrap. Evolution, 39: 783 - 791.

Fenner M. 1986. The allocation of minerals to seeds in *Senecio vulgaris* plants subjected to nutrient shortage. Journal of Ecology, 74: 385 - 392.

Ferris C, Oliver R P, Davy A J, et al. 1993. Native oak chloroplasts reveal an ancient divide across Europe. Molecular Ecology, 2: 337 - 343.

Filella I, Penuelas J. 1999. Altitudinal differences in UV absorbance, UV reflectance and related morphological traits of *Quercus ilex* and *Rhododendron ferrugineum* in the Mediterranean region. Plant Ecology, 145: 157 - 165.

Fisher J B, Malhi Y, Torres I C, et al. 2013. Nutrient limitation in rainforests and cloud forests along a 3,000-m elevation gradient in the Peruvian Andes. Oecologia, 172: 889 - 902.

Franks P J, Beerling D J. 2009. Maximum leaf conductance driven by CO_2 effects on stomatal size and density over geologic time. Proceedings of the National Academy of Sciences of the United States of America, 106: 10343 - 10347.

Franks P J, Farquhar G D. 1999. A relationship between humidity response, growth form and photosynthetic operating point in C_3 plants. Plant Cell and Environment, 22: 1337 - 1349.

Freschet G T, Cornelissen J H C, van Logtestijn R S P, et al. 2010. Substantial nutrient resorption from leaves, stems and roots in a subarctic flora: what is the link with other resource economics traits? New Phytologist, 186: 879 - 889.

Frost C J, Hunter M D. 2004. Insect canopy herbivory and frass deposition affect soil nutrient dynamics and export in oak mesocosms. Ecology, 85: 3335 - 3347.

Fu Y X, Li W H. 1993. Statistical tests of neutrality of mutations. Genetics, 133: 693 - 709.

Fu Y X. 1997. Statistical tests of neutrality of mutations against population growth, hitchhiking and background selection. Genetics, 147: 915 - 925.

Gao L M, Moeller M, Zhang X M, et al. 2007. High variation and strong phylogeographic pattern among cpDNA haplotypes in *Taxus wallichiana* (Taxaceae) in China and North Vietnam. Molecular Ecology, 16: 4684 - 4698.

Gay A P, Hurd R G. 1975. The influence of light on stomatal density in the tomato. New Phytologist, 75: 37 - 46.

Ghorashy S R, Pendleton J W, Peters D B, et al. 1971. Internal water stress and apparent photosynthesis with soybeans differing in pubescence. Agronomy Journal, 63: 674 - 676.

Gibson L R, Mullen R E. 2001. Mineral concentrations in soybean seed produced under high day and night temperature. Canadian Journal of Plant Science, 81: 595 - 600.

Gillooly J F, Brown J H, West G B, et al. 2001. Effects of size and temperature on metabolic rate. Science, 293: 2248 - 2251.

Givnish T J, Pires J C, Graham S W, et al. 2005. Repeated evolution of net venation and fleshy fruits among monocots in shaded habitats confirms a *priori* predictions: evidence from an *ndhF* phylogeny. Proceedings of the Royal Society B-Biological Sciences, 272: 1481 - 1490.

Givnish T J. 2003. How a better understanding of adaptations can yield better use of morphology in plant systematics: toward Eco-Evo-Devo. Deep Morphology: Toward a Renaissance of Morphology in Plant Systematics, 141: 273 - 295.

Gong W, Chen C, Dobes C, et al. 2008. Phylogeography of a living fossil: Pleistocene glaciations forced *Ginkgo biloba* L. (Ginkgoaceae) into two refuge areas in China with limited subsequent postglacial expansion. Molecular Phylogenetics and Evolution, 48: 1094－1105.

Gonzales E, Hamrick J L, Chang S M. 2008. Identification of glacial refugia in south-eastern North America by phylogeographical analyses of a forest understorey plant, *Trillium cuneatum*. Journal of Biogeography, 35: 844－852.

Gonzalez N, De Bodt S, Sulpice R, et al. 2010. Increased leaf size: different means to an end. Plant Physiology, 153: 1261－1279.

Gotmark F, Kiffer C. 2014. Regeneration of oaks (*Quercus robur*/*Q. petraea*) and three other tree species during long-term succession after catastrophic disturbance (windthrow). Plant Ecology, 215: 1067－1080.

Gratani L, Catoni R, Pirone G, et al. 2012. Physiological and morphological leaf trait variations in two Apennine plant species in response to different altitudes. Photosynthetica, 50: 15－23.

Gregory-Wodzicki K M. 2000. Relationships between leaf morphology and climate, Bolivia: implications for estimating paleoclimate from fossil floras. Paleobiology, 26: 668－688.

Griffiths R C, Tavaré S. 1994. Sampling theory for neutral alleles in a varying environment. Philosophical Transactions of the Royal Society of London, 344: 403－410.

Groom P K, Lamont B B. 2010. Phosphorus accumulation in Proteaceae seeds: a synthesis. Plant and Soil, 334: 61－72.

Grover J P. 2003. The impact of variable stoichiometry on predator-prey interactions: a multinutrient approach. American Naturalist, 162: 29－43.

Guo X, Guo W H, Luo Y J, et al. 2013. Morphological and biomass characteristic acclimation of trident maple (*Acer buergerianum* Miq.) in response to light and water stress. Acta Physiologiae Plantarum, 35: 1149－1159.

Gusewell S. 2004. N : P ratios in terrestrial plants: variation and functional significance. New Phytologist, 164: 243－266.

Hagen-Thorn A, Varnagiryte I, Nihlgard B, et al. 2006. Autumn nutrient resorption and losses in four deciduous forest tree species. Forest Ecology and Management, 228: 33－39.

Hahn D A, Denlinger D L. 2007. Meeting the energetic demands of insect diapause: nutrient storage and utilization. Journal of Insect Physiology, 53: 760－773.

Hahn D A, Denlinger D L. 2011. Energetics of insect diapause. Annual Review of Entomology, 56: 103－121.

Hallam A. 1994. An outline of phanerozoic biogeography. Oxford: Oxford

University Press.

Hamback P A, Gilbert J, Schneider K, et al. 2009. Effects of body size, trophic mode and larval habitat on Diptera stoichiometry: a regional comparison. Oikos, 118: 615 - 623.

Hamdan J, Ahmed O H. 2013. Potassium dynamics of a forest soil developed on a weathered schist regolith. Archives of Agronomy and Soil Science, 59: 593 - 602.

Han W X, Fang J Y, Guo D L, et al. 2005. Leaf nitrogen and phosphorus stoichiometry across 753 terrestrial plant species in China. New Phytologist, 168: 377 - 385.

Han W X, Fang J Y, Reich P B, et al. 2011. Biogeography and variability of eleven mineral elements in plant leaves across gradients of climate, soil and plant functional type in China. Ecology Letters, 14: 788 - 796.

Handley R, Ekbom B, Agren J. 2005. Variation in trichome density and resistance against a specialist insect herbivore in natural populations of *Arabidopsis thaliana*. Ecological Entomology, 30: 284 - 292.

Hardin J W. 1979. Patterns of variation in foliar trichomes of eastern north American *Quercus*. American Journal of Botany, 66: 576 - 585.

Harpending H, Rogers A. 2000. Genetic perspectives on human origins and differentiation. Annual Review of Genomics and Human Genetics, 1: 361 - 385.

Harpole W S, Ngai J T, Cleland E E, et al. 2011. Nutrient co-limitation of primary producer communities. Ecology Letters, 14: 852 - 862.

Harrison S, Yu G, Takahara H, et al. 2001. Diversity of temperate plants in east Asia. Nature, 413: 129 - 130.

Hatziskakis S, Papageorgiou A C, Gailing O, et al. 2009. High chloroplast haplotype diversity in Greek populations of beech (*Fagus sylvatica* L.). Plant Biology, 11: 425 - 433.

Havera S P, Smith K E. 1979. A nutritional comparison of selected fox squirrel foods. Journal of Wildlife Management, 43: 691 - 704.

Haworth M, Elliott-Kingston C, Gallagher A, et al. 2012. Sulphur dioxide fumigation effects on stomatal density and index of non-resistant plants: implications for the stomatal palaeo-[CO_2] proxy method. Review of Palaeobotany and Palynology, 182: 44 - 54.

He J S, Flynn D F B, Wolfe-Bellin K, et al. 2005. CO_2 and nitrogen, but not population density, alter the size and C/N ratio of *Phytolacca americana* seeds. Functional Ecology, 19: 437 - 444.

He S, Liu G, Yang H. 2012. Water use efficiency by alfalfa: mechanisms involving anti-oxidation and osmotic adjustment under drought. Russian Journal of Plant Physiology, 59: 348 - 355.

Heikkinen R K, Luoto M, Virkkala R, et al. 2004. Effects of habitat cover, landscape structure and spatial variables on the abundance of birds in an agricultural-forest mosaic. Journal of Applied Ecology, 41: 824 - 835.

Hepler P K. 2005. Calcium: a central regulator of plant growth and development. Plant Cell, 17: 2142 - 2155.

Hessen D O, Elser J J, Sterner R W, et al. 2013. Ecological stoichiometry: an elementary approach using basic principles. Limnology and Oceanography, 58: 2219 - 2236.

Hetherington A M, Woodward F I. 2003. The role of stomata in sensing and driving environmental change. Nature, 424: 901 - 908.

Hewitt G. 2000. The genetic legacy of the Quaternary ice ages. Nature, 405: 907 - 913.

Hewitt G M. 1996. Some genetic consequences of ice ages, and their role in divergence and speciation. Biological Journal of the Linnean Society, 58: 247 - 276.

Hoback W W, Stanley D W. 2001. Insects in hypoxia. Journal of Insect Physiology, 47: 533 - 542.

Holder K, Montgomerie R, Friesen V L. 1999. A test of the glacial refugium hypothesis using patterns of mitochondrial and nuclear DNA sequence variation in rock ptarmigan (*Lagopus mutus*). Evolution, 53: 1936 - 1950.

Hood J M, Sterner R W. 2010. Diet Mixing: do animals integrate growth or eesources across temporal heterogeneity? American Naturalist, 176: 651 - 663.

Horiguchi G, Ferjani A, Fujikura U, et al. 2006. Coordination of cell proliferation and cell expansion in the control of leaf size in *Arabidopsis thaliana*. Journal of Plant Research, 119: 37 - 42.

Hovenden M J, Vander Schoor J K. 2004. Nature vs nurture in the leaf morphology of Southern beech, *Nothofagus cunninghamii* (Nothofagaceae). New Phytologist, 161: 585 - 594.

Hovenden M J, Vander Schoor J K. 2012. Soil water potential does not affect leaf morphology or cuticular characters important for palaeo-environmental reconstructions in southern beech, *Nothofagus cunninghamii* (Nothofagaceae). Australian Journal of Botany, 60: 87 - 95.

Hovenden M J, Wills K E, Chaplin R E, et al. 2008. Warming and elevated CO_2 affect the relationship between seed mass, germinability and seedling growth in

Austrodanthonia caespitosa, a dominant Australian grass. Global Change Biology, 14: 1633 - 1641.

Hu M J, Penuelas J, Sardans J, et al. 2018. Stoichiometry patterns of plant organ N and P in coastal herbaceous wetlands along the East China Sea: implications for biogeochemical niche. Plant and Soil, 431: 273 - 288.

Huang S F, Hwang S Y, Wang J C, et al. 2004. Phylogeography of *Trochodendron aralioides* (Trochodendraceae) in Taiwan and its adjacent areas. Journal of Biogeography, 31: 1251 - 1259.

Huang S S F, Hwang S Y, Lin T P. 2002. Spatial pattern of chloroplast DNA variation of *Cyclobalanopsis glauca* in Taiwan and east Asia. Molecular Ecology, 11: 2349 - 2358.

Hudson R R. 1990. Gene genealogies and the coalescent process. Oxford surveys in evolutionary biology, 7: 1 - 44.

Hughes A L. 1999. Adaptive evolution of genes and genomes. New York: Oxford University Press.

Hughes P R, Potter J E, Weinstein L H. 1981. Effects of air pollutants on plant-insect interactions: reactions of the Mexican bean beetle to SO_2-fumigated Pinto beans. Environmental Entomology, 10: 741 - 744.

Huxman T E, Hamerlynck E P, Jordan D N, et al. 1998. The effects of parental CO_2 environment on seed quality and subsequent seedling performance in Bromus rubens. Oecologia, 114: 202 - 208.

Hwang S Y, Lin T P, Ma C S, et al. 2003. Postglacial population growth of *Cunninghamia konishii* (Cupressaceae) inferred from phylogeographical and mismatch analysis of chloroplast DNA variation. Molecular Ecology, 12: 2689 - 2695.

Ikeda H, Setoguchi H. 2007. Phylogeography and refugia of the Japanese endemic alpine plant, *Phyllodoce nipponica* Makino (Ericaceae). Journal of Biogeography, 34: 169 - 176.

Jackson R B, Mooney H A, Schulze E D. 1997. A global budget for fine root biomass, surface area, and nutrient contents. Proceedings of the National Academy of Sciences of the United States of America, 94: 7362 - 7366.

Jacobs B F. 1999. Estimation of rainfall variables from leaf characters in tropical Africa. Palaeogeography Palaeoclimatology Palaeoecology, 145: 231 - 250.

Jalal M, Wojewodzic M W, Laane C M M, et al. 2013. Larger Daphnia at lower temperature: a role for cell size and genome configuration? Genome, 56: 512 - 520.

Jeandroz S, Bastien D, Chandelier A, et al. 2002. A set of primers for amplification of mitochondrial DNA in *Picea abies* and other conifer species. Molecular Ecology Notes, 2: 389 - 392.

Ji H W, Du B M, Liu C J. 2017. Elemental stoichiometry and compositions of weevil larvae and two acorn hosts under natural phosphorus variation. Scientific Reports, 7: 45810.

Ji H W, Wen J H, Du B M, et al. 2018. Comparison of the nutrient resorption stoichiometry of *Quercus variabilis* Blume growing in two sites contrasting in soil phosphorus content. Annals of Forest Science, 75: 59.

Jiang C M, Yu G R, Li Y N, et al. 2012. Nutrient resorption of coexistence species in alpine meadow of the Qinghai-Tibetan Plateau explains plant adaptation to nutrient-poor environment. Ecological Engineering, 44: 1 - 9.

Jimenez P, de Heredia U L, Collada C, et al. 2004. High variability of chloroplast DNA in three Mediterranean evergreen oaks indicates complex evolutionary history. Heredity, 93: 510 - 515.

Johansson M B. 1995. The chemical composition of needle and leaf litter from Scots pine, Norway spruce and white birch in Scandinavian forests. Forestry: An International Journal of Forest Research, 68: 49 - 62.

Jordan G J, Hill R S. 1994. Past and present variability in leaf length of evergreen members of *Nothofagus* subgenus *Lophozonia* related to ecology and population dynamics. New Phytologist, 127: 377 - 390.

Julian P, Gerber S, Bhomia R K, et al. 2020. Understanding stoichiometric mechanisms of nutrient retention in wetland macrophytes: stoichiometric homeostasis along a nutrient gradient in a subtropical wetland. Oecologia, 193: 969 - 980.

Kang H Z, Liu C J, Yu W J, et al. 2011. Variation in foliar $\delta^{15}N$ among oriental oak (*Quercus variabilis*) stands over eastern China: patterns and interactions. Journal of Geochemical Exploration, 110: 8 - 14.

Kang H Z, Zhuang H L, Wu L L, et al. 2011. Variation in leaf nitrogen and phosphorus stoichiometry in *Picea abies* across Europe: an analysis based on local observations. Forest Ecology and Management, 261: 195 - 202.

Kanno M, Yokoyama J, Suyama Y, et al. 2004. Geographical distribution of two haplotypes of chloroplast DNA in four oak species (*Quercus*) in Japan. Journal of Plant Research, 117: 311 - 317.

Karimi R, Folt C L. 2006. Beyond macronutrients: element variability and multielement stoichiometry in freshwater invertebrates. Ecology Letters, 9:

1273 - 1283.

Kaspari M, Roeder K A, Benson B, et al. 2017. Sodium co-limits and catalyzes macronutrients in a prairie food web. Ecology, 98: 315 - 320.

Kay A D, Rostampour S, Sterner R W. 2006. Ant stoichiometry: elemental homeostasis in stage-structured colonies. Functional Ecology, 20: 1037 - 1044.

Kennedy G G, Yamamoto R T, Dimock M B, et al. 1981. Effect of day length and light intensity on 2-tridecanone levels and resistance in *Lycopersicon hirsutum* f. *glabratum* to *Manduca sexta*. Journal of Chemical Ecology, 7: 707 - 716.

Khosravifar S, Yarnia M, Benam M B K, et al. 2008. Effect of potassium on drought tolerance in potato cv. Agria. Journal of Food Agriculture & Environment, 6: 236 - 241.

Killingbeck K T. 1993. Inefficient nitrogen resorption in genets of the actinorhizal nitrogen fixing shrub *Comptonia peregrina*: physiological ineptitude or evolutionary tradeoff? Oecologia, 94: 542 - 549.

Killingbeck K T. 1996. Nutrients in senesced leaves: keys to the search for potential resorption and resorption proficiency. Ecology, 77: 1716 - 1727.

Kim K W, Cho D H, Kim P G. 2011. Morphology of foliar trichomes of the Chinese Cork oak *Quercus variabilis* by electron microscopy and three-dimensional surface profiling. Microscopy and Microanalysis, 17: 461 - 468.

Kimura M. 1983. The neutral theory of molecular evolution. New York: Cambridge University Press.

King D A. 1998. Influence of leaf size on tree architecture: first branch height and crown dimensions in tropical rain forest trees. Trees-Structure and Function, 12: 438 - 445.

Klooster B, Palmer-Young E. 2004. Water stress marginally increases stomatal density in *E. canadensis* , but not in *A. gerardii*. Tillers, 5: 35 - 40.

Kobe R K, Lepczyk C A, Iyer M. 2005. Resorption efficiency decreases with increasing green leaf nutrients in a global data set. Ecology, 86: 2780 - 2792.

Koerselman W, Meuleman A F M. 1996. The vegetation N : P ratio: a new tool to detect the nature of nutrient limitation. Journal of Applied Ecology, 33: 1441 - 1450.

Konnert M, Bergmann F. 1995. The geographical distribution of genetic variation of silver fir (*Abies alba*, Pinaceae) in relation to its migration history. Plant Systematics & Evolution, 196: 19 - 30.

Körner C, Bannister P, Mark A F. 1986. Altitudinal variation in stomatal conductance, nitrogen content and leaf anatomy in different plant life forms in New

Zealand. Oecologia, 69: 577 - 588.

Körner C. 1989. The nutritional status of plants from high altitudes. Oecologia, 81: 379 - 391.

Krauss S L. 1994. Restricted gene flow within the morphologically complex species *Persoonia mollis* (Proteaceae): contrasting evidence from the mating system and pollen dispersal. Heredity, 73: 142 - 154.

Kutsch W L, Liu C J, Hormann G, et al. 2005. Spatial heterogeneity of ecosystem carbon fluxes in a broadleaved forest in Northern Germany. Global Change Biology, 11: 70 - 88.

Lagercrantz U, Ryman N. 1990. Genetic structure of Norway spruce (*Picea abies*): concordance of morphological and allozymic variation. Evolution, 44: 38 - 53.

Lamont B B, Groom P K. 2013. Seeds as a source of carbon, nitrogen, and phosphorus for seedling establishment in temperate regions: a synthesis. American Journal of Plant Sciences, 4: 30 - 40.

Laspoumaderes C, Modenutti B, Balseiro E. 2010. Herbivory versus omnivory: linking homeostasis and elemental imbalance in copepod development. Journal of Plankton Research, 32: 1573 - 1582.

Lee W K, von Gadow K, Chung D J, et al. 2004. DBH growth model for *Pinus densiflora* and *Quercus variabilis* mixed forests in central Korea. Ecological Modelling, 176: 187 - 200.

Lei J P, Xiao W F, Liu J F, et al. 2013. Responses of nutrients and mobile carbohydrates in *Quercus variabilis* seedlings to environmental variations using in situ and ex situ experiments. Plos One, 8: e61192.

Leite G L D, Picanco M, Guedes R N C, et al. 1999. Influence of canopy height and fertilization levels on the resistance of *Lycopersicon hirsutum* to *Aculops lycopersici* (Acari: Eriophyidae). Experimental and Applied Acarology, 23: 633 - 642.

Leite G L D, Picanco M, Guedes R N C, et al. 2001. Role of plant age in the resistance of *Lycopersicon hirsutum* f. *glabratum* to the tomato leafminer *Tuta absoluta* (Lepidoptera: Gelechiidae). Scientia Horticulturae, 89: 103 - 113.

Levizou E, Drilias P, Psaras G K, et al. 2005. Nondestructive assessment of leaf chemistry and physiology through spectral reflectance measurements may be misleading when changes in trichome density co-occur. New Phytologist, 165: 463 - 472.

Li C Y, Zhang X J, Liu X L, et al. 2006. Leaf morphological and physiological responses of *Quercus aquifolioides* along an altitudinal gradient. Silva Fennica, 40:

5 - 13.

Li X, Sun K. 2016. The Effect of climatic factors on leaf traits of a non-leguminous nitrogen fixing species *Hippophae tibetana* (Schlecht.) along the altitudinal gradient in the eastern Tibetan plateau, China. Nature environment and pollution technology, 15: 189 - 194.

Li X N, Jiang D, Liu F L. 2016. Soil warming enhances the hidden shift of elemental stoichiometry by elevated CO_2 in wheat. Scientific Reports, 6: 23313.

Liakoura V, Stefanou M, Manetas Y, et al. 1997. Trichome density and its UV-B protective potential are affected by shading and leaf position on the canopy. Environmental and Experimental Botany, 38: 223 - 229.

Librado P, Rozas J. 2009. DnaSP v5: a software for comprehensive analysis of DNA polymorphism data. Bioinformatics, 25: 1451 - 1452.

Liepelt S, Bialozyt R, Ziegenhagen B. 2002. Wind-dispersed pollen mediates postglacial gene flow among refugia. Proceedings of the National Academy of Sciences of the United States of America, 99: 14590 - 14594.

Lin G G, Gao M X, Zeng D H, et al. 2020. Aboveground conservation acts in synergy with belowground uptake to alleviate phosphorus deficiency caused by nitrogen addition in a larch plantation. Forest Ecology and Management, 473: 118309.

Liu C, Berg B, Kutsch W, et al. 2006. Leaf litter nitrogen concentration as related to climatic factors in Eurasian forests. Global Ecology and Biogeography, 15: 438 - 444.

Liu C C, Liu Y G, Guo K, et al. 2014. Concentrations and resorption patterns of 13 nutrients in different plant functional types in the karst region of south-western China. Annals of Botany, 113: 873 - 885.

Löf M, Brunet J, Filyushkina A, et al. 2016. Management of oak forests: striking a balance between timber production, biodiversity and cultural services. International Journal of Biodiversity Science, Ecosystem Services & Management, 12: 59 - 73.

Loladze I. 2002. Rising atmospheric CO_2 and human nutrition: toward globally imbalanced plant stoichiometry? Trends in Ecology & Evolution, 17: 457 - 461.

Londo J P, Chiang Y, Hung K, et al. 2006. Phylogeography of Asian wild rice, *Oryza rufipogon*, reveals multiple independent domestications of cultivated rice, *Oryza sativa*. Proceedings of the National Academy of Sciences of the United States of America, 103: 9578 - 9583.

Lovelock C E, Feller I C, Ball M C, et al. 2007. Testing the growth rate vs.

geochemical hypothesis for latitudinal variation in plant nutrients. Ecology Letters, 10: 1154 - 1163.
Lu S Y, Peng C I, Cheng Y P, et al. 2001. Chloroplast DNA phylogeography of *Cunninghamia konishii* (Cupressaceae), an endemic conifer of Taiwan. Genome, 44: 797 - 807.
Lu X T, Reed S C, Yu Q, et al. 2016. Nutrient resorption helps drive intra-specific coupling of foliar nitrogen and phosphorus under nutrient-enriched conditions. Plant and Soil, 398: 111 - 120.
Lumaret R, Mir C, Michaud H, et al. 2002. Phylogeographical variation of chloroplast DNA in holm oak (*Quercus ilex* L.). Molecular Ecology, 11: 2327 - 2336.
Lumaret R, Tryphon-dionnet M, Michaud H, et al. 2005. Phylogeographical variation of chloroplast DNA in Cork Oak (*Quercus suber*). Annals of Botany, 96: 853 - 861.
Macek P, Klimeš L, Adamec L, et al. 2012. Plant nutrient content does not simply increase with elevation under the extreme environmental conditions of Ladakh, NW Himalaya. Arctic, Antarctic, and Alpine Research, 44: 62 - 66.
Mantel N. 1967. The detection of disease clustering and a generalized regression approach. Cancer Research, 59: 209 - 220.
Marklein A R, Houlton B Z. 2012. Nitrogen inputs accelerate phosphorus cycling rates across a wide variety of terrestrial ecosystems. New Phytologist, 193: 696 - 704.
Markow T A, Raphael B, Dobberfuhl D, et al. 1999. Elemental stoichiometry of Drosophila and their hosts. Functional Ecology, 13: 78 - 84.
Marschner P. 2012. Marschner's mineral nutrition of higher plants (Third Edition). San Diego: Academic Press.
Mauricio R. 2005. Ontogenetics of QTL: the genetic architecture of trichome density over time in Arabidopsis thaliana. Genetica, 123: 75 - 85.
McDonald P G, Fonseca C R, Overton J M, et al. 2003. Leaf-size divergence along rainfall and soil-nutrient gradients: is the method of size reduction common among clades? Functional Ecology, 17: 50 - 57.
McFeeters B J, Frost P C. 2011. Temperature and the effects of elemental food quality on Daphnia. Freshwater Biology, 56: 1447 - 1455.
McGroddy M E, Daufresne T, Hedin L O. 2004. Scaling of C : N : P stoichiometry in forests worldwide: implications of terrestrial redfield-type ratios. Ecology, 85: 2390 - 2401.

McKown A D, Dengler N G. 2007. Key innovations in the evolution of Kranz anatomy and C_4 vein pattern in *Flavea* (Asteraceae). American Journal of Botany, 94: 382 - 399.

Meloni M, Perini D, Binelli G. 2007. The distribution of genetic variation in Norway spruce (*Picea abies* Karst.) populations in the western Alps. Journal of Biogeography, 34: 929 - 938.

Meng L H, Yang R, Abbott R J, et al. 2007. Mitochondrial and chloroplast phylogeography of *Picea crassifolia* Kom. (Pinaceae) in the Qinghai-Tibetan Plateau and adjacent highlands. Molecular Ecology, 16: 4128 - 4137.

Milberg P, Lamont B B. 1997. Seed/cotyledon size and nutrient content play a major role in early performance of species on nutrient-poor soils. New Phytologist, 137: 665 - 672.

Moctezuma C, Hammerbacher A, Heil M, et al. 2014. Specific polyphenols and tannins are associated with defense against insect herbivores in the tropical oak *Quercus oleoides*. Journal of Chemical Ecology, 40: 458 - 467.

Moe S J, Stelzer R S, Forman M R, et al. 2005. Recent advances in ecological stoichiometry: insights for population and community ecology. Oikos, 109: 29 - 39.

Molder A, Meyer P, Nagel R V. 2019. Integrative management to sustain biodiversity and ecological continuity in Central European temperate oak (*Quercus robur*, *Q. petraea*) forests: an overview. Forest Ecology and Management, 437: 324 - 339.

Molina-Montenegro M A, Avila P, Hurtado R, et al. 2006. Leaf trichome density may explain herbivory patterns of *Actinote* sp (Lepidoptera: Acraeidae) on *Liabum mandonii* (Asteraceae) in a montane humid forest (Nor Yungas, Bolivia). Acta Oecologica-International Journal of Ecology, 30: 147 - 150.

Morales D. 2021. Oak trees (*Quercus* spp.) as a source of extracts with biological activities: a narrative review. Trends in Food Science & Technology, 109: 116 - 125.

Morales M A, Alarcon J J, Torrecillas A, et al. 2000. Growth and water relations of *Lotus creticus creticus* plants as affected by salinity. Biologia Plantarum, 43: 413 - 417.

Müller-Starck G, Baradat P, Bergmann F. 1992. Genetic variation within European tree species. New Forests, 6: 23 - 47.

Munoz A, Bonal R, Espelta J M. 2014. Acorn-weevil interactions in a mixed-oak forest: outcomes for larval growth and plant recruitment. Forest Ecology and

Management, 322: 98 - 105.

Nadeau J A, Sack F D. 2002. Control of stomatal distribution on the Arabidopsis leaf surface. Science, 296: 1697 - 1700.

Nakazawa T. 2011. The ontogenetic stoichiometric bottleneck stabilizes herbivore-autotroph dynamics. Ecological Research, 26: 209 - 216.

Nandwal A S, Hooda A, Datta D. 1998. Effect of substrate moisture and potassium on water relations and C, N and K distribution in Vigna radiata. Biologia Plantarum, 41: 149 - 153.

Nautiyal S. 1984. High altitude acclimatization in four Artemisia species: changes in free amino acids and nitrogen contents in leaves. Biologia Plantarum, 26: 230.

Nei M, Li W H. 1979. Mathematical model for studying genetic variation in terms of restriction endonucleases. Proceedings of the National Academy of Sciences of the United States of America, 76: 5269 - 5273.

Nei M, Tajima F. 1981. DNA polymorphism detectable by restriction endonucleases. Genetics, 97: 145 - 163.

Nei M, Tajima F. 1983. Maximum likelihood estimation of the number of nucleotide substitutions from restriction sites data. Genetics, 105: 207 - 217.

Nei M. 1987. Molecular evolutionary genetics. New York: Columbia University Press.

Nestel D, Tolmasky D, Rabossi A, et al. 2003. Lipid, carbohydrates and protein patterns during metamorphosis of the Mediterranean fruit fly, *Ceratitis capitata* (Diptera: Tephritidae). Annals of the Entomological Society of America, 96: 237 - 244.

Nicotra A B, Leigh A, Boyce C K, et al. 2011. The evolution and functional significance of leaf shape in the angiosperms. Functional Plant Biology, 38: 535 - 552.

Niinemets U, Tamm U. 2005. Species differences in timing of leaf fall and foliage chemistry modify nutrient resorption efficiency in deciduous temperate forest stands. Tree Physiology, 25: 1001 - 1014.

Niinemets U. 2015. Is there a species spectrum within the world-wide leaf economics spectrum? Major variations in leaf functional traits in the Mediterranean sclerophyll *Quercus ilex*. New Phytologist, 205: 79 - 96.

Nikolic N, Orlović S, Krstić B, et al. 2006. Variability of acorn nutrient concentrations in pedunculate oak (*Quercus robur* L.) genotypes. Journal of Forest Science — UZPI (Czech Republic), 52: 51 - 60.

Niu X, Wang B, Liu S R, et al. 2012. Economical assessment of forest ecosystem services in China: characteristics and implications. Ecological Complexity, 11: 1 - 11.

Nixon K C. 2006. Global and neotropical distribution and diversity of oak (genus *Quercus*) and oak forests. In: Kappelle M. (eds) Ecology and conservation of neotropical montane oak forests. Berlin, Heidelberg: Springer.

Ntefidou M, Manetas Y. 1996. Optical properties of hairs furing the early stages of leaf development in *Platanus orientalis*. Functional Plant Biology, 23: 535 - 538.

Ohi T, Kajita T, Murata J. 2003. Distinct geographic structure as evidenced by chloroplast DNA haplotypes and ploidy level in Japanese Aucuba (Aucubacea). American Journal of Botany, 90: 1645 - 1652.

Ohyama M, Baba K, Itoh T. 2001. Wood identification of Japanese *Cyclobalanopsis* species (Fagaceae) based on DNA polymorphism of the intergenic spacer between trnT and trnL 5′ exon. Journal of Wood Science, 47: 81 - 86.

Okaura T, Quang N D, Ubukata M, et al. 2007. Phylogeographic structure and late Quaternary population history of the Japanese oak *Quercus mongolica* var. *crispula* and related species revealed by chloroplast DNA variation. Genes & Genetic Systems, 82: 465 - 477.

Ordonez J C, van Bodegom P M, Witte J P M, et al. 2009. A global study of relationships between leaf traits, climate and soil measures of nutrient fertility. Global Ecology and Biogeography, 18: 137 - 149.

Orians G H, Solbrig O T. 1977. A cost-income model of leaves and roots with special reference to arid and semiarid areas. The American Naturalist, 111: 677 - 690.

Özcan T, Baycu G. 2005. Some elemental concentrations in the acorns of Turkish *Quercus* L. (Fagaceae) taxa. Pakistan Journal of Botany, 37: 361 - 371.

Papageorgiou A C, Vidalis A, Gailing O, et al. 2008. Genetic variation of beech (*Fagus sylvatica* L.) in Rodopi (NE Greece). European Journal of Forest Research, 127: 81 - 88.

Pearce D W, Millard S, Bray D F, et al. 2006. Stomatal characteristics of riparian poplar species in a semi-arid environment. Tree Physiology, 26: 211 - 218.

Penuelas J, Sardans J, Ogaya R, et al. 2008. Nutrient stoichiometric relations and biogeochemical niche in coexisting plant species: effect of simulated climate change. Polish Journal of Ecology, 56: 613 - 622.

Perez-Estrada L B, Cano-Santana Z, Oyama K. 2000. Variation in leaf trichomes of *Wigandia urens*: environmental factors and physiological consequences. Tree Physiology, 20: 629 - 632.

Persson J, Fink P, Goto A, et al. 2010. To be or not to be what you eat: regulation of stoichiometric homeostasis among autotrophs and heterotrophs. Oikos, 119: 741 - 751.

Persson J, Wojewodzic M W, Hessen D O, et al. 2011. Increased risk of phosphorus limitation at higher temperatures for *Daphnia magna*. Oecologia, 165: 123 - 129.

Petit R J, Brewer S, Bordacs S, et al. 2002a. Identification of refugia and post-glacial colonisation routes of European white oaks based on chloroplast DNA and fossil pollen evidence. Forest Ecology and Management, 156: 49 - 74.

Petit R J, Csaikl U M, Bordacs S, et al. 2002b. Chloroplast DNA variation in European white oaks — Phylogeography and patterns of diversity based on data from over 2600 populations. Forest Ecology and Management, 156: 5 - 26.

Petucco C, Skovsgaard J P, Jensen F S. 2013. Recreational preferences depending on thinning practice in young even-aged stands of pedunculate oak (*Quercus robur* L.): comparing the opinions of forest and landscape experts and the general population of Denmark. Scandinavian Journal of Forest Research, 28: 668 - 676.

Piper E L, Boote K J. 1999. Temperature and cultivar effects on soybean seed oil and protein concentrations. Journal of the American Oil Chemists Society, 76: 1233 - 1241.

Pons O, Petit R J. 1996. Measwring and testing genetic differentiation with ordered versus unordered alleles. Genetics, 144: 1237 - 1245.

Posada D, Crandall K A. 2001. Intraspecific gene genealogies: trees grafting into networks. Trends in Ecology & Evolution, 16: 37 - 45.

Prather C M, Laws A N, Cuellar J F, et al. 2018. Seeking salt: herbivorous prairie insects can be co-limited by macronutrients and sodium. Ecology Letters, 21: 1467 - 1476.

Prentice I C, Cramer W, Harrison S P, et al. 1992. A global biome model based on plant physiology and dominance, soil properties and climate. Journal of Biogeography, 19: 117 - 134.

Prescott C E. 2010. Litter decomposition: what controls it and how can we alter it to sequester more carbon in forest soils? Biogeochemistry, 101: 133 - 149.

Price C A, Enquist B J. 2007. Scaling mass and morphology in leaves: an extension of the WBE model. Ecology, 88: 1132 - 1141.

Pritchard J K, Stephens M, Donnelly P. 2000. Inference of population structure using multilocus genotype data. Genetics, 155: 945 - 959.

Pugnaire F I, Chapin F S. 1992. Environmental and physiological factors governing nutrient resorption efficiency in Barley. Oecologia, 90: 120 - 126.

Qi J，Ma K M，Zhang Y X. 2009. Leaf-trait relationships of *Quercus liaotungensis* along an altitudinal gradient in Dongling Mountain，Beijing. Ecological Research，24：1243－1250.

Qian H，Ricklefs R E. 2000. Large-scale processes and the Asian bias in species diversity of temperate plants. Nature，407：180－182.

Qian H，Ricklefs R E. 2001. Palaeovegetation－Diversity of temperate plants in east Asia-Reply. Nature，413：130－130.

Qiang W Y，Wang X L，Chen T，et al. 2003. Variations of stomatal density and carbon isotope values of *Picea crassifolia* at different altitudes in the Qilian Mountains. Trees-Structure and Function，17：258－262.

Qiu Y X，Guan B C，Fu C X，et al. 2009a. Did glacials and/or interglacials promote allopatric incipient speciation in East Asian temperate plants? Phylogeographic and coalescent analyses on refugial isolation and divergence in Dysosma versipellis. Molecular Phylogenetics and Evolution，51：281－293.

Qiu Y X，Sun Y，Zhang X P，et al. 2009b. Molecular phylogeography of East Asian *Kirengeshoma*（Hydrangeaceae）in relation to Quaternary climate change and landbridge configurations. New Phytologist，183：480－495.

Quicke D L J，Wyeth P，Fawke J D，et al. 1998. Manganese and zinc in the ovipositors and mandibles of hymenopterous insects. Zoological Journal of the Linnean Society，124：387－396.

Rababah T M，Ereifej K I，Al-Mahasneh M A，et al. 2008. The physicochemical composition of acorns for two mediterranean *Quercus* species. Jordan Journal of Agricultural Sciences，4:131－137.

Ratnam J，Sankaran M，Hanan N P，et al. 2008. Nutrient resorption patterns of plant functional groups in a tropical savanna：variation and functional significance. Oecologia，157：141－151.

Raven J A. 2002. Selection pressures on stomatal evolution. New Phytologist，153：371－386.

Reed S C，Townsend A R，Davidson E A，et al. 2012. Stoichiometric patterns in foliar nutrient resorption across multiple scales. New Phytologist，196：173－180.

Reich P B，Oleksyn J. 2004. Global patterns of plant leaf N and P in relation to temperature and latitude. Proceedings of the National Academy of Sciences of the United States of America，101：11001－11006.

Reich P B，Wright I J，Cavender-Bares J，et al. 2003. The evolution of plant functional variation：traits，spectra，and strategies. International Journal of Plant Sciences，164：S143－S164.

Reich P B. 2005. Global biogeography of plant chemistry: filling in the blanks. New Phytologist, 168: 263 - 266.

Rengel Z. 2004. Aluminium cycling in the soil-plant-animal-human continuum. Biometals, 17: 669 - 689.

Rivas-Ubach A, Gargallo-Garriga A, Sardans J, et al. 2014. Drought enhances folivory by shifting foliar metabolomes in *Quercus ilex* trees. New Phytologist, 202: 874 - 885.

Rivero R M, Kojima M, Gepstein A, et al. 2007. Delayed leaf senescence induces extreme drought tolerance in a flowering plant. Proceedings of the National Academy of Sciences of the United States of America, 104: 19631 - 19636.

Rogers A R, Harpending H. 1992. Population growth makes waves in the distribution of pairwise genetic differences. Molecular Biology and Evolution, 9: 552 - 569.

Roth-Nebelsick A, Uhl D, Mosbrugger V, et al. 2001. Evolution and function of leaf venation architecture: a review. Annals of Botany, 87: 553 - 566.

Rotundo J L, Westgate M E. 2009. Meta-analysis of environmental effects on soybean seed composition. Field Crops Research, 110: 147 - 156.

Roy B A, Stanton M L, Eppley S M. 1999. Effects of environmental stress on leaf hair density and consequences for selection. Journal of Evolutionary Biology, 12: 1089 - 1103.

Royer D L, McElwain J C, Adams J M, et al. 2008. Sensitivity of leaf size and shape to climate within *Acer rubrum* and *Quercus kelloggii*. New Phytologist, 179: 808 - 817.

Royer D L. 2001. Stomatal density and stomatal index as indicators of paleoatmospheric CO_2 concentration. Review of Palaeobotany and Palynology, 114: 1 - 28.

Royer D L. 2012. Leaf shape responds to temperature but not CO_2 in *Acer rubrum*. Plos One, 7: e49559.

Rozendaal D M A, Hurtado V H, Poorter L. 2006. Plasticity in leaf traits of 38 tropical tree species in response to light; relationships with light demand and adult stature. Functional Ecology, 20: 207 - 216.

Russo S E, Cannon W L, Elowsky C, et al. 2010. Variation in leaf stomatal traits of 28 tree epecies in relation to gas exchange along an edaphic gradient in a Bornean rain forest. American Journal of Botany, 97: 1109 - 1120.

Sack L, Cowan P D, Holbrook N M. 2003a. The major veins of mesomorphic leaves revisited: Tests for conductive overload in *Acer saccharum* (Aceraceae) and

Quercus rubra (Fagaceae). American Journal of Botany, 90: 32 – 39.

Sack L, Cowan P D, Jaikumar N, et al. 2003b. The 'hydrology' of leaves: co-ordination of structure and function in temperate woody species. Plant Cell and Environment, 26: 1343 – 1356.

Sack L, Dietrich E M, Streeter C M, et al. 2008. Leaf palmate venation and vascular redundancy confer tolerance of hydraulic disruption. Proceedings of the National Academy of Sciences of the United States of America, 105: 1567 – 1572.

Sack L, Frole K. 2006. Leaf structure diversity is related to hydraulic capacity in tropical rain forest trees. Ecology, 87: 483 – 491.

Sack L, Tyree M T, Holbrook N M. 2005. Leaf hydraulic architecture correlates with regeneration irradiance in tropical rainforest trees. New Phytologist, 167: 403 – 413.

Sadras V O, Montoro A, Moran M A, et al. 2012. Elevated temperature altered the reaction norms of stomatal conductance in field-grown grapevine. Agricultural and Forest Meteorology, 165: 35 – 42.

Saitou N, Nei M. 1987. The neighbor-joining method: a new method for reconstructing phylogenetic trees. Molecular Biology and Evolution, 4: 406 – 425.

Salama H S, El-Sharaby A F. 1972. Effect of zinc sulphate on the feeding and growth of *Spodoptera littoralis* Boisd. Zeitschrift für Angewandte Entomologie, 72: 383 – 389.

Salisbury E J. 1928. On the causes and ecological significance of stomatal frequency, with special reference to the woodland flora. Philosophical Transactions of the Royal Society of London Series B, 216: 1.

Samarah N, Mullen R, Cianzio S. 2004. Size distribution and mineral nutrients of soybean seeds in response to drought stress. Journal of Plant Nutrition, 27: 815 – 835.

Sandquist D R, Ehleringer J R. 1998. Intraspecific variation of drought adaptation in brittlebush: leaf pubescence and timing of leaf loss vary with rainfall. Oecologia, 113: 162 – 169.

Santiago L S, Wright S J, Harms K E, et al. 2012. Tropical tree seedling growth responses to nitrogen, phosphorus and potassium addition. Journal of Ecology, 100: 309 – 316.

Santiago L S, Wright S J. 2007. Leaf functional traits of tropical forest plants in relation to growth form. Functional Ecology, 21: 19 – 27.

Sardans J, Penuelas J, Coll M, et al. 2012. Stoichiometry of potassium is largely determined by water availability and growth in Catalonian forests. Functional

Ecology, 26: 1077 - 1089.

Sardans J, Penuelas J, Estiarte M, et al. 2008. Warming and drought alter C and N concentration, allocation and accumulation in a Mediterranean shrubland. Global Change Biology, 14: 2304 - 2316.

Sardans J, Penuelas J. 2007. Drought changes phosphorus and potassium accumulation patterns in an evergreen Mediterranean forest. Functional Ecology, 21: 191 - 201.

Sardans J, Rivas-Ubach A, Penuelas J. 2011. Factors affecting nutrient concentration and stoichiometry of forest trees in Catalonia (NE Spain). Forest Ecology and Management, 262: 2024 - 2034.

Schaal B A, Hayworth D A, Olsen K M, et al. 1998. Phylogeographic studies in plants: problems and prospects. Molecular Ecology, 7: 465 - 474.

Schachtman D P, Shin R. 2007. Nutrient sensing and signaling: NPKS. Annual Review of Plant Biology, 58: 47 - 69.

Schade J D, Espeleta J F, Klausmeier C A, et al. 2005. A conceptual framework for ecosystem stoichiometry: balancing resource supply and demand. Oikos, 109: 40 - 51.

Schade J D, Kyle M, Hobbie S E, et al. 2003. Stoichiometric tracking of soil nutrients by a desert insect herbivore. Ecology Letters, 6: 96 - 101.

Schindler D E, Eby L A. 1997. Stoichiometry of fishes and their prey: implications for nutrient recycling. Ecology, 78: 1816 - 1831.

Schlemmer M R, Francis D D, Shanahan J F, et al. 2005. Remotely measuring chlorophyll content in corn leaves with differing nitrogen levels and relative water content. Agronomy Journal, 97: 106 - 112.

Schonswetter P, Stehlik I, Holderegger R, et al. 2005. Molecular evidence for glacial refugia of mountain plants in the European Alps. Molecular Ecology, 14: 3547 - 3555.

Schultz E T, Conover D O. 1997. Latitudinal differences in somatic energy storage: adaptive responses to seasonality in an estuarine fish (Atherinidae: *Menidia menidia*). Oecologia, 109: 516 - 529.

See C R, Yanai R D, Fisk M C, et al. 2015. Soil nitrogen affects phosphorus recycling: foliar resorption and plant-soil feedbacks in a northern hardwood forest. Ecology, 96: 2488 - 2498.

Sewell M M, Parks C R, Chase M W. 1996. Intraspecific chloroplast DNA variation and biogeography of North American *Liriodendron* L. (Magnoliaceae). Evolution, 50: 1147 - 1154.

Sistla S A, Appling A P, Lewandowska A M, et al. 2015. Stoichiometric flexibility in response to fertilization along gradients of environmental and organismal nutrient richness. Oikos, 124: 949 - 959.

Sistla S A, Schimel J P. 2012. Stoichiometric flexibility as a regulator of carbon and nutrient cycling in terrestrial ecosystems under change. New Phytologist, 196: 68 - 78.

Slatkin M. 1993. Isolation by distance in equilibrium and non-equilibrium populations. Evolution, 47: 264 - 279.

Slatkin M. 1995. A measure of population subdivision based on microsatellite allele frequencies. Genetics, 139: 457 - 462.

Small G E, Pringle C M. 2010. Deviation from strict homeostasis across multiple trophic levels in an invertebrate consumer assemblage exposed to high chronic phosphorus enrichment in a Neotropical stream. Oecologia, 162: 581 - 590.

Smith W K, McClean T M. 1989. Adaptive relationship between leaf water repellency, stomatal distribution, and gas exchange. American Journal of Botany, 76: 465 - 469.

Soltis D E, Gitzendanner M A, Strenge D D, et al. 1997. Chloroplast DNA intraspecific phylogeography of plants from the Pacific Northwest of North America. Plant Systematics and Evolution, 206: 353 - 373.

Soltis D E, Mayer M S, Soltis P S, et al. 1991. Chloroplast DNA variation in *Tellima grandiflora* (Saxifragaceae). American Journal of Botany, 78: 1379 - 1390.

Soltis D E, Soltis P S, Ranker T A, et al. 1989. Chloroplast DNA variation in a wild plant, *tolmiea menziesii*. Genetics, 121: 819 - 826.

Soltis D E, Soltis P S, Thompson J N. 1992. Chloroplast DNA variation in *Lithophragma* (Saxifragaceae). Systematic Botany, 17: 607 - 619.

Soltis D E, Soltis P S. 1997. Phylogenetic relationships in *Saxifragaceae sensu* lato: a comparison of topologies based on 18S rDNA and rbcL sequences. American Journal of Botany, 84: 504 - 522.

Sommer R, Benecke N. 2004. Late- and Post-Glacial history of the Mustelidae in Europe. Mammal Review, 34: 249 - 284.

Sommer R S, Nadachowski A. 2006. Glacial refugia of mammals in Europe: evidence from fossil records. Mammal Review, 36: 251 - 265.

Sommer R S, Zachos F E. 2009. Fossil evidence and phylogeography of temperate species: 'glacial refugia' and post-glacial recolonization. Journal of Biogeography, 36: 2013 - 2020.

Sparks J P, Black R A. 1999. Regulation of water loss in populations of *Populus trichocarpa*: the role of stomatal control in preventing xylem cavitation. Tree Physiology, 19: 453 - 459.

Steinger T, Gall R, Schmid B. 2000. Maternal and direct effects of elevated CO_2 on seed provisioning, germination and seedling growth in *Bromus erectus*. Oecologia, 123: 475 - 480.

Sterner R W, Elser J J. 2002. Ecological stoichiometry: The biology of elements from molecules to the biosphere. Princeton: Princeton University Press.

Sterner R W, Schwalbach M S. 2001. Diel integration of food quality by Daphnia: Luxury consumption by a freshwater planktonic herbivore. Limnology and Oceanography, 46: 410 - 416.

Strahl J, Dringen R, Schmidt M M, et al. 2011. Metabolic and physiological responses in tissues of the long-lived bivalve Arctica islandica to oxygen deficiency. Comparative Biochemistry and Physiology a-Molecular & Integrative Physiology, 158: 513 - 519.

Sun B N, Dilcher D L, Beerling D J, et al. 2003. Variation in *Ginkgo biloba* L. leaf characters across a climatic gradient in China. Proceedings of the National Academy of Sciences of the United States of America, 100: 7141 - 7146.

Sun S Q, Wu Y H, Zhou J, et al. 2011. Comparison of element concentrations in fir and rhododendron leaves and twigs along an altitudinal gradient. Environmental Toxicology and Chemistry, 30: 2608 - 2619.

Sun X, Kang H Z, Chen H Y H, et al. 2016a. Phenotypic plasticity controls regional-scale variation in *Quercus variabilis* leaf $\delta^{13}C$. Trees-Structure and Function, 30: 1445 - 1453.

Sun X, Kang H Z, Chen H Y H, et al. 2016b. Biogeographic patterns of nutrient resorption from *Quercus variabilis* Blume leaves across China. Plant Biology, 18: 505 - 513.

Sun X, Kang H Z, Du H M, et al. 2012. Stoichiometric traits of oriental oak (*Quercus variabilis*) acorns and their variations in relation to environmental variables across temperate to subtropical China. Ecological Research, 27: 765 - 773.

Sun X, Kang H Z, Kattge J, et al. 2015a. Biogeographic patterns of multi-element stoichiometry of *Quercus variabilis* leaves across China. Canadian Journal of Forest Research, 45: 1827 - 1834.

Sun X, Kay A D, Kang H Z, et al. 2013a. Correlated biogeographic variation of magnesium across trophic levels in a terrestrial food chain. Plos One, 8: e78444.

Sun X, Small G E, Zhou X, et al. 2015b. Variation in C : N : S stoichiometry and nutrient storage related to body size in a holometabolous insect (*Curculio davidi*) (Coleoptera: Curculionidae) Larva. Journal of Insect Science, 15: 1 - 6.

Sun X, Zhou X, Small G E, et al. 2013b. Energy storage and C : N : P variation in a holometabolous insect (*Curculio davidi* Fairmaire) larva across a climate gradient. Journal of Insect Physiology, 59: 408 - 415.

Sundqvist M K, Sanders N J, Wardle D A. 2013. Community and ecosystem responses to elevational gradients: processes, mechanisms, and insights for global change. Annual Review of Ecology, Evolution, and Systematics, 44: 261 - 280.

Taberlet P, Cheddadi R. 2002. Quaternary refugia and persistence of biodiversity. Science, 297: 2009 - 2010.

Taberlet P, Fumagalli L, Wust-Saucy A G, et al. 1998. Comparative phylogeography and postglacial colonization routes in Europe. Molecular Ecology, 7: 453 - 464.

Tajima F. 1989. Statistical method for testing the neutral mutation hypothesis by DNA polymorphism. Genetics, 123: 585 - 595.

Takahashi K, Miyajima Y. 2008. Relationships between leaf life span, leaf mass per area, and leaf nitrogen cause different altitudinal changes in leaf $\delta^{13}C$ between deciduous and evergreen species. Botany, 86: 1233 - 1241.

Tamura K, Dudley J, Nei M, et al. 2007. MEGA4: molecular evolutionary genetics analysis (MEGA) software version 4. 0. Molecular Biology and Evolution, 24: 1596 - 1599.

Tang C Q, Ohsawa M. 1999. Altitudinal distribution of evergreen broad-leaved trees and their leaf-size pattern on a humid subtropical mountain, Mt. Emei, Sichuan, China. Plant Ecology, 145: 221 - 233.

Tang L Y, Han W X, Chen Y H, et al. 2013. Resorption proficiency and efficiency of leaf nutrients in woody plants in eastern China. Journal of Plant Ecology, 6: 408 - 417.

Tang M, Hu Y X, Lin J X, et al. 2002. Developmental mechanism and distribution pattern of stomatal clusters in *Begonia peltafifolia*. Acta Botanica Sinica, 44: 384 - 390.

Tao L L, Hunter M D. 2012. Does anthropogenic nitrogen deposition induce phosphorus limitation in herbivorous insects? Global Change Biology, 18: 1843 - 1853.

Tay A C, Furukawa A. 2008. Variations in leaf stomatal density and distribution of 53 vine species in Japan. Plant Species Biology, 23: 2 - 8.

Testo W L, Watkins J E. 2012. Influence of plant size on the ecophysiology of the epiphytic fern *Asplenium Auritum* (Aspleniaceae) from Costa Rica. American Journal of Botany, 99: 1840 - 1846.

Theurillat J P, Guisan A. 2001. Potential impact of climate change on vegetation in the European Alps: a review. Climatic Change, 50: 77 - 109.

Thompson J D, Higgins D G, Gibson T J. 1994. CLUSTAL W: improving the sensitivity of progressive multiple sequence alignment through sequence weighting, position-specific gap penalties and weight matrix choice. Nucleic Acids Research, 22: 4673 - 4680.

Tian B, Liu R R, Wang L Y, et al. 2009. Phylogeographic analyses suggest that a deciduous species (*Ostryopsis davidiana* Decne., Betulaceae) survived in northern China during the Last Glacial Maximum. Journal of Biogeography, 36: 2148 - 2155.

Tian D S, Reich P B, Chen H Y H, et al. 2019. Global changes alter plant multi-element stoichiometric coupling. New Phytologist, 221: 807 - 817.

Tong R, Zhou B Z, Jiang L N, et al. 2021. Spatial patterns of leaf carbon, nitrogen, and phosphorus stoichiometry and nutrient resorption in Chinese fir across subtropical China. Catena, 201: 105221.

Tremblay N O, Schoen D J. 1999. Molecular phylogeography of *Dryas integrifolia*: glacial refugia and postglacial recolonization. Molecular Ecology, 8: 1187 - 1198.

Turan M, Ozgul M, Kocaman A. 2007. Freezing tolerance affected by mineral application during cold-acclimated conditions in some cool crop seedlings. Communications in Soil Science and Plant Analysis, 38: 1047 - 1060.

Turner T L, Bourne E C, Von Wettberg E J, et al. 2010. Population resequencing reveals local adaptation of *Arabidopsis lyrata* to serpentine soils. Nature Genetics, 42: 260 - 263.

Tyler G, Zohlen A. 1998. Plant seeds as mineral nutrient resource for seedlings: a comparison of plants from calcareous and silicate soils. Annals of Botany, 81: 455 - 459.

Tzedakis P C, Lawson I T, Frogley M R, et al. 2002. Buffered tree population changes in a quaternary refugium: evolutionary implications. Science, 297: 2044 - 2047.

Uhl D, Mosbrugger V. 1999. Leaf venation density as a climate and environmental proxy: a critical review and new data. Palaeogeography Palaeoclimatology Palaeoecology, 149: 15 - 26.

Van Andel T H, Tzedakis P C. 1996. Palaeolithic landscapes of Europe and environs, 150, 000 – 25, 000 years ago: an overview. Quaternary Science Reviews, 15: 481 – 500.

van Dam N M, Hare J D, Elle E. 1999. Inheritance and distribution of trichome phenotypes in *Datura wrightii*. Journal of Heredity, 90: 220 – 227.

Van de Waal D B, Verspagen J M H, Lurling M, et al. 2009. The ecological stoichiometry of toxins produced by harmful cyanobacteria: an experimental test of the carbon-nutrient balance hypothesis. Ecology Letters, 12: 1326 – 1335.

van de Weg M J, Meir P, Grace J, et al. 2009. Altitudinal variation in leaf mass per unit area, leaf tissue density and foliar nitrogen and phosphorus content along an Amazon-Andes gradient in Peru. Plant Ecology & Diversity, 2: 243 – 254.

Van den Ende W. 2014. Sugars take a central position in plant growth, development and, stress responses. A focus on apical dominance. Frontiers in Plant Science, 5: 313.

Vendramin G G, Anzidei M, Madaghiele A, et al. 2000. Chloroplast microsatellite analysis reveals the presence of population subdivision in Norway spruce (*Picea abies* K.). Genome, 43: 68 – 78.

Ventura M, Catalan J. 2005. Reproduction as one of the main causes of temporal variability in the elemental composition of zooplankton. Limnology and Oceanography, 50: 2043 – 2056.

Vergutz L, Manzoni S, Porporato A, et al. 2012. Global resorption efficiencies and concentrations of carbon and nutrients in leaves of terrestrial plants. Ecological Monographs, 82: 205 – 220.

Vettori C, Vendramin G G, Anzidei M, et al. 2004. Geographic distribution of chloroplast variation in Italian populations of beech (*Fagus sylvatica* L.). Theoretical and Applied Genetics, 109: 1 – 9.

Villar-Argaiz M, Medina-Sanchez J M, Carrillo P. 2002. Linking life history strategies and ontogeny in crustacean zooplankton: implications for homeostasis. Ecology, 83: 1899 – 1914.

Villar-Salvador P, Heredia N, Millard P. 2010. Remobilization of acorn nitrogen for seedling growth in holm oak (*Quercus ilex*), cultivated with contrasting nutrient availability. Tree Physiology, 30: 257 – 263.

Vinha A F, Barreira J C M, Costa A S G, et al. 2016. A new age for *Quercus* spp. fruits: review on nutritional and phytochemical composition and related biological activities of acorns. Comprehensive Reviews in Food Science and Food Safety, 15: 947 – 981.

Vitousek P M, Howarth R W. 1991. Nitrogen limitation on land and in the sea: how can it occur. Biogeochemistry, 13: 87 - 115.

Vitousek P M, Turner D R, Kitayama K. 1995. Foliar nutrients during long-term soil development in Hawaiian montane rain forest. Ecology, 76: 712 - 720.

Vodka S, Konvicka M, Cizek L. 2009. Habitat preferences of oak-feeding xylophagous beetles in a temperate woodland: implications for forest history and management. Journal of Insect Conservation, 13: 553 - 562.

Walsh C, MacNally R. 2003. Hierarchical Partitioning. The R Project for Statistical Computing. http://cran.r-project.org.

Wang F Y, Ge X J, Gong X, et al. 2008. Strong genetic differentiation of *Primula sikkimensis* in the East Himalaya-Hengduan Mountains. Biochemical Genetics, 46: 75 - 87.

Wang H F, Friedman C M R, Shi J C, et al. 2010a. Anatomy of leaf abscission in the Amur honeysuckle (*Lonicera maackii*, Caprifoliaceae): a scanning electron microscopy study. Protoplasma, 247: 111 - 116.

Wang H W, Ge S. 2006. Phylogeography of the endangered *Cathaya argyrophylla* (Pinaceae) inferred from sequence variation of mitochondrial and nuclear DNA. Molecular Ecology, 15: 4109 - 4122.

Wang Y, Chen X, Xiang C B. 2007. Stomatal density and bio-water saving. Journal of Integrative Plant Biology, 49: 1435 - 1444.

Wang Y L, Li X, Guo J, et al. 2010b. Chloroplast DNA phylogeography of *Clintonia udensis* Trautv. & Mey. (Liliaceae) in East Asia. Molecular Phylogenetics and Evolution, 55: 721 - 732.

Watanabe K, Kajita T, Murata J. 2006. Chloroplast DNA variation and geographical structure of the *Aristolochia kaempferi* group (Aristolochiaceae). American Journal of Botany, 93: 442 - 453.

Watanabe T, Broadley M R, Jansen S, et al. 2007. Evolutionary control of leaf element composition in plants. New Phytologist, 174: 516 - 523.

Whitehead D C. 2000. Nutrient elements in grassland: soil-plant-animal relationships. Wallingford: CABI Publishing.

Wilf P, Wing S L, Greenwood D R, et al. 1998. Using fossil leaves as paleoprecipitation indicators: an Eocene example. Geology, 26: 203 - 206.

Williams J G K, Kubelik A R, Livak K J, et al. 1990. DNA polymorphisms amplified by arbitrary primers are useful as genetic markers. Nucleic Acids Research, 18: 6531 - 6535.

Wojewodzic M W, Rachamim T, Andersen T, et al. 2011. Effect of temperature and dietary elemental composition on RNA/protein ratio in a rotifer. Functional

Ecology, 25: 1154 – 1160.

Woods H A, Makino W, Cotner J B, et al. 2003. Temperature and the chemical composition of poikilothermic organisms. Functional Ecology, 17: 237 – 245.

Woods H A, Perkins M C, Elser J J, et al. 2002. Absorption and storage of phosphorus by larval *Manduca sexta*. Journal of Insect Physiology, 48: 555 – 564.

Woodward F I, Williams B G. 1987. Climate and plant distribution at global and local scales. Vegetatio, 69: 189 – 197.

Woodward F I. 1987. Climate and plant distribution. Cambridge: Cambridge University Press.

Wright I J, Reich P B, Westoby M, et al. 2004. The worldwide leaf economics spectrum. Nature, 428: 821 – 827.

Wright I J, Westoby M. 2003. Nutrient concentration, resorption and lifespan: leaf traits of Australian sclerophyll species. Functional Ecology, 17: 10 – 19.

Wright S. 1978. Evolution and the genetics of populations. Chicago: University of Chicago Press.

Wu C A, Lowry D B, Nutter L I, et al. 2010. Natural variation for drought-response traits in the *Mimulus guttatus* species complex. Oecologia, 162: 23 – 33.

Wu T G, Dong Y, Yu M K, et al. 2012. Leaf nitrogen and phosphorus stoichiometry of *Quercus* species across China. Forest Ecology and Management, 284: 116 – 123.

Wu T G, Wang G G, Wu Q T, et al. 2014. Patterns of leaf nitrogen and phosphorus stoichiometry among *Quercus acutissima* provenances across China. Ecological Complexity, 17: 32 – 39.

Xiao Z S, Chang G, Zhang Z B. 2008. Testing the high-tannin hypothesis with scatter-hoarding rodents: experimental and field evidence. Animal Behaviour, 75: 1235 – 1241.

Xiao Z S, Gao X, Jiang M M, et al. 2009. Behavioral adaptation of Pallas's squirrels to germination schedule and tannins in acorns. Behavioral Ecology, 20: 1050 – 1055.

Xiao Z S, Zhang Z B. 2012. Behavioural responses to acorn germination by tree squirrels in an old forest where white oaks have long been extirpated. Animal Behaviour, 83: 945 – 951.

Xie G. 1997. On phytogeographical affinities of the forest floras between East China and Japan. Chinese Geographical Science, 7: 236 – 242.

Xing W, Wu H P, Shi Q, et al. 2015. Multielement stoichiometry of submerged macrophytes across Yunnan plateau lakes (China). Scientific Reports, 5: 10186.

Xu X W, Ke W D, Yu X P, et al. 2008. A preliminary study on population genetic structure and phylogeography of the wild and cultivated *Zizania latifolia* (Poaceae) based on Adh1a sequences. Theoretical and Applied Genetics, 116: 835 - 843.

Xu Z, Zhou G. 2008. Responses of leaf stomatal density to water status and its relationship with photosynthesis in a grass. Journal of Experimental Botany, 59: 3317 - 3325.

Yan B G, Ji Z H, Fan B, et al. 2016. Plants adapted to nutrient limitation allocate less biomass into stems in an arid-hot grassland. New Phytologist, 211: 1232 - 1240.

Yan X F, Lian C L, Hogetsu T. 2010. Development of microsatellite markers in ginkgo (*Ginkgo biloba* L.). Molecular Ecology Notes, 6: 301 - 302.

Yang F S, Li Y F, Ding X, et al. 2008. Extensive population expansion of *Pedicularis longiflora* (Orobanchaceae) on the Qinghai-Tibetan Plateau and its correlation with the Quaternary climate change. Molecular Ecology, 17: 5135 - 5145.

Yates M J, Verboom G A, Rebelo A G, et al. 2010. Ecophysiological significance of leaf size variation in Proteaceae from the Cape Floristic Region. Functional Ecology, 24: 485 - 492.

Yeaman S, Hodgins K A, Lotterhos K E, et al. 2016. Convergent local adaptation to climate in distantly related conifers. Science, 353: 1431 - 1433.

Yu F, Shi X X, Wang D X, et al. 2015. Effects of insect infestation on *Quercus aliena* var. *acuteserrata* acorn dispersal in the Qinling Mountains, China. New Forests, 46: 51 - 61.

Yu F, Wang D X, Shi X X, et al. 2013. Effects of environmental factors on tree seedling regeneration in a pine-oak mixed forest in the Qinling Mountains, China. Journal of Mountain Science, 10: 845 - 853.

Yu G, Chen X, Ni J, et al. 2000. Palaeovegetation of China: a pollen data-based synthesis for the mid-Holocene and last glacial maximum. Journal of Biogeography, 27: 635 - 664.

Yu Q, Chen Q S, Elser J J, et al. 2010. Linking stoichiometric homoeostasis with ecosystem structure, functioning and stability. Ecology Letters, 13: 1390 - 1399.

Yu Q, Elser J J, He N P, et al. 2011. Stoichiometric homeostasis of vascular plants in the Inner Mongolia grassland. Oecologia, 166: 1 - 10.

Yuan Z Y, Chen H Y H. 2009a. Global-scale patterns of nutrient resorption associated with latitude, temperature and precipitation. Global Ecology and

Biogeography, 18: 11 - 18.

Yuan Z Y, Chen H Y H. 2009b. Global trends in senesced-leaf nitrogen and phosphorus. Global Ecology and Biogeography, 18: 532 - 542.

Yuan Z Y, Chen H Y H. 2015. Negative effects of fertilization on plant nutrient resorption. Ecology, 96: 373 - 380.

Zerche S, Ewald A. 2005. Seed potassium concentration decline during maturation is inversely related to subsequent germination of primrose. Journal of Plant Nutrition, 28: 573 - 603.

Zhang J H, Zhao N, Liu C C, et al. 2018. C : N : P stoichiometry in China's forests: from organs to ecosystems. Functional Ecology, 32: 50 - 60.

Zhang M L, Uhink C H, Kadereit J W. 2007. Phylogeny and biogeography of Evpimedium/Vancouveria (Berberidaceae): Western North American - East Asian disjunctions, the origin of European mountain plant taxa, and East Asian species diversity. Systematic Botany, 32: 81 - 92.

Zhang Q, Chiang T Y, George M, et al. 2005. Phylogeography of the Qinghai-Tibetan Plateau endemic *Juniperus przewalskii* (Cupressaceae) inferred from chloroplast DNA sequence variation. Molecular Ecology, 14: 3513 - 3524.

Zhang S B, Guan Z J, Sun M, et al. 2012a. Evolutionary association of stomatal traits with leaf vein density in Paphiopedilum, Orchidaceae. Plos One, 7: e40080.

Zhang S B, Zhang J L, Slik J W F, et al. 2012b. Leaf element concentrations of terrestrial plants across China are influenced by taxonomy and the environment. Global Ecology and Biogeography, 21: 809 - 818.

Zhang Y X, Equiza M A, Zheng Q S, et al. 2012c. Factors controlling plasticity of leaf morphology in *Robinia pseudoacacia* L. II: the impact of water stress on leaf morphology of seedlings grown in a controlled environment chamber. Annals of Forest Science, 69: 39 - 47.

Zhang Z J, Elser J J, Cease A J, et al. 2014. Grasshoppers regulate N : P stoichiometric homeostasis by changing phosphorus contents in their frass. Plos One, 9: e103697.

Zhao H, Xu L, Wang Q F, et al. 2018. Spatial patterns and environmental factors influencing leaf carbon content in the forests and shrublands of China. Journal of Geographical Sciences, 28: 791 - 801.

Zhao N, He N P, Wang Q F, et al. 2014. The altitudinal patterns of leaf C : N : P stoichiometry are regulated by plant growth form, climate and soil on Changbai mountain, China. Plos One, 9: e95196.

Zhou X, Sun X, Du B M, et al. 2015. Multielement stoichiometry in *Quercus variabilis* under natural phosphorus variation in subtropical China. Scientific Reports，5：7839.

Zhou Y C，Fan J W，Harris W，et al. 2013. Relationships between C_3 plant foliar carbon isotope composition and element contents of grassland species at high altitudes on the Qinghai-Tibet plateau，China. Plos One，8：e60794.

Zhu Y H，Kang H Z，Xie Q，et al. 2012. Pattern of leaf vein density and climate relationship of *Quercus variabilis* populations remains unchanged with environmental changes. Trees-Structure and Function，26：597－607.

Zwieniecki M A，Boyce C K，Holbrook N M. 2004. Hydraulic limitations imposed by crown placement determine final size and shape of *Quercus rubra* L. leaves. Plant Cell and Environment，27：357－365.